教育部大学计算机课程改革项目规划教材

大学计算思维基础

Daxue Jisuan Siwei Jichu

主　编　赵　慧　张问银　王振海
参　编　吕月娥　刘志强　胡静瑶
　　　　高　雷　刘夫江　崔沂峰

高等教育出版社·北京

内容提要

本书以计算机科学基础知识为主,以计算机的问题求解为主线,注重培养学生的计算思维能力。本书将计算思维、信息表示、计算机系统、计算机网络以及计算机的新技术作为穿插,选择 Python 语言为计算实践语言,内容上侧重于如何应用计算思维解决各领域的问题。

全书分为 8 章,内容包括计算与计算思维、计算机中的信息表示、计算机系统结构与工作原理、算法与程序设计、数据组织与管理、计算机网络基础、信息安全基础、计算机发展新技术。

本书可以作为高等学校"大学计算机"课程的教材使用,也可供对计算机科学感兴趣的专业技术人员阅读。

图书在版编目(CIP)数据

大学计算思维基础/张问银,王振海,赵慧主编
. --北京:高等教育出版社,2018.9(2019.8 重印)
ISBN 978-7-04-050590-0

Ⅰ.①大… Ⅱ.①张… ②王… ③赵… Ⅲ.①电子计算机-高等学校-教材 Ⅳ.①TP3

中国版本图书馆 CIP 数据核字(2018)第 207064 号

| 策划编辑 | 刘 娟 | 责任编辑 | 刘 娟 | 封面设计 | 于文燕 | 版式设计 | 杜微言 |
| 插图绘制 | 于 博 | 责任校对 | 殷 然 | 责任印制 | 刘思涵 | | |

出版发行	高等教育出版社	网 址	http://www.hep.edu.cn
社 址	北京市西城区德外大街 4 号		http://www.hep.com.cn
邮政编码	100120	网上订购	http://www.hepmall.com.cn
印 刷	河北鹏盛贤印刷有限公司		http://www.hepmall.com
开 本	850mm×1168mm 1/16		http://www.hepmall.cn
印 张	12.25		
字 数	280 千字	版 次	2018 年 9 月第 1 版
购书热线	010-58581118	印 次	2019 年 8 月第 2 次印刷
咨询电话	400-810-0598	定 价	28.00 元

本书如有缺页、倒页、脱页等质量问题,请到所购图书销售部门联系调换
版权所有 侵权必究
物料号 50590-A0

前　言

随着信息技术的快速发展，互联网+、物联网、云计算、大数据、移动通信等新概念和新技术层出不穷，计算机基础教育也面临着新的挑战，提高学生计算思维能力，不仅是计算机专业学生，同时也是所有大学生应该具备的素质和能力。

本书是根据教育部高等学校大学计算机课程教学指导委员会制订的《大学计算机基础课程教学基本要求》，结合编者多年来在大学计算机基础教学改革方面的丰富经验编写而成的。本书立足于培养学生的计算思维能力，强化学生对问题求解方法与分析的能力，作者本着"重基础、强能力、学以致用"的教育思想，将计算思维渗透在计算机基础教学中，调整了教学内容，优化了教学方法。以计算与计算思维为主线，从计算平台(包括计算机硬件、计算机软件和计算机网络)、算法设计到问题求解及算法实现这条脉络上做了大幅度调整，以便全书内容更进一步地突破，能够更适合学生学习，达到培养思维能力与提高学习能力的目的。本书叙述清楚、通俗易懂、内容丰富、图文并茂且可操作性强，适合高等学校非计算机专业本、专科学生使用。

全书共分8章。第1章计算与计算思维，主要介绍计算思维基础知识以及计算机科学与各学科的渗透；第2章计算机中的信息表示，主要介绍了信息在计算机中的表示方法以及运算形式；第3章计算机系统结构与工作原理，主要介绍计算机的软硬件及计算机的工作原理；第4章算法与程序设计，主要介绍算法的基本概念、经典算法及Python语言的基础知识；第5章数据组织与管理，主要介绍数据结构及数据库的基础知识；第6章计算机网络基础，主要介绍计算机网络基础知识及网络应用；第7章信息安全基础，主要介绍信息安全、计算机犯罪、黑客、防火墙及计算机病毒的基础知识；第8章计算机发展新技术，重点介绍大数据、云计算及区块链等新技术。

本教材易学、实用，以培养计算思维能力为核心，开拓计算机基础教学新视野，强化学生对问题求解方法与分析能力的培养。同时通过一系列的实例教学，使学生能在实践中理解和巩固所学的基础知识，不断提升计算思维能力。

本书由赵慧、张问银、王振海主编，第1、2章由吕月娥执笔，第3、6章由赵慧执笔，第4章由刘志强、高雷合作完成，第5章由胡静瑶执笔，第7章由刘志强执笔，第8章由吕月娥、刘夫江、赵慧合作完成。除此之外，本书还得到崔沂峰、王海峰、符广全、王九如、李国强等的帮助与支持，再次对他们表示衷心感谢！

由于时间仓促，水平所限，本教材难免存在一些不足之处。衷心希望广大读者批评指正，提出宝贵意见，以便在使用中不断得以补充、修正和完善。

张问银
2018年7月

目　　录

第1章　计算与计算思维 …………… 1
1.1 计算机的产生和发展 …………… 1
　1.1.1 计算机的产生 …………… 1
　1.1.2 电子计算机的发展 …………… 3
　1.1.3 计算机的发展趋势 …………… 5
1.2 计算机科学与各学科的渗透 …… 6
　1.2.1 生物学 …………… 6
　1.2.2 化学 …………… 8
　1.2.3 艺术学 …………… 10
1.3 计算思维 …………… 11
　1.3.1 计算思维的提出 …………… 11
　1.3.2 科学方法与科学思维 …… 12
　1.3.3 计算思维 …………… 12

第2章　计算机中的信息表示 ……… 15
2.1 信息与信息技术 …………… 15
　2.1.1 信息与数据 …………… 15
　2.1.2 信息技术 …………… 16
　2.1.3 信息化与信息社会 …… 16
2.2 信息在计算机中的表示 …… 17
　2.2.1 数值及其转换 …………… 17
　2.2.2 计算机中的数据单位 …… 20
2.3 数值信息的表示 …………… 20
　2.3.1 带符号整数的编码 …… 20
　2.3.2 带符号实数的编码 …… 22
2.4 文本信息的表示 …………… 23
　2.4.1 西文字符的编码 …………… 23
　2.4.2 汉字编码 …………… 24
2.5 多媒体信息的表示 …………… 25
　2.5.1 图像 …………… 25
　2.5.2 声音媒体的数字化 …… 27
　2.5.3 视频与动画 …………… 29

第3章　计算机系统结构与工作原理 … 31
3.1 计算机系统结构 …………… 31
　3.1.1 图灵和图灵机模型 …… 31
　3.1.2 图灵机的基本思想 …… 32
　3.1.3 冯·诺依曼计算机 …… 33
3.2 计算机系统的组成 …………… 35
　3.2.1 硬件系统 …………… 35
　3.2.2 软件系统 …………… 40
　3.2.3 计算机的性能指标 …… 42
3.3 计算机的基本工作原理 …… 43
　3.3.1 指令和指令系统 …………… 43
　3.3.2 存储器的工作原理 …… 44
　3.3.3 运算器和控制器工作原理 …………… 45
　3.3.4 程序执行过程 …………… 46
3.4 操作系统 …………… 47
　3.4.1 操作系统概述 …………… 47
　3.4.2 操作系统的功能 …………… 49
　3.4.3 典型的操作系统 …………… 50
　3.4.4 Windows 操作系统 …… 51

第4章　算法与程序设计 …………… 54
4.1 算法的基本概念 …………… 54
　4.1.1 算法的概念 …………… 54
　4.1.2 算法性质 …………… 54
　4.1.3 算法的特征 …………… 54
　4.1.4 算法与程序 …………… 55
　4.1.5 算法分析 …………… 55
　4.1.6 算法实例分析 …………… 55
　4.1.7 算法的重要性 …………… 57

4.2 经典算法 ································ 58
   4.2.1 排序 ··························· 58
   4.2.2 折半查找算法 ············· 64
   4.2.3 汉诺塔问题 ················· 66
4.3 Python 语言基础 ················ 68
   4.3.1 Python 语言开发环境的配置和使用 ············ 69
   4.3.2 数据的表示 ················· 73
   4.3.3 数据的输入输出 ········· 76
   4.3.4 运算符与表达式 ········· 76
   4.3.5 程序的控制结构 ········· 80

第 5 章 数据组织与管理 ·············· 84

5.1 数据结构 ···························· 84
   5.1.1 线性表 ························ 85
   5.1.2 栈 ································ 88
   5.1.3 队列 ···························· 89
   5.1.4 树 ································ 91
   5.1.5 图 ································ 93
   5.1.6 Python 应用实例 ········ 93
5.2 数据管理 ···························· 95
   5.2.1 数据库系统概述 ········· 95
   5.2.2 数据模型 ···················· 96
   5.2.3 常用数据库软件 ······· 101
   5.2.4 数据库的建立和维护 ··· 103

第 6 章 计算机网络基础 ············ 107

6.1 计算机网络概述 ··············· 107
   6.1.1 计算机网络的定义 ··· 107
   6.1.2 计算机网络的功能 ··· 107
   6.1.3 计算机网络的分类 ··· 108
6.2 计算机网络的结构组成 ··· 112
   6.2.1 网络硬件的组成 ······· 112
   6.2.2 网络软件的组成 ······· 114
6.3 计算机网络体系结构 ······· 114
   6.3.1 计算机网络协议 ······· 114

   6.3.2 计算机体系结构 ······· 115
6.4 Internet 基础及应用 ········ 118
   6.4.1 TCP/IP 协议 ············· 118
   6.4.2 Internet 的应用 ········· 124
6.5 网络信息检索 ··················· 127
   6.5.1 网络信息检索概述 ··· 127
   6.5.2 搜索引擎概述 ··········· 127
   6.5.3 常用网络信息检索工具 ······················· 128
6.6 Python 案例赏析 ·············· 129

第 7 章 信息安全基础 ················ 131

7.1 信息安全概述 ··················· 131
   7.1.1 信息安全的概念 ······· 131
   7.1.2 信息安全的特征 ······· 131
   7.1.3 信息系统面临的威胁 ··· 131
7.2 计算机犯罪 ······················ 133
7.3 黑客及防御策略 ··············· 134
   7.3.1 黑客分类 ·················· 134
   7.3.2 黑客攻击方法 ··········· 134
   7.3.3 黑客入侵的步骤 ······· 135
   7.3.4 黑客入侵的防范 ······· 136
7.4 防火墙技术 ······················ 136
   7.4.1 概念 ·························· 136
   7.4.2 防火墙分类 ··············· 137
   7.4.3 防火墙的优点 ··········· 137
   7.4.4 基本特性 ·················· 137
   7.4.5 防火墙使用规范 ······· 138
7.5 计算机病毒及防范 ··········· 140
   7.5.1 病毒的分析 ··············· 141
   7.5.2 病毒的分类 ··············· 141
   7.5.3 应对病毒的策略 ······· 142
7.6 信息加密 ·························· 143
   7.6.1 基础的密码学理论 ··· 144
   7.6.2 典型算法说明 ··········· 145

第 8 章 计算机发展新技术 …………… 155

8.1 云计算 ……………………………… 155
8.1.1 云计算的基本概念 ………… 155
8.1.2 云计算的发展历史 ………… 155
8.1.3 云计算的基本特点 ………… 156
8.1.4 云计算的应用 ……………… 157

8.2 大数据 ……………………………… 159
8.2.1 大数据概念 ………………… 160
8.2.2 大数据的应用 ……………… 161
8.2.3 大数据的特点 ……………… 162
8.2.4 大数据面临的挑战 ………… 163

8.3 人工智能 …………………………… 164
8.3.1 人工智能的起源与发展 ……………………………… 164
8.3.2 人工智能的研究与应用领域 ……………………………… 166
8.3.3 人工智能的影响及发展趋势 ……………………………… 171

8.4 物联网 ……………………………… 173
8.4.1 物联网的概念 ……………… 173
8.4.2 物联网的发展 ……………… 173
8.4.3 物联网体系结构 …………… 174
8.4.4 物联网的关键技术 ………… 175
8.4.5 物联网的应用 ……………… 177
8.4.6 物联网的发展趋势和就业前景 ……………………… 178

8.5 区块链 ……………………………… 179
8.5.1 区块链的起源与发展 ……… 179
8.5.2 区块链的特点与分类 …… 180
8.5.3 区块链的应用前景 ………… 183

参考文献 ……………………………………… 186

第1章 计算与计算思维

1.1 计算机的产生和发展

1.1.1 计算机的产生

1. 计算工具的发展

计算机的产生是从人类对计算工具的需求和早期开发开始的。在人类文明发展的早期就遇到了计算问题,计算需要借助于一定的工具来进行,人类最初的计算工具就是人类的双手,一个人天生有10个手指,因此,远在商代,中国人就创造了十进制记数方法。

随着人类文明的发展,人类逐渐发明了各种各样、越来越复杂的专用计算工具,计算方法也越来越高级。据史料记载,我国在周朝就发明了算筹,如图1-1所示,它是世界上最早的计算工具。在唐朝又发明了更为方便的算盘,如图1-2所示,它结合了十进制记数法和一整套计算口诀,能够很方便地实现各种基本的十进制计算,即使在今天也还能在许多地方看到它的身影。有人认为算盘是最早的数字计算机,而珠算口诀则是最早的体系化算法,这些都是古代人类寻求计算工具的辉煌成就。

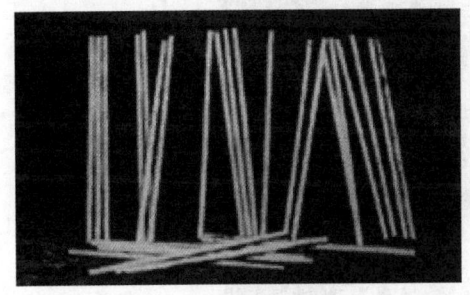

图1-1 中国古代算筹

图1-2 算盘

后来,基于齿轮技术设计的计算设备,在西方国家逐渐发展成近代机械式计算机。这些机器灵活性上得到进一步提高,执行算法的能力和效率也大大加强和提高。1642年,年仅19岁的法国物理学家布莱斯·帕斯卡制造出第一台机械式计算器。这是人类历史上第一台机械式计算工具,其原理对后来的计算工具产生了持久的影响。帕斯卡加法器是由齿轮组成、以发条为动力、通过转动齿轮来实现加减运算、用连杆实现进位的计算装置。帕斯卡从加法器的成功中得出结论:人的某些思维过程与机械过程没有差别,因此可以设想用机械来模拟人的思维活动。

各个国家发明了各式各样的计算工具,这些计算工具的原理都基本相同,同样是通过某种具体的物体来代表数,并利用对物件的机械操作来进行运算。

2. 电子计算机的诞生

在以机械方式运行的计算机诞生百年之后,随着电子技术的突飞猛进,计算机开始了真正意义上的由机械向电子的"进化"。经过由量到质的转变,电子计算机才正式问世。今天,人们所说的计算机都是指电子计算机。

世界上第一台真正意义上的电子计算机是1946年2月在美国宾夕法尼亚大学诞生的,它的名字叫ENIAC(electronic numerical integrator and calculator),如图1-3所示。20世纪40年代初,第二次世界大战战事正酣,武器研究中复杂的数学计算问题需要更先进的计算工具来解决。此时,无线电技术和无线电工业的发展已为电子计算机的研制准备了充足的物质基础。1943年,美国陆军部弹道研究室把研制世界上第一台电子计算机的任务交给了美国宾夕法尼亚大学,由物理学家莫奇利(John W.Mauchly)博士和埃克特(J.Presper Eckert)博士领导的研究小组设计制造。该机于1946年2月正式通过验收并投入运行,一直服役到1955年。这台计算机的计算速度为5 000次/秒,大约使用了18 000个电子管,1 500个继电器,占地约170 m^2,重30 t,其功率达到150 kW。ENIAC的主要缺点是存储容量太小,只能存20个字长为10位的十进制数,基本上不能存储程序,要用线路连接的方法来编排程序,每次解题都要依靠人工改接连线来编程序,准备时间远远超过实际计算时间。ENIAC是世界上第一台投入运行的电子计算机,但它还不具备现代计算机的主要原理特征——存储程序和程序控制。

图1-3 ENIAC

世界上第一台按存储程序功能设计的计算机叫EDVAC(electronic discrete variable automatic computer),它是由曾担任ENIAC小组顾问的著名美籍匈牙利数学家冯·诺依曼博士领导设计的。EDVAC于1946年开始设计,于1950年研制成功。与ENIAC相比,它的主要改进有两点:采用了二进制,简化了计算机的内部构造;使用汞延迟线作存储器,指令的程序可存入计算机内部,提高了运行效率。在此之前,冯·诺依曼发表的题为《电子计算机结构初探》的报告,首次提出了电子计算机中存储程序的概念,提出了构造电子计算机的基本理论。EDVAC由运算器、逻辑控制装置、存储器、输入部件和输出部件五部分组成。EDVAC使用二进制并实现了程序存储,把包括数据和程序的指令以二进制代码的形式存入计算机的存储器中,保证了计算机能够按照事先存入的程序自动进行运算。冯·诺依曼提出的存储程序和程序控制的理论以及计算机硬件基本结构和组成的思想,奠定了现代计算机的理论基础。计算机发展至今,整个4代计算机统称为"冯氏计算机",世人也称冯·诺依曼为"计算机鼻祖"。

1.1.2 电子计算机的发展

人们根据计算机采用的电子元器件的不同,把电子计算机的发展分成4个阶段:电子管计算机(第一代计算机)、晶体管计算机(第二代计算机)、中小规模集成电路计算机(第三代计算机)、大规模和超大规模集成电路计算机(第四代计算机),现在正在向智能计算机和神经网络计算机的方向发展。各代计算机在时间上有交叉。

1. 第一代计算机(从 ENIAC 问世至 20 世纪 50 年代后期)

在第一代计算机中,除了 ENIAC,其他都是按存储程序控制原理设计的,代表产品是 UNIVAC-Ⅰ(universal automatic computer)。它于 1951 年 6 月制成并正式交付美国人口统计局使用。UNIVAC-Ⅰ是世界上第一台商品化的批量生产的电子计算机。自此以后,计算机从实验室走向社会,由单纯为军事服务进展为社会公众服务。计算机界把 UNIVAC-Ⅰ的推出看成是计算机时代的真正开始。其他的产品,如 IBM 公司的 IBM 701(1953 年 4 月)、IBM 650(1954 年 11 月)都是这一代的主要计算机。第一代计算机的主要特征是采用电子管作基本器件,用光屏管或汞延时电路作存储器,输入输出主要采用穿孔纸带或卡片。软件还处于初始阶段,使用机器语言或汇编语言编写程序,几乎没有什么系统软件。计算机体积笨重,功耗大,运算速度低,存储容量不大,机器的可靠性也差,并且维护使用困难,价格也很昂贵。这一代计算机主要用于科学计算。

2. 第二代计算机(20 世纪 50 年代中期至 20 世纪 60 年代中期)

1956 年研制成功的第一台晶体管计算机 Lcprcchan,标志着晶体管计算机时代的开始。用晶体管代替电子管逻辑元件,具有速度快、寿命长、体积小、重量轻、耗电省等优点。第二代计算机的代表产品还有 IBM 公司的 IBM 7090(1959 年 11 月)、IBM 7094(1962 年 9 月)、IBM 7040(1962 年)、IBM 7044(1963 年)等。这一代计算机的主要特征是使用晶体管元件作电子器件,开始使用磁芯和磁鼓作存储器,产生了 FORTRAN(1957 年)、COBOL(1960 年)、ALGOL60、PL/1 等高级程序设计语言和批量处理系统,为更多的人学习和使用计算机铺平了道路。与第一代计算机相比,第二代计算机各方面性能都有了很大的提高,体积大大缩小,重量、功耗大为降低,运算速度加快,内存容量增加。高级语言的产生,使计算机的应用领域大大拓展,不仅用于科学计算,还用于数据处理和事务处理,并逐渐用于工业控制。

3. 第三代计算机(20 世纪 60 年代中期至 20 世纪 70 年代初期)

20 世纪 60 年代中期,半导体制造工艺的发展产生了集成电路,计算机就开始采用中小规模集成电路作为计算机的主要元件,故第三代计算机又称中小规模集成电路计算机。如 IBM 公司的 IBM 360(中型机)、IBM 370(大型机),DEC 公司的 PDP-11 系列小型计算机等。第三代计算机的主要特征是采用中小规模集成电路作计算机电子器件,同时主存储器开始采用半导体存储器。外存储器有磁盘和磁带等。操作系统的出现及逐步完善,使计算机的功能越来越强,应用范围越来越广。在这个过程中,出现了计算机与通信技术的结合,从而产生了实时联机系统和分时联机系统。并且由于采用中小规模集成电路,计算机的体积缩小,功耗进一步降低,可靠性和运算速度进一步提高。在这一时期里,计算机不仅用于科学计算,还用企业管理、自动控制、辅助设计和辅助制造等领域。

4. 第四代计算机(20 世纪 70 年代初期至今)

1971 年起,大规模集成电路制造成功,使计算机进入了第四代——大规模超大规模集成电路计算机时代。这一代计算机的体积进一步缩小,性能进一步提高,机器的性能价格比大幅度跃升。普遍使用大规模集成电路的半导体存储器作为内存储器,集成度大体上每 18 个月翻一番(摩尔定律)。发展了并行处理技术和多机系统,产品更新的速度加快。软件配置空前丰富,软件系统工程化、理论化、程序设计自动化,是软件方面的主要特点。在研制出运算速度达每秒几亿次、几十亿次,甚至百亿次的巨型计算机的同时,微型计算机的产生、发展和迅速普及是这一时期的一个重要特征。计算机的应用已经涉及人类生活和国民经济的各个领域,已经在办公自动化、数据库管理、图像识别、语音识别、专家系统等众多领域中大显身手,并且进入了家庭。

5. 未来计算机

未来计算机为新一代计算机,是对第四代计算机以后的各种未来型计算机的总称。新一代计算机,将向智能化方向发展,将突破当前计算机的结构模式,更注重逻辑推理或模拟人的"智能";是支持逻辑推理和支持知识库,能够最大限度地模拟人类思维,具有人类大脑特有的联想、思考等某些功能,把信息采集、存储、处理、通信和人工智能结合在一起的智能计算机。可以预言,新一代计算机的研制成功和应用,必将对人类社会的发展产生更深远的影响。各国研究人员正在加紧研究开发以下新的计算机。

(1) 光计算机。光计算机是利用纳米电子元件作为核心来制造,通过光信号来进行信息运算的,这种利用光作为载体进行信息处理的计算机被称为光计算机,又称为光脑。

(2) 量子计算机。量子计算机不使用 1 或 0 的电子比特信息,而采用量子机械效应而建立量子比特。它是一类遵循量子力学规律进行高速数学和逻辑运算、存储及处理量子信息的物理装置。当某个装置处理和计算的是量子信息,运行的是量子算法时,它就是量子计算机。

(3) 纳米计算机。纳米计算机指将纳米技术运用于计算机领域所研制出的一种新型计算机。应用纳米技术研制的计算机内存芯片,其体积不过数百个原子大小,相当于人的头发丝直径的千分之一。与传统的电子计算机相比,采用纳米技术生产芯片成本十分低廉,只需在实验室里将设计好的分子合在一起,就可以造出芯片,大大降低了生产成本。

(4) 生物计算机。生物计算机又称仿生计算机,是以生物芯片取代在半导体硅片上集成数以万计的晶体管制成的计算机。它的主要原材料是生物工程技术产生的蛋白质分子,并以此作为生物芯片。生物计算机芯片本身还具有并行处理的功能,其运算速度要比当今最新一代的计算机快 10 万倍,能量消耗仅相当于普通计算机的十亿分之一,存储信息的空间仅占百亿亿分之一。

(5) DNA 计算机。DNA 计算机是一种生物形式的计算机。它是利用 DNA(脱氧核糖核酸)建立的一种完整的信息技术形式,以编码的 DNA 序列(通常意义上的计算机内存)为运算对象,通过分子生物学的运算操作以解决复杂的数学难题。与传统的电子计算机相比,它体积小、存储量大、运算快、耗能低,实现并行工作,提高效率。

在未来社会中,计算机、网络、通信技术将会三位一体化。新世纪的计算机将把人从重复、枯燥的信息处理中解脱出来,从而改变人类的工作、生活和学习方式,给人类和社会拓展更大的生存和发展空间。

1.1.3 计算机的发展趋势

随着科技的进步,各类计算机技术、网络技术的飞速发展,计算机的发展已经进入了一个快速而又崭新的时代,计算机已经从功能单一、体积较大发展到了功能复杂、体积微小、资源网络化等,计算机的未来充满了变数,性能的大幅度提高是不可置疑的,而实现性能的飞跃却有多种途径。不过性能的大幅度提升并不是计算机发展的唯一路线,计算机的发展还变得越来越人性化,同时也注重环保等。

计算机从出现至今,由原来的仅供军事科研使用到普及应用,计算机强大的应用功能产生了巨大的市场需要,未来计算机性能应向着巨型化、微型化、网络化和智能化等方向发展。

1. 巨型化

巨型化主要指功能巨型化。它是指高速运算、大存储容量和强功能的巨型计算机。巨型计算机主要应用于天文、气象、地质和核反应以及航天飞机、卫星轨道计算等尖端科学技术领域。研制巨型计算机的技术水平是衡量一个国家科学技术和工业发展水平的重要标志。因此,工业发达国家都十分重视巨型计算机的研制。目前运算速度为每秒几百亿次到上千亿次的巨型计算机已经投入运行,并正在研制更高速度的巨型计算机。

2. 微型化

微型化是指利用微电子技术和超大规模集成电路技术,实现体积的微型化。由于大规模和超大规模集成电路的飞速发展,微处理器芯片连续更新换代,微型机以价格低、软件丰富、操作简单的优势很快普及到家庭及社会的各个领域。笔记本电脑和掌上型计算机的大量面世和使用,是计算机微型化的一个标志。

3. 网络化

计算机网络化,是指用现代通信技术和计算机技术把分布在不同地点的计算机互联起来,组成一个规模大、功能强的可以互相通信的网络结构。随着计算机应用的深入,特别是家用计算机越来越普及,一方面希望众多用户能共享信息资源,另一方面也希望各计算机之间能互相传递信息进行通信。今天,计算机网络可以通过卫星将远隔千山万水的计算机联入国际互联网络,如 Internet。当前发展很快的微机局域网正在现代企事业管理中发挥越来越重要的作用。计算机网络是信息社会的重要技术基础。

4. 智能化

计算机智能化是指计算机处理智能化,就是要求计算机具有模拟人的感觉和思维过程的能力,可以进行"看""听""说""想""做",具有逻辑推理、学习与证明的能力,也是目前正在研制的新一代计算机要实现的目标。智能化的研究包括模拟识别、物形分析、自然语言的生成和理解、博弈、定理自动证明、自动程序设计、专家系统、学习系统和智能机器人等。

1.2 计算机科学与各学科的渗透

随着当代科学技术的发展,不同学科间的相互渗透、交叉和综合已经成为当今科技发展的一个重要趋势。当代科学既高度分化又高度综合的发展趋势,将交叉学科推向了科技大潮的前沿,使其成为知识创新的主要领域之一。学科的交叉是学科发展的必然趋势,因为交叉学科可以增加知识的广度,突破单一学科的局限性,填补各学科之间的鸿沟。

而计算机科学无疑在学科融合中独占鳌头。计算机科学在20世纪最后的30年间取得了惊人的发展,与其他学科交叉产生了诸如人工智能、电子商务等新学科。

1.2.1 生物学

计算机技术在基因作图与测序中的应用已随着分子生物学的发展显得越来越重要。现在,世界上的分子生物学家们正在致力于有史以来最大的数据收集工作。在国家、学校、研究所和企业所属的实验室中技术研究人员正在进行着从最低等的细菌到最高等的人的全部基因组的测定和序列测定作图工作,为的是发现对遗传信息具有经济价值的新的利用和开发途径。分子生物学家们希望到21世纪末能获得上万种生物的基因组序列。这将是一个含有分布在地球上不同地方的众多植物、动物和微生物的进化"蓝图"的巨大数据库。然而,它所产生的生物信息量是人们无法想象的,当然,也会是人类无法用笔、纸所能去管理与查阅的。对于所产生的如此之大的生物信息量,只能通过计算机技术进行管理,以电子方式存储在分布于世界上不同国家和地区的数据库中。收集、下载、管理和使用基因组信息将要求计算机技术和生物科学之间更加紧密地合作,同时也要求研究人员在相关的物理学、数学、工程学、计算机科学、化学和分子生物学等领域进行全面培训。人类基因组计划加速了计算机技术和基因工程的结合。若没有计算机科学家和日益复杂的计算机技术的帮助,对人类细胞中碱基对序列的测定和分析将是不可能实现的。人类的基因组计划正把生物学转变为信息科学。许多生物学家觉得获得序列的过程很枯燥,但是从计算机科学的角度来看,这是一流的富于挑战的算法问题。基因组的作图和序列测定工作刚刚开始。在遗传水平上把整个自然世界进行重新排列,并着眼于把它转化成网络市场上的有用产品,是一个令人望而却步的挑战,这无疑是人类曾经难以想象的庞大的管理任务。理解和描述所有基因之间、组织之间、器官之间、物种之间和外界环境之间的相互关系网络以及引起遗传突变和表型改变的因素,是曾经研究过的任何复杂系统所不能处理的。只有通过跨学科途径,尤其依赖于信息科学家的计算技巧,才有希望完成此任务。

生物医学工程是运用现代自然科学和技术科学的原理和方法,从工程学的角度研究人体的结构、功能及其相互关系以及其他生命现象。其目的是解决医学问题,即研究和开发为防病、治病以及人体功能辅助等医学应用的装置和系统。用技术科学的概念和方法来解释和描述人体各层次的成分、结构和功能以及人体各种正常生理功能和病理状态之间的差异,这些内容形成了这个学科的基础部分。而防病、诊断、治疗及功能辅助的具体技术和设备则形成这个学科的应用部分。计算机辅助治疗在临床的应用主要体现在计算机辅助外科(CAS)技术,

CAS技术通过将先进的医学成像与空间定位技术相结合,利用计算机技术特别是图形图像处理技术,辅助医生制定合理的手术方案,引导手术安全准确进行。随着现代外科对治疗个体化、治疗精确化和创伤有限化的不断追求,CAS技术已在临床获得了广泛应用,特别是在神经外科、骨科、耳鼻喉科手术中。同时,计算机辅助设计已经广泛应用于口腔修复、假肢设计等。

同时,生物技术的发展也推动了计算机技术的发展。目前,计算机工业飞速发展,计算机技术日益成熟。然而人们所使用的传统计算机晶体管的密度已接近当前技术的理论极限,发展空间似乎越来越小。因此,要想在计算机方面重新取得较大的发展,人们需要不断寻找新的计算机结构。为了实现高集成度,使计算机得到进一步的发展,科学家们把目光转向了正在兴起的生物技术方面,并借鉴生物界的各种处理问题的方式,提出了一些新型的生物计算机模型。在过去的半个多世纪中,分子生物学将生命现象分解成大量基因和蛋白质。

生物计算机(图1-4)是以核酸分子作为"数据",以生物酶及生物操作作为信息处理工具的一种新颖的计算机模型。生物计算的早期构想始于1959年,诺贝尔奖获得者Feynman提出利用分子尺度研制计算机;20世纪70年代以来,人们发现脱氧核糖核酸(DNA)处在不同的状态下,可产生有信息和无信息的变化。科学家们发现生物元件可以实现逻辑电路中的0与1,晶体管的导通与截止,电压的高与低,脉冲信号的有与无,等等。经过特殊培养后制成的生物芯片可作为一种新型高速计算机的集成电路。1994年,图灵奖获得者Adleman提出基于生化反应机理的DNA计算模型;在生物计算机方面突破性的工作是北京大学在2007年提出的并行型DNA计算模型,将具有61个顶点的一个3-色图的所有48个3-着色全部求解出来,其算法复杂度为359,而此搜索次数,即使是当今最快的超级电子计算机,也需要13 217年方能完成,该结果似乎预示着生物计算机时代即将来临。其主要原材料是生物工程技术产生的蛋白质分子,并以此作为生物芯片。生物芯片比硅芯片上的电子元件要小很多,而且生物芯片本身具有天然独特的立体化结构,其密度要比平面型的硅集成电路高5个数量级。让几万亿个DNA分子在某种酶的作用下进行化学反应就能使生物计算机同时运行几十亿次。生物计算机芯片本身还具有并行处理的功能,其运算速度要比当今最新一代的计算机更快。生物芯片一旦出现故障,可以进行自我修复,所以具有自愈能力。生物计算机具有生物活性,能够和人体的组织有机地结合起来,尤其是能够与大脑和神经系统相连。这样,生物计算机就可直接接

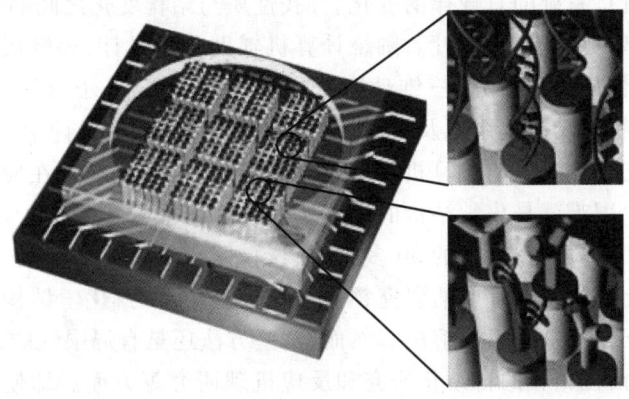

图1-4 生物计算机

受大脑的综合指挥,成为人脑的辅助装置或扩充部分,并能由人体细胞吸收营养补充能量,因而不需要外界能源。它将成为能植入人体内,成为帮助人类学习、思考、创造、发明的最理想的伙伴。另外,由于生物芯片内流动电子间碰撞的可能性极小,几乎不存在电阻,所以生物计算机的能耗极小。

1.2.2 化学

今天,以计算机及其网络深入到社会的各个层面为标志的数字化新世纪已经到来,也将使传统化学发生深刻的变化。化学已由只实验不计算,演变为先实验再计算,也必将逐步演变为先计算再实验;计算机化学和计算化学的结合已开始孕育一个新的更带数字化色彩的学科方向——Model Chemistry(模型化学);基于 Web 技术的化学应用软件已经出现。这些都表明数字化化学将与数字化社会一起到来。化学的主要作用之一是为满足人类生存与发展的各种需要而发现或创造具备各种可用性质的化合物;要解决的问题可分为三类:未知化合物结构的测定,具备某种特定性质的化合物分子结构的预测和化合物的制备方法。这三个问题对整个化学来说是永久性的。由于化学体系的高度复杂性,面对计算机辅助结构解析、计算机辅助分子设计和计算机辅助合成路线设计这三个问题往往仍难提出一个系统化的解决办法,还只能从已知知识(数据)中找出一些共同规律,或从类比推测中近似地解决这些问题。因此,计算机辅助结构解析、分子设计和合成路线设计的研究就显得十分重要。因为只有通过计算机才有可能对浩如烟海的化学知识进行有效的处理,对结构变化引起的属性变化进行系统的搜索,并用智能程序模仿化学家的思维活动进行高速的推理(分子正确结构的确定、具备某种性质的化合物分子结构的预测和合成路线的确定等)。其具体应用领域包括以下几个方面。

(1) 计算机辅助分子设计和模拟。化学由于它的特殊性使得计算机辅助化学设计相对来说发展相对较晚,但化学家已在分子设计和有机合成设计两个主要领域取得较大进展并日益发展。分子设计和模拟的目标是预测具有指定性质(或性能)的可能分子的结构。它们主要应用于医药(药物设计)和农用化学品(除草剂设计、农药设计、杀虫剂设计等)领域,在实验室内分子设计主要应用于蛋白质、酶、核酸等大分子的设计。以前发现一个有应用价值的新化合物主要是凭化学家的经验和灵感,最常用和最有效的方法就是采用费钱费时的筛选法,现已开始通过对分子结构进行系统的有规律的变化,寻找性质与结构变化之间的相关关系,从而建立结构—性质关系模型以用于分子设计。围绕计算机辅助分子设计,要开展一系列的基础研究工作,主要有结构—性质关系研究、三维动态分子模型化方法、分子形状和活性关系、构象分析、生物大分子的结构—功能关系以及分子设计方法在药物、材料设计中的应用研究等。

(2) 化学结构与化学反应的计算机处理技术。长期以来,化学家在应用计算机解决化学问题中遇到的第一个困难就是化学结构的计算机处理的问题。可以说化学的一切领域无一不与化合物的结构密切相关。在过去的 30 多年中,这一问题得到了广泛的重视和深入的研究,从而形成了计算机化学的一个重要的研究领域。经过多年努力,化学结构计算机处理中的理论和绝大部分技术问题已基本得到解决。然而,这些方法还是有局限性的,难以应用于诸如族性结构处理、结构—活性相关的自动化研究和反应机理研究等方面。即使对确定结构处理中的问题,现有的解决方案仍不为所有化学家所接受。因此,确定结构的计算机处理仍有一些难题,如无机化合物、金属有机化合物、互变异构的化学结构等,需要做更深入的研究。同时应当看到这些问题又是计算机化学中诸多领域的基础,它们的完全解决将有利于计算机化学的发展。

(3) 化学反应的处理问题。由于可以将化学反应看成是一些化学结构向另一些化学结构的转换,因此,化学反应的处理问题说到底是对化学结构的处理。但是,化学反应的计算机处理也有它自己特定的问题,如反应中心的自动识别、反应知识的发现、组织和利用、同类反应的自动产生等问题。这些问题是当前计算机处理化学反应领域内的主要研究方向,它们的解决一方面将推动化学反应数据库向更高层次的发展,另一方面将通过与数据挖掘技术的结合,发现反应知识,使计算机辅助有机合成路线设计更具扎实的基础,从而能得到更合理的解决。

(4) 族性结构的计算机处理问题。族性结构的计算机处理问题是一个比确定结构更富挑战性的课题,但又是当今计算机化学必须解决的问题之一。与确定结构不同,族性结构由于在结构式中采用了可变部分而使得一个族性结构对应于一类物质。这类物质可以是有限个确定的化合物;而当采用了"烷基"或"含氮杂环"这类通式术语时,也可以代表无限个化学物质。族性结构的这一性质决定了相应的计算机处理系统的复杂性。族性结构的计算机处理,还只有一个方向性的解决办法。但从大的方面来看,要解决能忠实于原来意义的族性结构的表述方法和族性结构的检索两个问题。如何根据族性结构的特征,解决它的计算机表述方法是当前族性结构处理的核心问题。它解决得好,族性结构的检索问题也将较易解决。可以预见,它们的彻底解决将依赖于组合概念表述的革新,这种概念的更新将有可能丰富和推动图论、集合论等数学理论的发展,而且也将为性能更好的实用系统的建立奠定基础。

(5) 人工智能的化学应用。人工智能技术已有 40 多年的历史,它在化学中的应用也不是新鲜事了,如 DENDRAL 系统就开始了人工智能的化学应用,而且正是它的成功而开创了当代已得到蓬勃发展与广泛应用的被称为专家系统的人工智能中的一个重要分支。但是,由于人工智能技术是一个多学科的综合研究领域,它的内容与应用常常难于理解,因此尽管人工智能已经走出了它的婴儿期而日趋成熟,但至今仍有许多人并不十分了解人工智能的作用。作为事实科学的化学,尽管其理论近几十年来得到了长足的进展,但是化学家解决问题主要还是依靠经验和直觉。人工智能正好能提供将理论与经验结合起来的手段。因此,不少化学家与人工智能专家都认为化学是人工智能最理想的试验场与用武之地。当前化学中人工智能的主要研究有应用自然语言处理技术的化学文献文摘的自动生成、化学数据中的智能检索方法、化学实验室的自动化与机器人、神经网络方法的化学应用、化学中的 NP-完备性问题及其解决办法、化工过程系统综合、故障诊断、过程控制中的人工智能方法等,其中最活跃而且也是最成功的是研究开发用谱图数据,包括红外、质谱、核磁共振,特别是二维和高维核磁共振数据借助于计算机快速推定未知化合物结构的解析系统。但是,尽管已有不少这类系统,但真正能解决实际问题的系统还不多,研制实用的结构解析系统是这一领域的重要课题。

(6) 计算机辅助化学过程综合与开发。随着计算机存储和运算能力的提高,计算机正在迅速进入新兴产业和传统产业的各个方面。对于典型的过程工业的化学和石油化学工业,计算机同样成为它们的核心部分,对过程进行全面制约并对其变革产生着深刻的影响。从目前来看,过程综合有两个层次的含义:由已知的原料条件和产品的性能规格要求,如何找到最佳的工艺制造途径是过程综合一个层次的含义;对不同过程的集成,以期达到对能量、物料、设备等资源的最大限度利用的同时,达到消灭污染于过程的目的,是过程综合另一个层次的含义。这无疑是过程工业在下一世纪最具挑战性的课题之一。

1.2.3 艺术学

现代艺术设计受20世纪包豪斯设计风格中所提倡的"艺术与技术有机地结合"的影响一直持续至今。近20多年来计算机技术不断更新和高速发展,带动了艺术设计的快速发展。计算机技术与艺术设计已经紧密地结合在了一起。传统的手绘设计图已经大部分由计算机软件所代劳。计算机的硬件性能不断地提高,图文图像处理、版面编排、视音频处理软件不断地升级完善,都使得计算机设计使用者群体越来越大,计算机设计得到迅速地普及和发展,打破了传统的设计模式和设计观念,进入了艺术设计的崭新阶段。

计算机艺术设计是对传统艺术设计的继承和发展,它们之间并不是截然分开的,而是存在着延续性和独特性。艺术设计的基本原则在计算机设计中依然使用,只是不同的设计内容和形式,各有侧重。计算机设计软件是设计者思维的拓展。计算机技术的进步为设计者提供了发挥才能的平台,但一味地依赖它,必将成为创作设计的羁绊。计算机设计软件较多,加上复杂的命令、工具菜单的使用,更不容易掌握,因此在设计的过程中设计者不得不把注意力分散到设计软件复杂的操作过程中,就容易僵化设计者的活跃思维,阻碍设计者敏捷思维的发挥,很容易使设计者沦为一名机械式的计算机操作工。

计算机艺术设计的具体应用领域如下。

(1) 平面艺术设计。计算机在平面处理软件中最常见的就是Adobe公司出品的Photoshop、InDesign、Illustrator等软件。这些软件风格简单明了,极易上手,加上Adobe公司开发的强大的滤镜功能,使作品能够表现出意想不到的结果。

(2) 工业造型设计。计算机在工业造型应用中具有独特的优势,它操作严密、计算精准还可以进行模拟演示。目前在工业造型设计领域最常用的设计软件莫过于Autodesk公司出品的Auto CAD软件,最新的版本是Auto CAD 2018。Auto CAD软件命令功能强大,能实现很多复杂的造型效果。软件整体布局简洁,而且可以和Autodesk公司的3ds Max通用,给设计者们提供了方便。

(3) 建筑装潢设计。用计算机绘制建筑效果图同样方便易用,而且绘制的效果图非常逼真,深受设计者们的喜爱。由于Auto CAD软件精准严密的功能,所以在建筑装潢设计中也常常用到它,另外一个最常用的软件就是3ds Max,3ds Max软件是一款非常强大的三维软件。除了造型方便,操作简单之外,更重要的是它的渲染功能,所以它也是不单单应用在建筑装潢设计中,在三维动画以及影视后期特效中也常常看到它的影子。

(4) 网页设计。21世纪是一个E时代,网络已经遍布全球。所以网页设计这个行业也异军突起,在设计行业中占据了不可忽视的地位。人们常用到的网页设计软件无非就是常说的网页三剑客:Dreamweaver、Fireworks、Flash。最初是由Macromedia公司开发出来的。Dreamweaver是一个"所见即所得"的可视化网站开发工具,主要用于动态网站的开发。Fireworks主要用于对网页上常用的jpg、gif文件的制作和处理,也用于制作网页布局。Flash主要是用来制作动画。三者优势互补,是一套非常实用的软件组合。

(5) 影视动画设计。计算机对传统动画产业的影响不容小觑。前文所提到的 Flash 软件就是二维动画常用的应用软件之一。Flash 中的库和元件的功能,大大简化了手工制作重复图形的工序,而且矢量图案的颜色明亮清楚,也大大提高了影片的质量。由计算机软件代替纸张进行动画制作无疑是动画产业的一次腾飞。随着时代的发展,三维动画也日益活跃起来,并且很受观众们的喜爱,在三维动画软件中 Maya 是设计者普遍认为比较好用的软件之一,还有就是前文提到的 3ds Max 软件。Maya 软件内置了基础形体,编辑命令强大,在动画方面比 3ds Max 更加突出软件的服务性,能够使设计者随意发挥自己的创意。

(6) 游戏设计。计算机游戏是计算机技术发展所带来的产物,游戏是由游戏情节、计算机程序以及游戏动画美工等组成,其中编程和动画是它的核心。这里面就涉及计算机编程语言,如 C 语言、C++等。游戏开发一般由图像引擎、声音引擎、物理引擎、游戏引擎、人工智能或游戏逻辑、游戏菜单等各个环节组成。随着网络技术的发展,计算机游戏逐步由单机形式转换为玩家互动形式即网络游戏。网络游戏的诞生吸引了成千上万的玩家,也为游戏设计行业提供了一个广阔的市场。

1.3 计 算 思 维

1.3.1 计算思维的提出

计算思维不是今天才有的,从我国古代的算筹、算盘,到近代的加法器、计算器以及现代的电子计算机,直至目前风靡全球的互联网和云计算,无不体现着计算思维的思想。可以说计算思维是一种早已存在的思维活动,是每一个人都具有的一种能力,它推动着人类科技的进步。然而,在相当长的时期,计算思维并没有得到系统的整理和总结,也没有得到应有的重视。

计算思维一词作为概念被提出最早见于 20 世纪 80 年代美国的一些相关杂志上,我国学者在 20 世纪末也开始了对计算思维的关注。当时主要的计算机科学专业领域的专家学者对此进行了讨论,认为计算思维是思维过程或功能的计算模拟方法论,对计算思维的研究能够帮助达到人工智能的较高目标。

可见,计算思维这个概念在 20 世纪 90 年代和 21 世纪初就出现在领域专家、教育学者等的讨论中,但是当时并没有对这个概念进行充分的界定。直到 2006 年周以真教授在《Communications of the ACM》期刊上发表了"Computational Thinking"一文,对计算思维进行了详细的论述和分析,周教授认为:计算思维是运用计算机科学的基础概念进行问题求解、系统设计以及人类行为理解等涵盖计算机科学之广度的一系列思维活动。这一概念获得国内外学者、教育机构、业界公司甚至政府层面的广泛关注,成为进入新世纪以来计算机及相关领域的讨论热点和重要研究课题之一。2010 年 10 月,中国科学技术大学陈国良院士在"第六届大学计算机课程报告论坛"倡议将计算思维引入大学计算机基础教学,计算思维也得到了国内计算机基础教育界的广泛重视。

学者、教育者和实践者们关于计算思维本质、定义和应用的大量讨论,推动了计算思维在社会的普及和发展,但到目前为止,都没有一个统一的、获得广泛认可的关于计算思维的定义。所有的讨论和研究大致可分为两个方向:其一,将计算思维作为计算机及其相关领域中的一个专业概念,对其原理内涵等方面进行探究,称为理论研究;其二,将计算思维作为教育培训中的一个概念,研究其在大众教育中的意义、地位、培养方式等,称为应用研究。理论研究对应用研究起到指导和支撑的作用,应用研究是理论研究的成果转化并丰富其体系,两者相辅相成,形成对计算思维的完整阐述。

1.3.2 科学方法与科学思维

科学界一般认为,科学方法分为理论科学、实验科学和计算科学三大类,它们是当今社会支持科学探索的三种重要途径。与三大科学方法相对的是三种思维形式,即理论思维、实验思维和计算思维。

- 理论思维:又称为推理思维,其以推理和演绎为特征,以数学学科为代表。
- 实验思维:又称为实证思维,其以观察和总结自然规律为特征,以物理学科为代表。
- 计算思维:又称为构造思维,其以设计和构造为特征,以计算机学科为代表。

三大思维构成了科技创新的三大支柱。理论思维是提出论题,如经济问题、技术问题的发现与解决办法和方向的设想;实验思维是组织好实际的物质条件,按照理论思维提出的论题进行反复实验,最终得到该理论是否成立的结论;计算思维是指从具体的算法设计规范入手,通过算法的构造和实施来解决给定问题的一种思维方法。计算思维就是思维过程或功能的计算模拟方法,其研究的目的是提供适当的方法,使人们能借助现代和将来的计算机,逐步实现人工智能的较高目标。计算思维具有鲜明的时代特征,正引起国家的高度重视。

1.3.3 计算思维

1. 计算思维的本质

计算思维的本质是抽象和自动化。计算思维的本质反映了计算的根本问题,即什么能有效地执行。

抽象是对事物进行人为处理,抽取关心的、共同的、本质特征的属性,并对这些事物和特征属性进行描述,从而大大降低系统元素的绝对数量。抽象可分为物理抽象、数学抽象和计算抽象。对于自然现象或人工现象的计算抽象是将问题符号化,成为一个计算系统。为了实现机器自动化,还需要对抽象问题进行精确描述和数学建模。

案例:哥尼斯堡七桥问题。

18世纪东普鲁士的哥尼斯堡城,有一条河穿过,河上有两个小岛,有7座桥把两个岛与河岸连接起来(如图1-5所示)。有人提出一个问题:一个步行者怎样才能不重复,不遗漏地一次走完7座桥,再回到出发点。

1736年,瑞士数学家欧拉(Leonhard Euler)把它转化成一个几何问题,他的解决方法是把陆地抽象为一个点,用连接两个点的线段表示桥梁,将该问题抽象成点与线的连接图的问题,即把一个实际问题抽象成数学模型,如图1-6所示。这就是计算思维中的"抽象"。

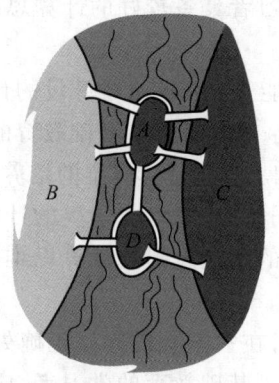 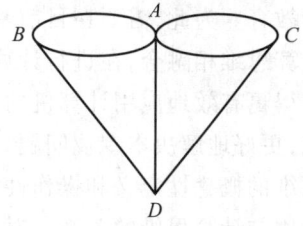

图 1-5　哥尼斯堡问题　　　　　图 1-6　欧拉模型

自动化就是对抽象的模型建立合适的算法,计算的过程就是执行算法的过程。

2. 计算思维的特征

计算思维具有以下特性。

(1) 计算思维是人类求解问题的途径,是属于人的思维方式,不是计算机的思维方式。计算思维是人类求解问题的一条途径,但绝非要使人类像计算机那样思考。计算机枯燥且沉闷,但人类聪颖且富有想象力,是人类赋予计算机激情。计算机之所以能够求解问题,是因为人类将计算思维的思想赋予了计算机,计算机才能执行如迭代、递归等复杂计算。像计算机科学家那样去思维,意味着远远不是只能为计算机编程,还要求能够在抽象的多个层次上思维,实现"只有想不到,没有做不到"的境界。

(2) 计算思维是思想,不是人造物。计算思维不是硬件,而是将计算的概念用于问题求解、日常生活的管理以及与他人进行交流和互动。而且,面向所有人、所有地方。当计算思维真正融入人类活动的整体以致不再表现为一种显式哲学时,它就将成为一种现实。

(3) 计算思维是数学和工程思维的互补与融合。计算机科学又从本质上源自工程思维,因为人们建造的是能够与实际世界互动的系统,基本计算设备的限制迫使计算机科学家必须计算性地思考,但不能只是数学性地思考。数学和工程思维的互补与融合很好地体现在计算思维的过程中。

(4) 计算思维应面向所有人、所有领域。计算思维无处不在,当计算思维真正融入人类活动的整体时,它作为一个问题解决的有效工具,人人都应掌握,处处都会被使用。

3. 计算思维能力的培养

(1) 社会的发展要求培养计算思维能力。随着信息化的全面深入,计算机在生活中的应用已经无所不在并无可替代,计算思维的提出发展帮助人们正视人类社会这一深刻的变化,并引导人们借助计算机的力量来进一步提高解决问题的能力。在当今社会,计算思维成为人们认识和解决问题的重要基本能力之一,一个人若不具备计算思维的能力,将在就业竞争中处于劣势;一个国家若不使广大受教育者得到计算思维能力的培养,在激烈竞争的国际环境中将处于落后地位。计算思维不仅是计算机专业人员应该具备的能力,而且是所有受教育者应该具备的能力,它蕴含着一整套解决一般问题的方法与技术。为此需要大力推动计算思维观念的普及,在教育中应该提倡并注重计算思维的培养,使学习者具备较好的计算思维能力,以此来提高在未来国际环境中的竞争力。

(2) 大学要重视培养学生运用计算思维解决问题的能力。当前大学开设的计算机基础课的教学目标是让学习者具备基本的计算机应用技能,因此,大学计算机基础教育的本质仍然是计算机应用的教育。为此,需要在目前基础课教育的基础上强调计算思维的培养,通过计算机基础教育与计算思维相融合,在进行计算机应用教育的同时,可以培养学生的计算思维意识,帮助学习者获得更有效地应用计算机的思维方式。其目的是通过提升计算思维能力,更好地解决日常问题,更好地解决本专业问题。

从计算思维的概念性定义和操作性定义的属性可知,在大学阶段应该正确处理计算机基础教育面向应用与计算思维的关系。对于所有接受计算机基础教育的学习者,应以计算机应用为目标,通过计算思维能力的培养更好地服务于其专业领域的研究;对于以研究计算思维为目标的学习者(如计算机专业、哲学类专业研究人员),需要更深入地进行计算思维相关理论和实践的研究。

第2章 计算机中的信息表示

人类社会的生存与发展都离不开信息。信息犹如水和空气一样时刻存在于人们的工作、学习和生活中。在科学技术飞速发展的时代,信息是当今世界的重要资源,每个人都应该具备使用计算机收集信息、处理信息和利用信息的能力。计算机是信息处理和人们进行信息交流中不可缺少的工具之一。信息时代几乎一切信息都要转换成数字,才能用计算机和通信技术进行传播和交流。用数字表示各种信息,叫做信息的数字化,也叫信息的编码,这是信息技术的重要环节。

2.1 信息与信息技术

2.1.1 信息与数据

信息是一个复杂的综合体,其基本含义是,信息是客观存在的事实,是物质运动轨迹的真实反映。通俗地讲,信息一般泛指包含于消息、情报、指令、数据、图像和信号等形式之中的新的知识和内容。在现实生活中,人们总是自觉和不自觉地接受、传递、存储和利用信息。

迄今为止,信息的定义说法不一,专家和学者们从不同的角度给出了信息的不同定义。信息论的创始人香农(Shannon)在1948年给信息的定义是,信息是人们对事物了解不确定性的减少或消除。他认为信息具有使不确定性减少的能力,信息量就是不确定性减少的程度。控制论的创始人之一维纳(N.Weiner)认为:信息是人们适应外部世界、感知外部世界的过程中,同外部世界进行交换的内容,即信息就是控制系统相互交换、相互作用的内容。我国信息论专家钟义信教授提出:事物的信息是指该事物的运动状态和状态变化的方式,包括这些状态的方式的外在形式、内在含义和实际效用。

一般认为,信息是通过符号(如文字、图像、声音等)、信号(如某种含义的动作、光电信号等)等具体形式所表达出来的消息、情报等内容。信息由意义和符号组成,它是对客观世界中各种事物的变化和特征的反映,是客观事物之间相互作用和联系的表征,是客观事物经过感知或认识后的再现,是事物运动的状态和方式。

数据种类繁多,如文字、图形、图像、声音、数字、档案记录等。在计算机中,为了存储和处理这些事物,就要抽象出对这些事物感兴趣的特征组成一个记录描述,如管理档案中,由姓名、性别、年龄、出生年月等属性描述的记录就是数据。

数据和信息既有联系又有区别。数据是客观存在的一些符号,是信息的具体表现形式,是信息的载体;信息是对数据进行加工处理而抽象出来的逻辑意义。数据经过加工处理后,成为信息,信息必须通过数据才能传播。两者的关系是相辅相成的。

2.1.2 信息技术

信息技术(information technology,IT),是主要用于管理和处理信息所采用的各种技术的总称。它主要是应用计算机科学和通信技术来设计、开发、安装和实施信息系统及应用软件。它也常被称为信息和通信技术(information and communications technology,ICT)。感测技术、通信技术、智能处理技术和控制技术是它的核心和支撑技术。

1. 感测技术

感测技术包括传感技术和测量技术。人类用眼、耳、鼻、舌等感觉器官捕获信息,而感测技术就是感觉器官功能的延长,使人类可以更好地从外部世界获得信息。目前,科学家已经研制出许多应用现代感测技术的装置,不仅能替代人的感觉器官捕获各种信息,而且能捕获人的感觉器官所不能感知的信息。

2. 通信技术

通信技术的功能是传递信息,可以看作是传导神经系统功能的延长,它能传递人们想要传递的信息。信息只有通过交流才能发挥效益,信息的交流直接影响着人类的生活和社会的发展。

3. 智能处理技术

智能处理技术包括计算机硬件技术、软件技术和人工神经网络等,可以看作是思维器官功能的延长,它能帮助人们更好地存储、检索、加工和再生信息。

4. 控制技术

控制技术是根据指令信息对外部事物的运动状态和方式实施控制的技术,可以看作是效应器官功能的扩展和延长,它能控制生产和生活中的许多状态。

感测、通信、智能处理和控制四大信息技术是相辅相成的,而且相互融合。信息智能处理技术相对其他三项技术来说处于较为基础和核心的位置。

目前,人们把通信技术、计算机技术和控制技术合称 3C(communication、computer 和 control)技术。3C 技术是信息技术的主体。计算机科学、通信与网络技术、自动化科技的迅速发展,已使信息的处理、传输和应用无处不在,成为推动社会进步的重要因素。

2.1.3 信息化与信息社会

信息化是指培养、发展以计算机为主的智能化工具为代表的新生产力,并使之造福于社会的历史过程。社会信息化过程就是充分利用信息技术,开发利用信息资源,促进信息交流和知识共享,提高经济增长质量,推动经济社会发展转型的历史进程。现在的社会就处于信息化过程中,亦既是信息社会。信息社会的主要特征表现如下。

1. 管理信息化

管理信息化是以信息化带动工业化,实现企业管理现代化的过程,它是将现代信息技术与先进的管理理念相融合,转变企业生产方式、经营方式、业务流程、传统管理方式和组织方式,重新整合企业内外部资源,提高企业效率和效益,增强企业竞争力的过程。管理的对象可以是企业、学校、政府等单位,如现代化的道路监控系统、办公自动化系统、数据库管理系统、物流管理系统等。

2. 生产信息化

生产信息化,即信息技术在控制领域中的应用。现代工厂、企业单位的生产已经越来越离不开信息技术,从产品设计、开发到生产、销售;从原材料的采购、进仓、成品的管理到成本的核算等,都离不开计算机技术、网络技术、信息技术,如计算机辅助设计(CAD)、计算机辅助制造(CAM)、计算机集成制造系统(CIMS)等。

3. 电子商务

电子商务(electronic commerce)通常是指在全球各地广泛的商业贸易活动中,在因特网开放的网络环境下,基于浏览器/服务器应用方式,买卖双方不谋面地进行各种商贸活动,实现消费者的网上购物、商户之间的网上交易和在线电子支付以及各种商务活动、交易活动、金融活动和相关的综合服务活动的一种新型的商业运营模式,如电子货币和网络购物等均为电子商务的应用形式。

4. 3G 通信技术

3G(3rd-generation)指第三代移动通信技术,即是指支持高速数据传输的蜂窝移动通信技术。3G 服务能够同时传送声音(通话)及数据信息(电子邮件、即时通信等)。3G 的代表特征是提供高速数据业务,即将无线通信与国际互联网等多媒体通信结合的新一代移动通信系统。3G 核心应用包括宽带上网、视频通话、手机电视、无线搜索、手机音乐、手机购物、手机网游等。

5. GPS

全球定位系统(GPS)是由美国陆海空三军联合研制的新一代空间卫星导航定位系统,具有全天候、高精度和自动测量的特点,已经融入国民经济建设、国防建设和社会发展的各个应用领域,成为先进的测量手段和新的生产力。

2.2 信息在计算机中的表示

日常生活中的信息是由各种符号表示的,但在计算机系统中,所有的符号都要用电子元件的不同状态表示,即以电信号表示。因此,计算机处理信息的首要问题就是要解决不同信息在计算中如何表示的问题。

2.2.1 数值及其转换

计算机最基本的功能就是对数据进行存储和处理,但到目前为止,计算机仍不能自动识别和处理人类的语言、文字和图像等形式的数据。因此,必须把原始的数据进行某种转换,然后计算机才能识别和处理。计算机中的数据都是以二进制数的形式表示和存储的,因此,首先要了解数制。

1. 进位计数制

所谓进位计数制,是指用进位的方法进行计数的一种方法。它有两个基本要素:基数和位权。

基数:数制中所用到的数码的个数。R 进制中具有 R 个数码,它们是 $0,1,2,\cdots,R-1$。例如,二进制基数为 2,用来表示二进制的数码为 0、1。

位权:处于不同数位的数码代表的数值不同,对每一个数位赋予不同的位值,称为位权。例如,约定整数最低位的序号为 $i=0(i=n,\cdots,2,1,0,-1,-2,\cdots)$,$R$ 进制数的第 i 位的位权为 R^i。

2. 常用的数制

十进制:用 0、1、2、3、4、5、6、7、8、9 共 10 个数码表示所有的数,基数是 10。其特点为逢十进一。末尾加字符 D 表示,如 345.12D 或 (345.12)10。十进制数 345.12 按位权展开为

$$345.12\ D = 3\times10^2+4\times10^1+5\times10^0+1\times10^{-1}+2\times10^{-2}$$

二进制:用 0、1 两个数码表示所有的数,基数是 2。其特点为逢二进一。末尾加字符 B 表示,如 101.01 B 或 (101.01)2。二进制数 101.01 按位权展开为

$$101.01\ B = 1\times2^2+0\times2^1+1\times2^0+0\times2^{-1}+1\times2^{-2}$$

八进制:用 0、1、2、3、4、5、6、7 共 8 个数码表示所有的数,基数是 8。其特点为逢八进一。末尾加字符 O 表示,如 723.26 O 或 (723.26)8。八进制数 723.26 按位权展开为

$$723.26\ O = 7\times8^2+2\times8^1+3\times8^0+2\times8^{-1}+6\times8^{-2}$$

十六进制:用 0、1、2、3、4、5、6、7、8、9、A、B、C、D、E、F 共 16 个数码表示所有的数,基数是 16。其特点为逢十六进一。末尾加字符 H 表示,如 A39.C6 H 或 (A39.C6)16。十六进制数 A39.C6 按位权展开为

$$A39.C6\ H = A\times16^2+3\times16^1+9\times16^0+C\times16^{-1}+6\times16^{-2}$$

十进制、二进制、八进制、十六进制之间的对应关系如表 2-1 所示。

表 2-1 十进制、二进制、八进制、十六进制之间的对应关系

十进制	二进制	八进制	十六进制	十进制	二进制	八进制	十六进制
0	0	0	0	9	1001	11	9
1	1	1	1	10	1010	12	A
2	10	2	2	11	1011	13	B
3	11	3	3	12	1100	14	C
4	100	4	4	13	1101	15	D
5	101	5	5	14	1110	16	E
6	110	6	6	15	1111	17	F
7	111	7	7	16	10000	20	10
8	1000	10	8	17	10001	21	11

3. 数制转换

尽管计算机中的信息都以二进制数的形式表示,但人们仍然习惯于十进制,同时为了表示方便也引入了八进制和十六进制,因此需要在不同的数制之间进行相互转换。

(1) N 进制数转换为十进制数。把 N 进制数转换为十进制数。首先写出它的位权展开式,再按十进制运算规则求和。即把二进制数(或八进制数、十六进制数)写成 2(8 或 16)的各次幂之和的形式,然后计算。

例：将 1111001B、375.2O、FDH 转换为十进制数。
1111001 B = $1×2^6+1×2^5+1×2^4+1×2^3+0×2^2+0×2^1+1×2^0$ = 121
375.2 O = $3×8^2+7×8^1+5×8^0+2×8^{-1}$ = 253.25
FDH = $F×16^1+D×16^0$ = 253

(2) 十进制数转换为 N 进制数。十进制整数部分和小数部分在转换时需作不同的计算，整数转换用"除以基数 N 倒序取余法"；小数转换用"乘以基数 N 正序取整法"。

例：将 25.745 D 转换成二进制数，精确到 4 位小数，转换过程如下。

首先将 25.745 的整数部分转化成二进制数：

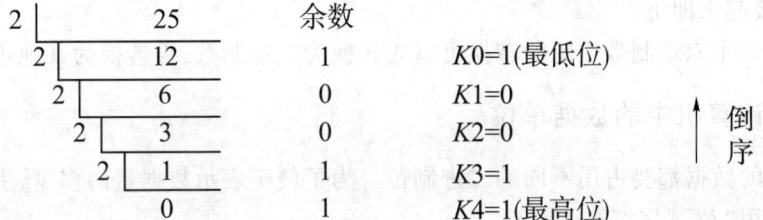

即 25D = 11001B。

再将小数部分 0.745 转化成二进制数：

```
0.745 × 2 = 1.490    取出整数1   (最高位)    余0.490
0.490 × 2 = 0.980    取出整数0     顺       余0.980
0.980 × 2 = 1.960    取出整数1     序       余0.960
0.960 × 2 = 1.920    取出整数1   (最低位)    余0.920
0.920                转换结束
```

所以 25.745D = 11001.1011 B。

这里，小数部分换算过程的第四次乘积的小数部分不为 0，但已经满足所要求的精度，所以，25.745 D = 11001.1011 B。显然，在转换的过程中，做的乘法次数越多，结果就越精确。

仿照上述方法可以将十进制数转换为任意 N 进制数。

(3) 二进制数与八进制数的相互转换。二进制数转换为八进制数方法是三位合一，即将二进制数从小数点开始，对二进制数整数部分向左每三位分成一组，不足三位的，向高位补零；对二进制数小数部分向右每三位分成一组，不足三位的向低位补零。将每组的三位数分别转化为八进制数。

例：把二进制数 1010011.0101 转换为八进制数。

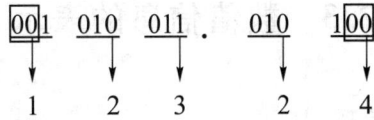

所以，1010011.0101 B = 123.24 O

反之，将八进制数转换成二进制数，只要将每一位八进制数转换成相应的三位二进制数，并依次连接起来即可。

(4) 二进制数与十六进制数的相互转换。二进制数转换为十六进制数方法是四位合一，即将二进制数从小数点开始，对二进制数整数部分向左每 4 位分成一组，不足 4 位的，向高位补零;对二进制数小数部分向右每 4 位分成一组,不足 4 位的向低位补零。将每组的 4 位数分别转化为十六进制数。

例:把二进制数 1010011.0101 转换为十六进制数。

$$\underset{5}{0101} \quad \underset{3}{0011} \quad . \quad \underset{5}{0101}$$

所以,1010011.0101 B = 53.5 H

反之,将十六进制数转换成二进制数,只要将每一位十六进制数转换成相应的 4 位二进制数,并依次连接起来即可。

八进制数与十六进制数之间的转换可以先转换为二进制数,再转换为其他进制数。

2.2.2 计算机中的数据单位

计算机中的数据都要占用不同的二进制位。为了便于表示数据量的多少,引入数据单位,数据单位常采用"位""字节""字"等。

1. 位

位(bit),b,也称为比特,是计算机存储数据的最小单位。1 bit 表示一位二进制信息,有 0 和 1 两种取值。

2. 字节

字节(Byte)是计算机中数据存储和数据处理的基本单位,一个字节由 8 个二进制位组成(1 Byte = 8 bit),记作 B。一个西文字符在计算机中用一个字节存放,一个汉字则需要两个字节。

3. 字

字(Word)是计算机在进行数据处理过程中一次存取、加工和传送的数据长度单位。一个字由若干个字节组成。一个字的二进制长度称为字长。字长是衡量计算机性能的一个重要指标,字长越长,精确度越高。

在实际应用中,还经常使用 KB、MB、GB、TB 等单位来表示计算机的存储容量,各种度量单位的换算关系如下:

1 KB = 2^{10} B = 1 024 B   1 MB = 2^{10} KB = 1 024 KB

1 GB = 2^{10} MB = 1 024 MB   1 TB = 2^{10} GB = 1 024 GB

2.3 数值信息的表示

2.3.1 带符号整数的编码

1. 机器数和真值

一个数在计算机中的二进制表示形式,叫做这个数的机器数,机器数是带符号的,在计算机中用一个数的最高位存放符号,正数为 0,负数为 1,比如,十进制中的+3,假设计算机字长为 8 位,转换成二进制就是 0000 0011,如果是-3,就是 1000 0011,那么,这里 0000 0011 和

1000 0011 就是机器数。

因为第一位为符号位,所以机器数的形式值就不等于真正的数值,例如上面的有符号数 1000 0011,其最高位 1 代表负,其真正数值是-3,而不是形式值 131(1000 0011 转换成十进制数等于 131),所以为了区别起见,将带符号的机器数对应的真正数值称为机器数的真值。例如,0000 0001 的真值 = +000 0001 = +1,1000 0001 的真值 = -000 0001 = -1。

2. 原码

原码最简单,它就是机器数。原码就是符号位加上真值的绝对值,即用第一位表示符号,其余位表示值。例如(假设计算机用 16 位二进制码表示数据):

[+1]$_原$ = [+000000000000001]$_原$ = 0000000000000001

[-1]$_原$ = [-000000000000001]$_原$ = 1000000000000001

原码表示的数据范围因字长而定,采用 16 位二进制原码表示时,因为第一位是符号位,所以 16 位二进制的取值范围就是[11111111 11111111,01111111 11111111],即[-(2^{15}-1),+(2^{15}-1)]。

当用原码对两个数做加法运算时,如果两数符号相同,则数值相加,符号不变;如果两数符号不同,数值部分实际上是相减的,这时,必须比较两个数哪个绝对值大,才能决定运算结果的符号及值。所以,用原码运算不方便。

3. 反码

反码可以由原码得到。反码的表示方法是,正数的反码是其本身,负数的反码是在其原码的基础上,符号位不变,其余各个位取反,通常用[X]$_反$ 表示 X 的反码。

例如(假设计算机用 16 位二进制码表示数据):

[+1]$_原$ = [+000000000000001]$_反$ = 0000000000000001

[-1]$_原$ = [-000000000000001]$_反$ = 1111111111111110

反码表示的数据范围因字长而定,采用 16 位二进制反码表示时,其 16 位二进制的取值范围就是[10000000 00000000,01111111 11111111],即[-(2^{15}-1),+(2^{15}-1)]。

同样,用反码运算也不方便。

4. 补码

补码的表示方法是,正整数的二进制补码与其二进制原码相同,负整数的二进制补码,先求与该负数相对应的正整数的二进制代码,然后所有位取反加 1,不够位数时左边补 1。例如(假设计算机用 16 位二进制码表示数据):

[+1]$_补$ = [+0000000 00000001]$_补$ = 00000000 00000001

[-1]$_补$ = [-0000000 00000001]$_补$ = 11111111 11111111

补码表示的数据范围因字长而定,采用 16 位二进制补码表示时,其 16 位二进制的取值范围就是[10000000 00000000,01111111 11111111],即[-2^{15},+(2^{15}-1)]。

例如,X = -6 D = -0000110 B,Y = -10 D = -0001010 B,通过补码运算 X+Y 的值。

解:[X]$_补$ = [-0000110]$_补$ = 11111010

[Y]$_补$ = [-0001010]$_补$ = 11110110

[X+Y]$_补$ = [X]$_补$+[Y]$_补$ = 11111010+11110110 = 11110000(超出字长的进位丢弃)

$[[X+Y]_{补}]_{原} = [11110000]_{原} = 10010000$

故 $X+Y = 10010000 = -16\ D$

关于补码,从以上例子可以看出:① 数的符号位可以参与运算;② 可以把减法运算改为加法运算;③ 两数和(差)的补码等于两数的补码之和(差)。因此现代计算机内部大都采用补码表示数值,运算结果也用补码表示,以达到简化运算的目的。

5. 为什么要使用原码、反码和补码

众所周知,计算机可以用原码、反码、补码这三种编码方式表示一个数,对于正数来说,三种编码方式都相同,但是对于负数,负数的原码、反码、补码是完全不同的,既然原码被人脑直接识别并用于计算方式,那么为什么还要用反码和补码呢?因为人脑可以知道原码的第一位是符号位,在计算时,会根据符号位,选择对真值区域的加减,但是对于计算机,加减乘除已经是最基础的运算,要设计得尽量简单,计算机辨别符号位显然会让计算机的基础电路设计变得十分复杂,于是人们想出了将符号位也参与运算的方法。

补码解决的是如何在机器中表示负数,其本质意义为用一个正数来表示这个正数对应的负数,是一种相对合理的编码方案。因为原码和反码在负数的运算上对符号位的处理用机器物理设计实现很难,而补码在数理上对符号位的自动处理,利用模的自动丢弃实现了符号位的自然处理,仅仅通过编码的改变就可以在不更改机器物理架构的基础上满足预期的要求,所以补码沿用至今。

2.3.2 带符号实数的编码

计算机中数值数据的小数点一般通过隐含规定小数点的位置来表示,根据约定的小数点的位置是否固定,分为定点表示和浮点表示两种表示方法。采用定点表示的数称为定点数,采用浮点表示的数称为浮点数。

1. 定点表示法

数的定点表示法是指机器数中小数点的位置固定不变。定点表示法有定点整数和定点小数两种约定。定点整数约定小数点位置在机器数的最后一位之后。定点整数是用来表示纯整数的,前面介绍原码、反码和补码时,实际上约定的是纯整数。定点小数约定小数点位置在符号位之后,定点小数是用来表示纯小数的,即所有数均小于1。定点小数的表示如图2-1所示。

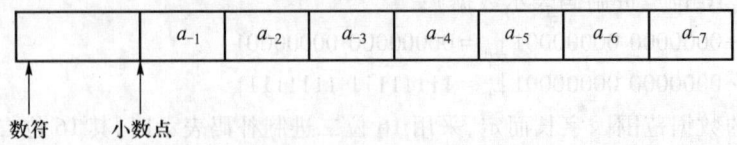

图2-1 定点小数

定点表示法的数值范围在许多应用中是不够用的,尤其是在科学计算中,为了扩大数的表示范围,也可以通过编程技术,采用多个字节表示一个定点数,如8个字节等。

2. 浮点表示法

数的浮点表示法是指机器数中小数点的位置是浮动的,浮点表示法类似于科学记数法,任一数均可通过改变指数部分,使小数点位置发生变动。例如,十进制数 3 322.11 可以写成 $10^4 \times 0.332\ 211$、$10^3 \times 3.322\ 11$、$10^2 \times 33.221\ 1$ 等不同形式。浮点数由两部分组成:尾数部分和阶码部分。任何一个二进制浮点数可表示为 $N = \pm s \times 2^{\pm j}$。其中 j 称为 N 的阶码,j 前面的正负号称为阶符,s 称为 N 的尾数,s 前面的正负号为数符,在浮点表示方法中,小数点的位置是浮动的,阶码 j 可取不同的数值。

为了在计算机中存放方便和提高精度,必须用格式化形式唯一地表示一个浮点数。规格化形式规定尾数值的最高位为1。一般浮点数存储格式如图 2-2 所示。

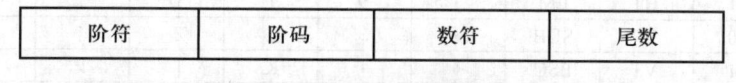

图 2-2 浮点数存储格式

2.4 文本信息的表示

计算机处理的信息除了数值数据以外,还有其他大量的非数值数据,非数值数据中主要是字符数据。由字符数据转换成二进制数值数据,最好的方法就是为字符编码,即对字符进行编号。对字符进行编码既可以节省存储空间,数据处理的过程也很容易完成。字符编码的方法很简单,首先要确定有多少字符需要进行编码,因为字符的个数决定了编码的位数;然后对每一个字符进行编号。例如,大家熟悉的工作证号、门牌号、身份证号都是编码。在日常处理的字符数据中,有西文字符和中文字符两种,由于两种字符形式不同,编码的方法也不相同。

2.4.1 西文字符的编码

西文字符包括各种运算符号、关系符号、控制符号、字母和数字等。在计算机中广泛应用的西文字符编码是 ASCII 码(American national standard code for information interchange,美国国家信息交换标准码)。ASCII 码采用一个字节进行编码,因此可以表示 256 种不同的字符。其中,二进制最高位为 0 的编码称为标准 ASCII 码,是国际通用的,其范围为 0~127(00000000B~01111111B),共可以表示 128 个字符,包括 52 个英文大小写字母、10 个数字、34 种控制字符、32 个字符和运算符。标准 ASC II 码表如图 2-3 所示。

编码在 10000~1111B 内为扩充 ASCII 码。扩充 ASCII 码的二进制最高位是 1,范围为 128~255,也有 128 种。尽管对扩充 ASCII 码美国国家标准信息协会已给定义,但在实际中,多数国家都利用本 ASCII 码来定义自己国家的文字的代码。

在书写字符的 ASCII 码时,经常用十六进制数和十进制数,例如英文字符"a"对应的 ASC II 码为 61 H(97 D)。

$b_4b_3b_2b_1$	$b_7b_6b_5$							
	000	001	010	011	100	101	110	111
0000	NUL	DLE	SP	0	@	P	`	p
0001	SOH	DC1	!	1	A	Q	a	q
0010	STX	DC2	"	2	B	R	b	r
0011	EXT	DC3	#	3	C	S	c	s
0100	TOT	DC4	$	4	D	T	d	t
0101	ENQ	NAK	%	5	E	U	e	u
0110	ACK	SYN	&	6	F	V	f	v
0111	BEL	ETB	'	7	G	W	g	w
1000	BS	CAN	(	8	H	X	h	x
1001	HT	EM	)	9	I	Y	i	y
1010	LF	SUB	*	:	J	Z	j	z
1011	VT	ESC	+	;	K	[	k	{
1100	FF	FS	,	<	L	\	l	|
1101	CR	GS	-	=	M	]	m	}
1110	SO	RS	.	>	N	^	n	~
1111	SI	US	/	?	O	_	o	DEL

图 2-3 标准 ASCII 码

2.4.2 汉字编码

计算机处理汉字的过程较为复杂。从键盘输入汉字要使用输入码(如拼音、五笔字型、区位码等);输入码转换为由数字组成的交换码;然后再转换为汉字机内码(汉字在计算机内的唯一标识码)才能对其处理、存储。为了将汉字输出,还必须将机内码转换为汉字的字形码送到显示器或打印机,处理过程如图 2-4 所示。

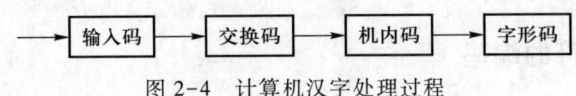

图 2-4 计算机汉字处理过程

1. 汉字交换码

汉字字符数量较大,一般用连续的两个字节(16 个二进制位)来表示一个汉字。1980 年,我国颁布了第一个汉字编码的国家标准:《信息交换用汉字编码字符集-基本集》(GB 2312—1980)。该字符集共收入常用汉字 6 763 个(一级 3 755 个,二级 3 008 个)以及英俄日文字母等 682 个,共 7 445 个字符,是目前国内所有汉字系统的统一标准,故称国标码;国标码的每个字符由两个字节代码组成,每个字节最高位是 0,其他 7 位由不同的二进制数值构成。

2. 汉字机内码

在计算机内表示汉字的代码是汉字机内码,汉字机内码由国标码演化而来,把表示国标码的两个字节的最高位分别加"1",就变成汉字机内码,利用汉字机内码和 ASCII 码可以实现计算机中的中、西文的兼容。

3. 汉字输入码

汉字输入码也称为汉字外部码(外码),是为了将汉字输入计算机而编制的代码,是代表某一汉字的一组键盘符号。因输入法的不同而有不同的汉字输入码,不论是哪一种汉字输入方法,利用输入码将汉字输入计算机后,必须将其转换为汉字机内码才能进行相应的存储和处理。

根据编码规则,将计算机上常用的汉字输入码分为流水码(如国标码、电报码、区位码等)、音码(微软拼音、智能ABC、搜狗、紫光等)、形码(五笔码、大众码等)和音形结合码(自然码、首尾码等)4种。流水码整齐、简洁,没有重码,但编码和汉字属性之间没有直接的对应关系,用户难以记忆,一般用于输入一些特殊符号;音码容易掌握和普及,缺点是重码率高,影响输入速度;形码根据汉字的字形编码,重码少,输入速度快,但需要专门的学习才能掌握;音形码同形码,输入速度快,重码少,仍然需要专门的学习。

4. 汉字字形码

字形码是表示汉字字形的字模数据,供计算机在显示和打印时使用的汉字编码,是将汉字字形经过点阵数字化后形成的一串二进制数。点阵字形编码是一种最常见的字形编码,它用一位二进制码对应屏幕上的一个像素点,字形笔画所经过处的亮点用1表示,没有笔画的暗点用0表示。每个汉字字形排成M行N列的矩阵,简称点阵。一个M行N列的点阵共有$M×N$个点。常用的点阵有16×16、24×24、32×32、64×64或更高。

在计算机中输出汉字时必须要得到相应汉字的字形码,通常用点阵信息表示汉字的字形,所有汉字字形点阵信息的集合就称为汉字字库。一个24×24点阵的汉字字形码占用72个字节的存储空间,而一个48×48点阵的汉字字形码占用288个字节的存储空间。点阵越密则打印的字体越美观,占用存储空间更大。

2.5 多媒体信息的表示

在计算机中,数值数据和字符数据都要转换成二进制来存储和处理。同样,图像、声音视频等多媒体数据也要转换成二进制,但多媒体信息都是模拟信号,具有时间连续和取值连续的特点。通常,采用采样、量化、编码完成对模拟信号的表示。

2.5.1 图像

要在计算机中处理图像,必须先把真实的图像(照片、画报、图书、图纸等)通过数字化转变成计算机能够接受的显示和存储格式,然后再用计算机进行分析处理。图像的数字化过程主要分采样、量化与编码三个步骤。

1. 采样

采样的实质就是要用多少点来描述一幅图像,采样结果质量的高低就是用图像分辨率来衡量的。简单来讲,对二维空间上连续的图像在水平和垂直方向上等间距地分割成矩形网状结构,所形成的微小方格称为像素点。一幅图像就是被采样成有限个像素点构成的集合。例如,一幅640×480分辨率的图像,表示这幅图像是由640×480=307 200个像素点组成。如图2-5所示,左图是要采样的物体,右图是采样后的图像,每个小格即为一个像素点。

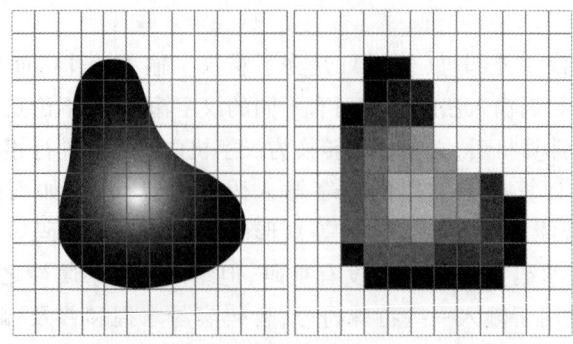

图 2-5　图像采样

采样频率是指一秒内采样的次数,它反映了采样点之间的间隔大小。采样频率越高,得到的图像样本越逼真,图像的质量越高,但要求的存储量也越大。在进行采样时,采样点间隔大小的选取很重要,它决定了采样后的图像能真实地反映原图像的程度。一般来说,原图像中的画面越复杂,色彩越丰富,则采样间隔应越小。由于二维图像的采样是一维的推广,根据信号的采样定理,要从取样样本中精确地复原图像,可得到图像采样的奈奎斯特(Nyquist)定理:图像采样的频率必须大于或等于源图像最高频率分量的两倍。

2. 量化

量化是指要使用多大范围的数值来表示图像采样之后的每一个点。量化的结果是图像能够容纳的颜色总数,它反映了采样的质量。

例如,如果以 4 位存储一个点,就表示图像只能有 16 种颜色;若采用 16 位存储一个点,则有 $2^{16}=65\ 536$ 种颜色。所以,量化位数越大,表示图像可以拥有更多的颜色,自然可以产生更为细致的图像效果。但是,也会占用更大的存储空间。两者的基本问题都是视觉效果和存储空间的取舍。

假设有一幅黑白灰度的照片,因为它在水平与垂直方向上的灰度变化都是连续的,都可认为有无数个像素,而且任一点上灰度的取值都是从黑到白可以有无限个可能值。通过沿水平和垂直方向的等间隔采样可将这幅模拟图像分解为近似的有限个像素,每个像素的取值代表该像素的灰度(亮度)。对灰度进行量化,使其取值变为有限个可能值,如图 2-6 所示。

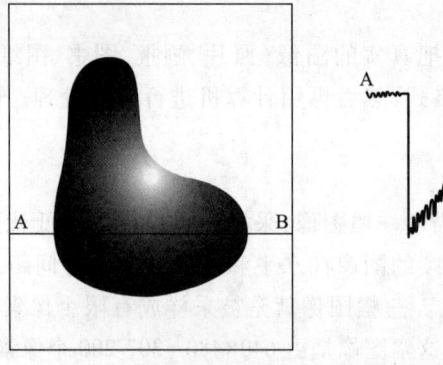 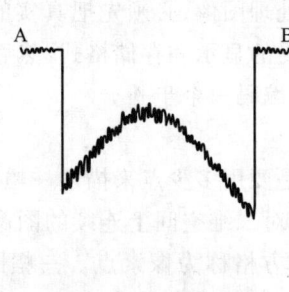

图 2-6　线段 AB(量化)

经过这样采样和量化得到的一幅空间上表现为离散分布的有限个像素,灰度取值上表现为有限个离散的可能值的图像称为数字图像。只要水平和垂直方向采样点数足够多,量化比特数足够大,数字图像的质量就比原始模拟图像毫不逊色。

在量化时所确定的离散取值个数称为量化级数。为表示量化的色彩值(或亮度值)所需的二进制位数称为量化字长,一般可用 8 位、16 位、24 位或更高的量化字长来表示图像的颜色;量化字长越大,则越能真实地反映原有的图像的颜色,但得到的数字图像的容量也越大。

3. 压缩编码

数字化后得到的图像数据量十分巨大,必须采用编码技术来压缩其信息量。在一定意义上讲,编码压缩技术是实现图像传输与存储的关键。已有许多成熟的编码算法应用于图像压缩。常见的有图像的预测编码、变换编码、分形编码、小波变换图像压缩编码等。

当需要对所传输或存储的图像信息进行高比率压缩时,必须采取复杂的图像编码技术。但是,如果没有一个共同的标准做基础,不同系统间不能兼容,除非每一编码方法的各个细节完全相同,否则各系统间的连接十分困难。

为了使图像压缩标准化,20 世纪 90 年代后,国际电信联盟(ITU)、国际标准化组织(ISO)和国际电工委员会(IEC)已经制定并继续制定一系列静止和活动图像编码的国际标准,已批准的标准主要有 JPEG 标准、MPEG 标准、H.261 等。

2.5.2 声音媒体的数字化

音频(audio)除包括音乐、语音外还包括各种音箱效果。将音频信号集成到多媒体中可提供其他任何媒体不能取代的效果,不仅烘托气氛,而且增加活力。

模拟声音的信号是个连续量,由许多具有不同振幅和频率的正弦波组成。实际声音信号的计算机获取过程就是声音的数字化的处理过程。

数字化的声音易于用计算机软件处理,现在几乎所有的专业化声音录制、编辑器都是数字方式。对模拟音频数字化过程涉及音频的采样、量化和编码。模拟信号的数字化过程如图 2-7 所示。

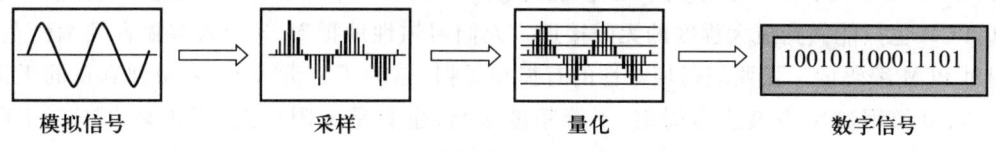

图 2-7 模拟信号的数字化过程

比如当通过话筒用计算机来录音,模拟—数字转换器将模拟信号转换成数字样本以方便存储和处理。

在某些特定的时刻对模拟信号进行测量叫做采样,由这些特定时刻采样得到的信号称为离散时间信号。图 2-8 中的一系列带黑点的竖线表示的是采样的时间,竖线端点的值表示这个时刻波形的值。只有采样得到的值会被记录下来,其他值在采样后被舍弃。

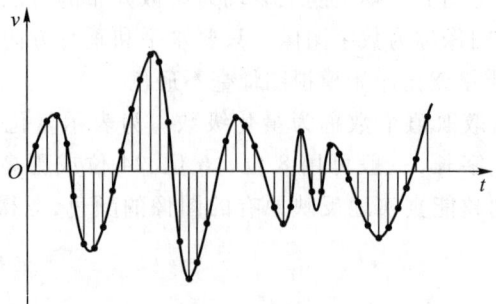

图 2-8 音频采样

采样频率必须大于被采样信号带宽的两倍,为了重现一个给定的频率,采样率必须至少达到该频率的两倍。例如,CD 的采样率为 44 100 Hz,所以 CD 能重现最高 22 050 Hz 的声音,该频率已经超过人耳所能听到声音的上限(20 000 Hz)。如果信号的带宽是 100 Hz,那么为了避免出现混叠现象,采样频率必须大于 200 Hz。换句话说就是采样频率必须至少是信号中最大频率分量频率的两倍,否则就不能从信号采样中恢复原始信号。根据 Nyquist 采样定理,用两倍于一个正弦波的频率进行采样就能完全真实地还原该波形,因此一个数码录音波的采样频率直接关系到它的最高还原频率指标。例如,用 44.1 kHz 的采样频率进行采样,则可还原最高为 22.05 kHz 的频率——这个值略高于人耳的听觉极限。采样得到的值其幅度可以是无穷多个实数值中的一个,这些值要用二进制数字来表示,必须对每个值分配一个编码。显然对无穷多个值分配编码是不可能的。如果把信号幅度取值的数目加以限定,量化后得到的值只能取有限个参考值,若实际值不在这些有限个值之内,则使用四舍五入或者其他规则把它近似到某个取值上去。

根据采样率和采样大小可以得知,相对自然界的信号,音频编码最多只能做到无限接近,至少目前的技术只能这样了,相对自然界的信号,任何数字音频编码方案都是有损的,因为无法完全还原。在计算机应用中,能够达到最高保真水平的就是 PCM 编码,被广泛用于素材保存及音乐欣赏,CD、DVD 以及常见的 WAV 文件中均有应用。因此,PCM 约定俗成的成了无损编码,尽管 PCM 代表了数字音频中最佳的保真水准,但并不意味着 PCM 就能够确保信号绝对保真,PCM 也只能做到最大程度的无限接近。人们习惯性地把 MP3 列入有损音频编码范畴,是相对 PCM 编码的。强调编码相对性的有损和无损,是为了告诉大家,要做到真正的无损是困难的,就像用数字去表达圆周率,不管精度多高,也只是无限接近,而不是真正等于圆周率的值。

根据不同的音频压缩技术,常见的声音文件格式有以下几种。

(1) WAV 格式。WAV 文件也称为波形文件,是 Microsoft 公司开发的一种声音文件格式,被 Windows 系统及其应用程序所广泛支持。它依照声音的波形进行存储,因此要占用较大的存储空间。

(2) WMA(Windows media audio) 格式。WMA 是 Microsoft 公司定义的一种流式声音格式。采用 WMA 格式压缩的声音文件比起由相同文件转化而来的 M3 文件要小得多,但在音质上却毫不逊色。

（3）MP3 格式。MP3 即 MPEG audio layer 3 的缩写，是人们比较熟知的一种数字音频格式。MP3 具有很高的压缩率，是目前便携音乐播放器支持的最常见的一种音乐格式。

（4）RA（Real audio）格式。RA 是 RealNetworks 公司推出的一种流式声音格式。这是一种在网络上很常见的音频文件格式，但是为了确保在网络上传输的效率，在压缩时声音质量损失较大。

（5）MIDI 格式。MIDI 是通过数字化乐器接口（musical instrument digital interface，MIDI）输入的声音文件的扩展名，这种文件只是像记乐谱一样地记录下演奏的符号，所以其体积是所有音频格式中最小的。

2.5.3 视频与动画

人的眼睛有一种视觉暂留的生物现象，即人们观察的物体消失后，物体的影响在眼睛的视网膜上会保留一个非常短暂的时间（大约 0.1 s）。利用这一现象，将一系列物体位置或形状变化很小的图像以足够快的速度连续播放，人眼就会感觉画面变成了连续活动的场景。连续的随时间变化的一组图像就称为视频。有时将视频称为运动图像或动态图像。在视频中，一幅幅单独的图像称为帧（frame）。每秒连续播放的帧数称为帧率，单位是帧/秒（f/s）。典型的帧率是 24 f/s、25 f/s 和 30 f/s。

计算机视频图像可来自录像机、摄像机等视频信号源的影像，这些视频图像使多媒体应用系统表现力更强。动画（animation）与视频一样也与运动着的图像有关，它们的实现原理是一样的。两者的不同在于视频是对已有的模拟信号进行数字化的采集，形成数字视频信号，其内容通常是真实事件的再现；而动画里的场景和各帧运动画面的生成一般都是在计算机里绘制而成的。

视频编码率直接与文件体积有关，且编码率与编码格式配合是否合适，直接关系到视频文件是否清晰。在视频编码领域，比特率常翻译为编码率，单位是 Kbps。

完整的视频文件是由音频流与视频流两个部分组成的，音频和视频分别使用的是不同的编码率，因此一个视频文件的最终技术大小的编码率是音频编码率+视频编码率。常见的视频与动画文件格式有以下几种。

（1）AVI 格式。它最直接的优点就是兼容好、调用方便而且图像质量好，因此也常常与 DVD 相并称。但它的缺点也是十分明显的：体积大。2 小时影像的 AVI 文件的体积与 MPEG-2 相差无几，不过这只是针对标准分辨率而言的：根据不同的应用要求，AVI 的分辨率可以随意调节。窗口越大，文件的数据量也就越大。降低分辨率可以大幅减少它的体积，但图像质量就必然受损。与 MPEG-2 格式文件体积差不多的情况下，AVI 格式的视频质量相对而言要差不少，但制作起来对计算机的配置要求不高，经常有人先录制好了 AVI 格式的视频，再转换为其他格式。

（2）QuickTime 格式。QuickTime（MOV）是 Apple 公司专有的一种视频格式。在开始一段时间里，它都是以 qt 或 mov 为扩展名的，使用自己的编码格式。但是自从 MPEG 组织选择了 QuickTime 作为 MPEG-4 的推荐文件格式以后，mov 文件就以 mpg 或 mp4 为其扩展名，并且采用了 MPEG-4 压缩算法。QuickTime 6 将 mp4 文件作为它的第一选择,利用 QuickTime 6 可以制作出专业级质量的、ISO 兼容的 MPEG-4 音频和视频文件,而且这些文件也可以被任何兼容 MPEG-4 的播放器播放。

(3) MPG 文件。PC 上全屏幕活动视频的标准文件为 MPG 格式文件。它是使用 MPEG 方法进行压缩的全运动视频图像。目前许多视频处理软件都能支持该格式,如超级解霸软件。

(4) DAT 文件。DAT 文件是 VCD 数据文件的格式,也是基于 MPEG 压缩方法的一种文件格式。

(5) ASF 格式。ASF 是 Windows Media 技术的核心,采用的是 MPEG-4 压缩算法,由于它使用了 MPEG-4 的压缩算法,所以压缩率和图像的质量都很不错。因为 ASF 是以一个可以在网上即时观赏的视频"流"格式存在的,所以它的图像质量比 VCD 差一点点并不出奇,但比同是视频流格式的 RAM 格式要好。利用这种编码方式制成的文件名后缀一般为 asf。

(6) WMV 格式。WMV(Windows media video)也是 Microsoft 公司推出的一种流媒体格式,是从 ASF 格式升级延伸而来的。在同等视频质量下 WMV 格式的体积非常小,因此很适合播放和传输。

(7) RM 格式。RM(Real media)格式是由 RealNetworks 公司开发的一种能够在低速率上实时传输的流媒体文件格式,可以根据网络数据传输速率的不同制定不同的压缩比率,从而实现在低速率的广域上进行影像数据的实时传送和实时播放。

(8) SWF 格式。SWF 格式是 Flash 的动画文件。Flash 是 Micromedia 公司推出的一种动画制作软件,它制作出一种后缀名为 swf 的动画,这种格式的动画能用比较小的体积来表现丰富的多媒体形式并且可以嵌入到网页中。

第 3 章 计算机系统结构与工作原理

3.1 计算机系统结构

3.1.1 图灵和图灵机模型

艾伦·麦席森·图灵 1912 年生于英国伦敦,是英国数学家、逻辑学家,被称为计算机科学之父、人工智能之父。

图灵在科学,特别是在数理逻辑和计算机科学方面,取得了举世瞩目的成就,他的一些科学成果构成了现代计算机技术的基础。1931 年,19 岁的图灵进入剑桥大学国王学院,毕业后到美国普林斯顿大学攻读博士学位。1932 年,荣获英国著名的史密斯数学奖。1936 年,发表论文《论可计算数及其在判定问题中的应用》,并提出了图灵机模型,后来,冯·诺依曼根据这个模型设计出历史上第一台电子计算机。1946 年,由于在第二次世界大战中为破译德军密码做出了巨大贡献,图灵获得"不列颠帝国勋章",这是英国皇室授予为国家和人民做出巨大贡献者的最高荣誉勋章。1950 年,图灵发表了《Computing Machinery and Intelligence》(《计算机器与智能》),这是一篇划时代的文章,提出著名的"图灵测试"(Turing)理论,引起了广泛的注意和深远的影响,为后来的人工智能科学提供了开创性的构思,成为了人工智能的开山之作。也正是这篇文章,图灵赢得"人工智能之父"的桂冠。1966 年设立图灵奖,奖励那些对计算机科学研究与推动计算机技术发展有卓越贡献的杰出科学家,图灵奖是世界计算机科学领域的最高奖项,有"计算机界诺贝尔奖"之称。

图灵对现代计算机的贡献主要有两个:一是建立了图灵机理论模型,二是提出定义机器智能的图灵测试。

图灵机,又称确定型图灵机,是图灵于 1936 年提出的一种抽象计算模型,其更抽象的意义为一种数学逻辑机。图灵机的模型如图 3-1 所示。

图灵认为,计算就是计算者(人或机器)对一条两端可无限延长的纸带上的一串 0 或 1,执行指令一步一步地改变纸带上的 0 或 1,经过有限步骤最后得到一个满足预先规定的符号串的变换过程。

数据被制成一串 0 和 1 的纸带,送入机器中,作为输入,例如:
00011000011010100011…

机器可对输入纸带执行一些基本动作,例如"翻转 1 为 0""翻转 0 为 1""前移一位""停止"。

机器对基本动作的执行是由指令来控制的,机器是按照指令的控制选择执行哪一个动作,指令也可以用 0 和 1 来表示,如 01 表示"翻转 0 为 1"(当输入为 1 时不变),10 表示"翻转 1 为 0"(当输入为 0 时不变),11 表示"前移一位",00 表示"停止"。

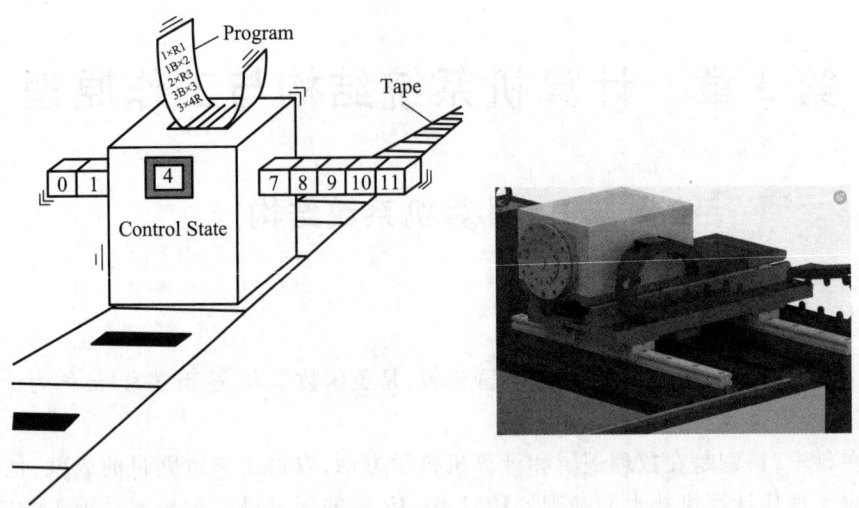

图 3-1　图灵机模型

输入如何变为输出的控制，可以用指令编写一个程序来完成，如：
01,11,10,11,01,11,01,11,00…

请注意为便于阅读，程序的指令中间增加了逗号以示区分。上述程序的内容为"01-翻转 0 为 1;11-前移一位;10-翻转 1 为 0;11-前移一位;01-翻转 0 为 1;11-前移一位;01-翻转 0 为 1;11-前移一位;00-停止"。机器能够读取程序，按照程序中的指令顺序读取指令，读一条指令执行一条指令。由此实现自动计算。

因此可以说，图灵机就是一个最简单的计算机模型，图灵机将控制处理的规则用 0 和 1 表达，将待处理的数据及处理结果也用 0 和 1 表达，处理既是对 0 和 1 的变换（可以用机械或电子系统实现）。

此运行模式如图 3-2 所示。

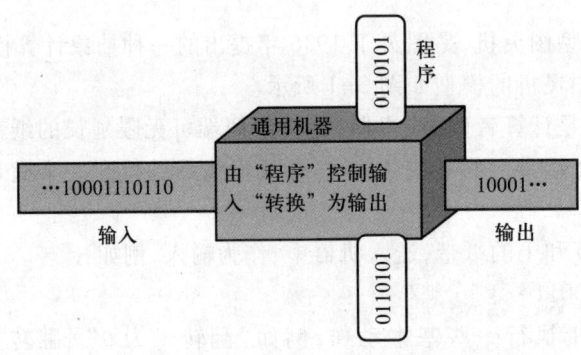

图 3-2　图灵机的一种执行过程

3.1.2　图灵机的基本思想

图灵机的基本思想是用机器来模拟人们用纸笔进行数学运算的过程，图灵把这个过程看作由下列两种简单动作构成。

(1) 在纸上写上或擦除某个符号。

(2) 把注意力从纸的一个位置移动到另一个位置。

而在每个阶段,人要决定下一步的动作,依赖于以下两方面。

(1) 此人当前所关注的纸上某个位置的符号。

(2) 此人当前思维的状态。

为了模拟人的这种运算过程,图灵构造出一台假想的机器。图灵机所蕴含的计算思想是关于数据、指令、程序及程序/指令自动执行的基本思想。图灵机模型理论是计算机科学最核心的理论之一,为计算机设计指明了方向,也是算法分析和程序语言设计的基本理论。

通用图灵机能根据输入编码的不同而改变,进一步展示了流程控制思想(程序和其输入可以先保存到纸带上,一步一步运行直到给出结果,并将结果保存在纸带上)。

图灵机给出了一个可实现的通用计算模型,引入了通过"读写符号"和"状态改变"进行运算的思想,证实了基于简单字母表完成复杂运算的能力,引入了存储区、程序、控制器等概念的原型。

图灵认为凡是能用算法方法解决的问题也一定能用图灵机解决;凡是图灵机解决不了的问题任何算法也解决不了,这就是著名的图灵可计算性问题。图灵机是一类离散的有限状态自动机。虽然它简单,但是具有充分的一般性。现代计算机都仅仅是图灵机的扩展,其计算能力与图灵机等价。所以,图灵的工作被认为奠定了计算机科学的基础。为了纪念图灵对计算机科学的杰出贡献,美国计算机学会 ACM 于 1966 年设立了图灵奖,每年颁发一次,以表彰在计算机领域取得突出成就的科学家。

3.1.3 冯·诺依曼计算机

冯·诺依曼计算机的基本思想是存储程序的思想,即"将指令和数据以同等地位事先存于存储器中,可按地址寻访,机器可从存储器中读取指令和数据,实现连续和自动的执行"。

将存储和执行分别进行实现,解决了计算速度(快)与输入输出速度(慢)的匹配问题。由于存储器与中央处理器之间的通路太狭窄,每次执行一条指令,所需的指令和数据都必须经过这条通路,因此单纯地扩大存储器容量和提高 CPU 速度,不能更加有效地提高计算机性能,这是冯·诺依曼机结构的局限性。

冯·诺依曼计算机模型体现了存储程序与程序自动执行的基本思维,对于利用算法和程序手段解决现实问题有重要意义。现代几乎所有的电子计算机都是基于冯·诺依曼体系结构,计算模型都是基于图灵机。图灵机奠定了现代数字计算机的理论基础,而数学家冯·诺依曼根据图灵的设想设计并制造了历史上的第一台电子计算机,其设计思想对现代计算机的发展产生了重要影响,以至于人们称其为"现代计算机之父",现在的普通计算机因都遵循了他的设计思想而被称为冯·诺依曼计算机。

为实现存储程序的思想,冯·诺依曼将计算机分解为 5 大部分:运算器(arithmetic logic unit,ALU)、控制器(coutrol unit)、存储器(memory)、输入设备(input)和输出设备(output)。5 个部件各司其职,并有效连接以实现整体功能。

运算器也称算术逻辑单元(ALU),是计算机进行算术运算和逻辑运算的部件。算术运算有加、减、乘、除等;逻辑运算有比较、移位、与运算、或运算、非运算等。在控制器的控制下,运算器从存储器中取出数据进行运算,然后将运算结果写回存储器中。

控制器主要用来控制程序和数据的输入/输出以及各个部件之间的协调运行。控制器由程序计数器、指令寄存器、指令译码器和其他控制单元组成。控制器工作时,根据程序计数器中的地址,从存储器中取出指令,送到指令寄存器中,经译码单元译码后,再由控制器发出一系列命令信号,送到有关硬件部位,引起相应动作,完成指令所规定的操作。

存储器的主要功能是存放运行中的程序和数据。在冯·诺依曼计算机模型中,存储器是指内存单元。存储器中有成千上万个存储单元,每个存储单元存放一组二进制信息。对存储器的基本操作是数据的写入或读出,这个过程称为"内存访问"。为了便于存入或取出数据,存储器中所有单元均按顺序依次编号,每个单元的编号称为"内存地址",当运算器需要从存储器某单元读取或写入数据时,控制器必须提供存储单元的地址。

输入设备的第一个功能是将现实世界中的数据输入到计算机,如输入数字、文字、图形、电信号等,并且转换成计算机熟悉的二进制码。它的第二个功能是由用户对计算机进行操作控制。常见的输入设备有键盘、鼠标、数码相机等。还有一些设备既可以作为输入设备,也可以作为输出设备,如软盘、硬盘、网卡等。

输出设备将计算机处理的结果转换成用户熟悉的形式,如数字、文字、图形、声音等。常见的输出设备有显示器、打印机、绘图仪、音箱、网卡等。

图 3-3(a)为早期以运算器为中心的结构,输入输出数据或程序要通过运算器,进行运算也要通过运算器,两者要争夺运算器资源,即输入输出时不能计算,计算时不能输入输出。而目前的计算机,基本都采用了图 3-3(b)中以存储器为中心的结构,输入输出数据或程序不通过运算器,运算器只负责进行运算,存储器可支持运算器和输入输出的并行工作,即存储器的一部分在进行输入输出时,另一部分可为运算器提供存取服务。

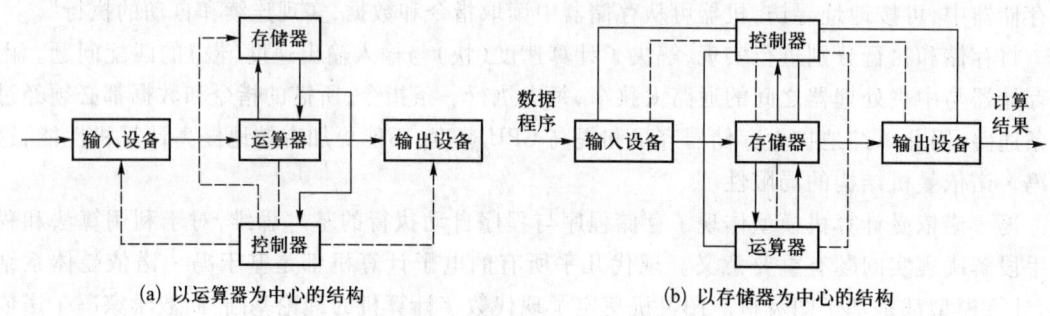

(a) 以运算器为中心的结构　　(b) 以存储器为中心的结构

图 3-3　冯·诺依曼计算机的结构框图

在现代计算机中,往往将运算器和控制器集成在一个集成电路芯片内,这个芯片称为 CPU(central processing unit,中央处理器),它是计算机系统的核心。CPU 的主要工作是与内存系统或 I/O(输入输出)设备之间传输数据;进行简单的算术和逻辑运算;通过简单的判定,控制程序的流向。CPU 性能的高低,往往决定了一台计算机性能的高低。

目前 CPU 功能越来越强大,可以将多个 CPU 集成在一起以实现并行处理,即所谓的多核处理器。

3.2 计算机系统的组成

一个完整的计算机系统由硬件系统和软件系统两部分组成。硬件系统是构成计算机系统的各种物理设备的总称,它包括主机和外设两部分。软件系统是运行、管理和维护计算机的各类程序和文档的总称。通常把不安装任何软件的计算机称为"裸机",计算机之所以能够应用到各个领域,是由于软件的丰富多彩,能出色地按照人们的意志完成各种不同的任务。一个完整的计算机系统如图 3-4 所示。

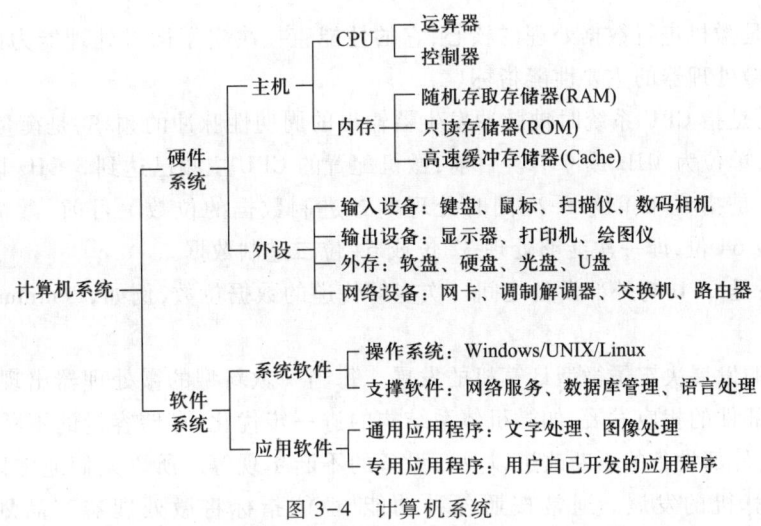

图 3-4 计算机系统

目前人们最为熟悉的计算机就是微型计算机了,微型计算机简称微机。自 1981 年美国 IBM 公司推出第一代微型计算机 IBM-PC 以来,微型计算机以其执行结果准确、处理速度快、性价比高、轻便小巧等特点迅速进入社会各个领域。本节主要介绍微型计算机的组成和性能指标。

3.2.1 硬件系统

1. 微型计算机硬件系统的基本配置

根据冯·诺依曼计算机结构模型,计算机的硬件系统被分为输入设备、输出设备、控制器、运算器和存储器。但从一台微型机外观上看,计算机硬件主要分为两大部分:主机和外设。

主机是整个微机系统的核心,位于主机箱内。机箱里面装有硬盘、软驱和光驱,另外还有一块较大的集成线路板称为主板。主板上集中了微机的大部分重要部件,如 CPU、内存以及各种插槽。另外,主板上还有一些重要的电路(总线)和元件(芯片组)。

外设通过各种接口与连线连接到主机上。通常微机必备的外设有键盘、显示器和鼠标。随着价格的降低,打印机、多媒体设备以及一些新兴的数码设备也已经成为一些微机的标准配置。

2. 微处理器

在微机中,中央处理器被称为微处理器,即 CPU,是一个单个集成电路芯片,插在主板的 CPU 插座上,是微机的核心部件,如图 3-5 所示。

图 3-5　Intel 公司的 CPU

微处理器是微机进行数据处理的核心,它的性能直接决定了微机处理能力的大小。主频和字长是衡量微处理器的主要性能指标。

(1) 主频:是指 CPU 系统时钟脉冲发生器输出的周期性脉冲的频率,是衡量 CPU 运算速度的重要指标,单位为 MHz 或 GHz。目前,微机配置的 CPU 主频已达到 3 GHz 以上。

(2) 字长:是指 CPU 能够一次同时处理的二进制数据的位数。目前,微机通常配置的 CPU 是 32 位或 64 位,即一次能够处理 32 位或 64 位二进制数据。

(3) 带宽:是 CPU 与外部设备之间一次能够传递的数据位数,例如,Pentium 系列 CPU 的带宽是 64 位。

微处理器的发展决定了微型计算机的发展。每当一款新型的微处理器出现时,就会带动微型系统其他部件的相应发展,如微机体系结构的进一步优化,存储容量的不断增大,存取速度的不断提高,外部设备的不断改进以及新设备的不断出现等。所以人们通常以微处理器的发展看微型计算机的发展。通常按照各种功能、性能指标将微处理器产品划分为 6 个发展阶段。

(1) 第 1 代(1971~1973 年):是 4 位和 8 位微处理器时代,其典型产品是 Intel 4004 和 Intel 8008 微处理器。

(2) 第 2 代(1974~1977 年):是 8 位中高档微处理器时代,其典型产品是 Intel 8080/8085,它们的特点是采用 NMOS 工艺,集成度提高约 4 倍,运算速度提高约 15 倍。

(3) 第 3 代(1978~1984 年):是 16 位微处理器时代,其典型代表是 Intel 公司的 8086/8088/80286、Motorola 公司的 M68000、Zilog 公司的 Z8000 等,在芯片内部均采用 16 位数据传输。著名微机产品有 IBM 公司的个人计算机,例如以 80286 处理器为核心组成的 16 位增强型个人计算机 IBM PC/AT。

(4) 第 4 代(1985~1992 年):是 32 位微处理器时代,典型产品有 Intel 公司的 80386/80486 等。其特点是采用 HMOS 或 CMOS 工艺,集成度高达 100 万个晶体管/片,具有 32 位地址线和 32 位数据线,每秒可完成 600 万条指令。

(5) 第 5 代(1993~2005 年):是奔腾(Pentium)系列微处理器时代。典型产品是 Intel 公司的奔腾系列芯片及与之兼容的 AMD 的 K6 系列芯片。内部采用了超标量指令流水线结构,并具有相互独立的指令和数据高速缓存。2005 年推出了双核心处理器。

(6) 第 6 代(2005 年至今):是酷睿(Core)系列微处理器时代。典型代表有 Core i3/i5/i7。

3. 主板

主板是微机的另一个重要组成部件,是连接计算机各个功能部件的桥梁。有时又称为母板或系统板。目前,通用主板必然都设有 CPU 接口插槽、AGP 插槽、PCI 总线扩展槽、BIOS 芯片和主板芯片组以及各种外设接口,如图 3-6 所示。

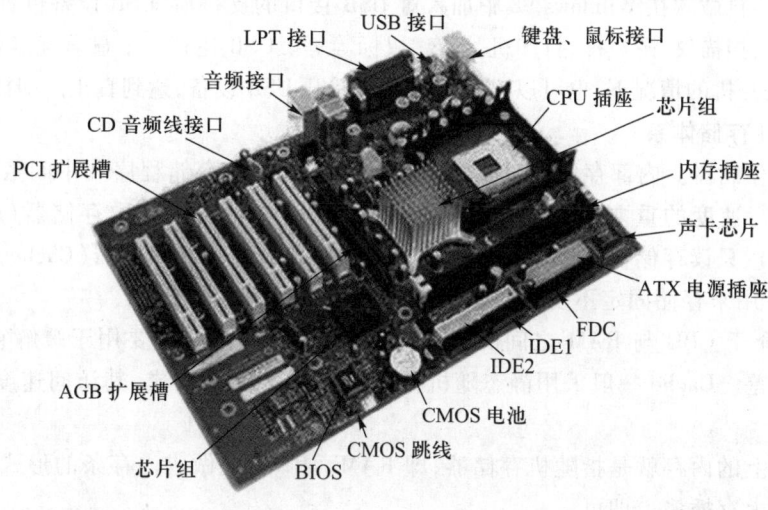

图 3-6 主板

在微机中,主板的结构决定了机箱的选择,CPU 的接口则决定了选择哪种类型的 CPU,而主板 BIOS 和芯片组则决定了主板的性能。

(1) BIOS 芯片。在每一块主板上都有一块 BIOS(basic input/output system)芯片,它实际上是一个只读存储器。BIOS 芯片主要负责解决主板与操作系统之间的接口问题,其功能是,对 CPU、主板芯片以及有关的部件进行初始化,开机自检,帮助系统从驱动器中寻找操作系统的引导程序。

(2) 芯片组。主板芯片组的主要功能是控制和管理计算机中的硬件及控制数据传递,它由极其复杂的电路组成。芯片组对整个主板的性能起着决定性的作用,是主板的灵魂。根据芯片的功能分为南桥芯片和北桥芯片。南桥芯片主要负责 I/O 接口控制、IDE 设备控制以及高级能源管理等。北桥芯片负责与 CPU 联系并控制内存、AGP 和 PCI 数据在北桥内部传输,由于北桥芯片的发热量较高,所以芯片上装有散热片。

(3) 总线。总线是中央处理器(CPU)与芯片组和外设之间传输数据、指令和寻址信号的公用线路的集合,分为地址总线、数据总线和控制总线。

地址总线(address bus)用于传送地址信息,数据总线(data bus)用于传递数据信息,控制总线(control bus)用于传递控制信号。

总线在主板上提供了多个扩展槽与插座,任何插入扩展槽的电路板(如显卡、声卡)都可以通过总线和 CPU 连接。主流主板上的扩展槽主要有 ISA 插槽、PCI 插槽和 AGP 插槽,用于连接声卡、网卡和显卡等。其中,AGP 是一种可以自由扩展的图形总线结构,有效解决了 3D 图形处理的瓶颈问题。

(4) 外设接口。外设接口是微型计算机和外部设备连接的接口,一般主板上都设有两个并行接口(LPT1 和 LPT2)、两个串行接口(COM1 和 COM2)、两个 USB 接口以及键盘、鼠标接口等。

USB 的英文全称是 universal serial bus,中文叫通用串行总线,最早出现在 1995 年,伴随着奔腾机发展而来。自微软在 Windows 98 中加入对 USB 接口的支持后,USB 设备也日渐增多,如数码相机、摄像头、扫描仪、游戏杆、打印机、键盘、鼠标等等。USB 还有一个显著优点就是支持热插拔,也就是说在开机的情况下,也可以安全地连接或断开 USB 设备,达到真正的即插即用。

4. 存储器(存储体系)

(1) 内部存储器。内部存储器,简称内存,是计算机用来存储程序和中间数据的场所,是影响计算机运行速度的重要因素。在计算机内部,内存包括随机存取存储器(random access memory,RAM)、只读存储器(read only memory,ROM)和高速缓冲存储器(Cache)三类。

ROM 主要用来存储固定不变的数据,例如计算机的 BIOS 信息。

Cache 是介于 CPU 与 RAM 之间的一种高速信息存储芯片,主要用于缓解它们之间的数据传输的速度差。Cache 一般采用静态随机存取存储器 SRAM 构成,其访问速度是内存的 10 倍左右。

通常意义上的内存就是指随机存储器,即 RAM。RAM 被做成内存条的形式,在使用时将其插在主板的内存插槽上即可。

(2) 外部存储器。外部存储器主要用于保存程序和数据。外存的特点是存储容量大,可靠性高,价格低,断电后可以永久保存信息。按存储介质的不同,外存分为磁表面、光存储器和半导体存储器。磁表面存储器一般指软盘和硬盘。光盘存储器和以 U 盘为代表的半导体存储器(闪存)已成为移动存储的主要方式。

软盘使用聚酯材料做成圆形底片,在表面涂有磁性材料(双面或单面),然后封装在护套内。读写软盘上数据的专门的装置称为软盘驱动器。常用的软盘能存储 1.44 MB 的数据。软盘有写保护口,当写保护口处于保护状态时,只能读取盘中的信息,不能修改或删除,也不能写入,用于防止病毒的侵入。目前,软盘已经由存储容量大、体积较小、便于携带的移动存储器所代替。

硬盘是常用的主要外部存储器,由盘片、控制器、驱动器和连线电缆组成。盘片是两个表面都涂附了一层很薄的高性能磁性材料的铝合金薄圆片,每个盘面有一个读写头。硬盘容量的大小、转速、寻道时间以及单碟容量是衡量硬盘性能的重要指标。目前,微机上配置的硬盘一般为几十 GB 到上百 GB,高性能硬盘的转速已经达到 10 000~15 000 r/min,使用寿命也大大延长。

光盘存储器,简称光盘,是利用激光原理存储和读取信息的媒介。光盘存储器由光盘和光盘驱动器两部分组成。光盘利用激光在某种介质上写入信息,然后再利用激光读出信息。目前,常用的光盘存储器有只读光盘(CD-ROM、DVD-ROM)、追记型光盘(CD-R、WORM)和可擦写光盘(CD-RW、MO)等。只读光盘上的信息都是预先刻录上的,不能修改或删除。通常 5 英寸的 CD-ROM 的信息容量是 640 MB。可擦写光盘(CD-RW)是一种可反复读写的光盘,但必须配备光盘刻录机才能写(刻)。DVD-ROM 是 CD-ROM 的后继产品,它的存储容量可达几十 GB。与其他存储介质相比,光盘存储容量大,存取速度快,信息不会丢失,可以用来存储永久保留的信息。

移动存储设备主要包括闪存存储器和移动硬盘两种。闪存存储器又称为 U 盘,是一类体积小、存储容量相对较小的移动存储设备,目前常见 U 盘的容量一般是 16 GB 和 8 GB。使用 U 盘,只需要插入计算机的 USB 接口即可,闪存在手机、PDA、数码相机等系统中也有广泛应用。移动硬盘的体积与普通硬盘差不多,存储容量比较大,能够达到几百 GB。

5. 输入设备

输入设备是向计算机输入信息的设备,通过外设接口与计算机相连,常见的输入设备有键盘、鼠标、扫描仪和数码相机等。

(1) 键盘。键盘是计算机的标准输入设备,是用户输入程序和文字信息等的重要工具。根据按键的数量分为 83 键、101 键、104 键以及 107 键。目前,由于 Windows 系统的广泛应用,104 键键盘得到了广泛的应用。该键盘共有 4 处键区:功能键区、主键盘区、控制键区和数字键区(小键盘)。

(2) 鼠标。鼠标是一种"指点"式设备,它是利用光标在显示器上的位置信息和点击信息来确定用户的输入指令的。随着 Windows 图形用户界面的广泛应用,鼠标已经成为重要的信息输入设备,它的出现极大地简化了用户操作。鼠标根据其实现的原理可以分为机械式鼠标和光电式鼠标;根据按键数量可以分为两键、三键以及多键鼠标。

(3) 扫描仪。扫描仪是将各种图像信息输入计算机的重要设备,是一种光电一体化的高科技产品。扫描仪按照其处理的颜色可以分为黑白扫描仪和彩色扫描仪。衡量扫描仪性能的指标有分辨率、扫描速度、扫描区域和灰度级等。

(4) 数码相机。数码相机是一种采用光电子技术摄取静止图像的照相机。数码相机摄取的光信号由电耦合器件成像后变换成电信号,保存在 CF(compact flash)卡或 SM(smart media)卡上,将其与计算机的 USB 通信端口连接,可将拍摄的照片上传到计算机内进行编辑。分辨率是数码相机最重要的性能指标。

(5) 其他外设。随着科学技术的不断发展,越来越多的外部设备可以与计算机相连并进行数据交换,例如,摄像机、数字化仪、摄像头、话筒和光笔等。

6. 输出设备

输出设备是显示计算机内部信息和信息处理结果的设备,常见的输出设备有显示器、打印机、投影仪和声音输出设备等。

(1) 显示器。显示器是计算机必备的标准输出设备,它通过显示卡与 CPU 相连,接受 CPU 控制并显示相关信息。

显示卡是连接显示器和 CPU 的桥梁,它将微机的数字信号转化为模拟信号再输出给显示器。目前,常用的显示卡采用 AGP(accelerated graphics port)总线,能够大大提高计算机对图像的处理能力。

显示器按照显示原理可以分为阴极射线显示器(CRT)、液晶显示器(LCD)和等离子显示器(PDP)以及 LED 显示器等。目前,LCD 和 LED 显示器已成为主流显示器。

像素、点距和分辨率是衡量显示器的重要指标。

像素:是指可显示的最小单位,例如,显示器的分辨率是 1 024×768,则共有 1 024×768 =

786 432 个像素点。

点距:是指显示器屏幕上相邻两个像素点之间的距离。点距越小,图像越清晰。目前常用的显示器的点距在 0.24 mm~0.29 mm 之间。

分辨率:是指显示器水平方向和垂直方向上所能显示的像素的个数。分辨率是 1 024×768 的显示器表示在其水平方向上有 1 024 个像素,在垂直方向上有 768 个像素。显然,显示器的分辨率越高,像素就越多,所显示的图像就越清晰。

(2) 打印机。打印机已经成为必不可少的办公设备,是将计算机运行结果输出的重要手段。分辨率、打印速度和纸张大小是衡量打印机性能的重要指标。目前常用的打印机可分为点阵式(针式)打印机、喷墨打印机和激光打印机。

点阵式打印机是通过"打印针"打击色带产生打印效果,因此也被称为针式打印机。喷墨打印机是墨水在压力、热力或者静电方式的驱动下,通过喷头喷到纸张面上产生文字和图像。激光打印机的基本原理与静电复印机类似,它利用激光束照射到一个具有正电位的硒鼓上,被照射的部位转变电荷吸附墨粉,再通过压力和热力把影像转移到打印纸上。

点阵式打印机持久耐用,但打印效果稍差且噪音较大;喷墨式打印机打印效果好,尤其是在打印图形图像时效果更明显,但速度较慢且耗墨较多;激光式打印机不仅质量高而且速度快,主要缺点是耗电量大,墨粉比较昂贵。

在专业图片打印领域,为了追求更加逼真的效果,常常使用热升华打印机。

(3) 投影仪。投影仪可以将计算机屏幕上的内容投影到银幕上,在会议、多媒体教学、培训等公共场合中有广泛应用。投影仪按工作原理可以分为透射式和反射式两种。衡量投影仪的主要性能指标是显示分辨率、感应时间、投影度、投影颜色和变焦等。

(4) 声音输出设备。声音输出设备由声卡和音箱两部分组成,计算机处理后的声音信号通过声卡将数字信号转化为模拟信号,然后输出到音箱。

3.2.2 软件系统

计算机软件包括程序与程序运行时所需的数据以及与这些程序和数据有关的文档资料。软件系统是计算机上可运行程序的总和。计算机软件可以分为系统软件和应用软件。

1. 系统软件

系统软件居于计算机系统中最靠近硬件的一层。其他软件一般都通过系统软件发挥作用,系统软件是用于计算机管理、监控、维护和运行的软件。通常包括操作系统、网络服务、数据库系统、程序设计语言和语言处理程序等各种程序。

(1) 操作系统。操作系统是对计算机硬件资源和软件资源进行控制和管理的大型程序。它是最基本的系统软件,其他软件必须在操作系统的支持下才能运行。操作系统一般包括进程管理、作业管理、存储管理、设备管理、文件管理等功能。目前常用的操作系统有 Windows、Linux、DOS 等,网络操作系统有 Windows Server、Linux、UNIX、Free BSD 等。

(2) 网络服务。操作系统本身提供了一些小型的网络服务功能,对于大型的网络服务,必须由专门软件提供。网络服务程序提供大型的网络后台服务,它主要用于网络服务提供商和企业网络管理人员。个人用户在利用网络进行工作和娱乐时,就是由这些软件提供服务。例

3.2 计算机系统的组成

如,提供网页服务的 Web 服务软件有 IIS、Apache、Domino 等,提供网络文件下载的服务软件有 FTP、Server-U 等,提供邮件服务的软件有 Foxmail、Exchange Server、Lotus Notes/Domino、Qmail 等。

(3)数据库系统。数据库系统(DBS)主要由数据库(DB)和数据库管理系统(DBMS)组成。数据库可以简单地理解为"数据仓库",它是按一定方式组织起来的相关数据的集合。数据库管理系统是对数据库进行有效管理和操作的软件,是用户与数据库之间的接口。数据库管理系统提供了用户管理数据库的一套命令,包括数据库的建立、修改、检索、统计、排序等功能。数据库管理系统是建立信息管理系统(如财务管理、企业管理等)的主要软件工具。常用的数据库软件有 Access、Oracle、MS SQL Server、MySQL 等。

(4)程序设计语言。程序设计语言是用来编写程序的语言,它是人与计算机交换信息的工具。程序设计语言一般分为机器语言、汇编语言、高级语言三类。

机器语言是以二进制代码表示的指令集合,是计算机唯一能直接识别和执行的语言。用机器语言编写的程序称为机器语言程序,其优点是占用内存少、执行速度快,缺点是难编写、难阅读、难修改、难移植。

汇编语言是将机器语言的二进制代码指令用便于记忆的符号形式表示出来的一种语言,所以它又称为符号语言。采用汇编语言编制的程序称为汇编语言程序,汇编语言程序相对于机器语言程序易阅读、易修改。

机器语言和汇编语言都是面向机器的语言,一般称为低级语言。低级语言对机器依赖性大,所编程序通用性差,用户较难掌握。高级语言比较接近于自然语言和数学表达语言。用高级语言编写的程序便于阅读、修改及调试,而且移植性强。高级语言已成为目前普遍使用的语言,从结构化程序设计语言到广泛使用的面向对象程序设计语言,高级语言有上百种之多,例如 FORTRAN、Pascal、COBOL、C、C++、Basic、Java 以及目前流行的 Visual Basic、VC++、C#等。

(5)语言处理程序。用汇编语言和高级语言编写的程序称为"源程序",不能被计算机直接执行,必须把它们翻译成机器语言程序,机器才能识别及执行。这种翻译也是由程序实现的,不同的语言有不同的翻译程序,把这些翻译程序统称为语言处理程序。

通常翻译有两种方式:解释方式和编译方式,如图 3-7 和图 3-8 所示。解释方式是通过相应语言解释程序将源程序逐条翻译成机器指令,每译完一句立即执行一句,直至执行完整个程序。其特点是便于查错,但效率较低。编译方式是用相应语言的编译程序将源程序翻译成目标程序,再用连接程序将目标程序与函数库等连接,最终生成可执行程序,才可在机器上运行。

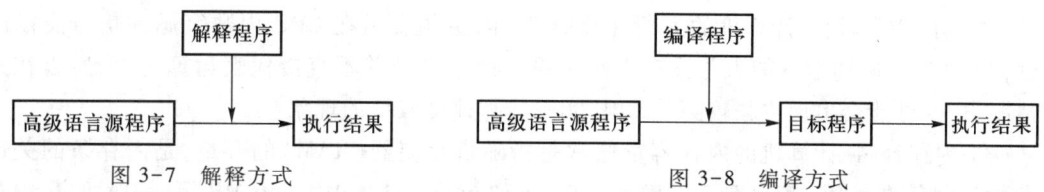

图 3-7 解释方式　　　　　　　　　图 3-8 编译方式

语言解释程序一般包含在开发软件或操作系统内,如 IE 浏览器就带有 ASP 脚本语言解释功能;也有些是独立的,如 Java 语言虚拟机。语言编译程序一般都附带在开发系统内,如

Visual C++开发系统就带有程序编译器。

2. 应用软件

应用软件也可以分为两类,一类是针对某个应用领域的具体问题而开发的程序,它具有很强的实用性、专业性。第二类是一些大型专业软件公司开发的通用性应用软件,这些软件功能非常强大,适用性非常好,应用也非常广泛。

常用的通用应用软件有以下几类。

(1) 办公自动化软件:应用较为广泛的有微软公司开发的 MS Office 软件,它由几个软件组成,如字处理软件 Word、电子表格软件 Excel 等。国内优秀的办公自动化软件有 WPS 等。IBM 公司的 Lotus 也是一套非常优秀的办公自动化软件。

(2) 多媒体应用软件:有图像处理软件 Photoshop、动画设计软件 Flash、音频处理软件 COOL Edit、视频处理软件 Premiere、多媒体创作软件 Authorware 等。

(3) 辅助设计软件:如机械、建筑辅助设计软件 Auto CAD、网络拓扑设计软件 Visio、电子电路辅助设计软件 Protel 等。

(4) 企业应用软件:如用友财务管理软件等。

(5) 网络应用软件:如网页浏览器软件 IE、即时通信软件 QQ、网络文件下载软件 FlashGet 等。

(6) 安全防护软件:如瑞星杀毒软件、天网防火墙软件、操作系统 SP 补丁程序等。

(7) 系统工具软件:如文件压缩与解压缩软件 WinRAR、数据恢复软件 EasyRecovery、系统优化软件 Windows 优化大师、磁盘克隆软件 Ghost 等。

(8) 娱乐休闲软件:如各种游戏软件,电子杂志、图片、音频、视频播放软件等。

3.2.3 计算机的性能指标

微型计算机的性能指标是由它的指令系统、系统结构、硬件组成、软件配置等多方面的因素综合决定的,通常从以下几个方面衡量计算机的性能。

(1) 字长:指微处理器一次能够完成的二进制数运算的位数,如 32 位、64 位。字(Word)是计算机进行数据处理和运算的单位,即 CPU 在单位时间内能一次处理的二进制数据的位数,组成字的二进制位数称为字长。字长由若干字节组成,是 8 的整数倍,如 16 位、32 位、64 位等。计算机的字长越长,数的表示范围就越大,精度也越高,表明计算机处理数据的能力越强,处理速度就越快。不同的计算机有不同的字长,字长是衡量计算机性能的一个重要指标。

(2) 主频:是指微型计算机中 CPU 的时钟频率(CPU clock speed),也就是 CPU 运算时的工作频率。一般来说,主频越高,一个时钟周期里完成的指令数也越多,当然 CPU 的速度就越快。CPU 的主频不代表计算机的运行速度,CPU 的主频表示在 CPU 内数字脉冲信号震荡的速度,与 CPU 实际的运算能力并没有直接关系。由于主频并不直接代表运算速度,所以在一定情况下,很可能会出现主频较高的 CPU 实际运算速度较低的现象。

(3) 内存容量:计算机的内存容量通常是指随机存储器(RAM)的容量,是内存条的关键性参数。内存的容量一般都是 2 的整次方倍,比如 64 MB、128 MB、256 MB 等,一般而言,内存容量越大越有利于系统的运行。系统对内存的识别是以 Byte(字节)为单位的,每个字节由 8 位二进制数组成,即 8 bit(比特,也称"位")。按照计算机的二进制方式,1 B = 8 bit,1 KB =

1 024 B，1 MB = 1 024 KB，1 GB = 1 024 MB，1 TB = 1 024 GB。

（4）外存储器的容量：外存储器又称辅助存储器（简称外存）。内存储器最突出的特点是存取速度快，但是容量小、价格贵；外存储器的特点是容量大、价格低，但是存取速度慢。内存储器用于存放那些立即要用的程序和数据；外存储器用于存放暂时不用的程序和数据。内存储器和外存储器之间常常频繁地交换信息。外存通常是磁性介质或光盘，如硬盘、软盘、磁带、U盘等，能长期保存信息，并且不依赖于电来保存信息，但是由机械部件带动，速度与CPU相比就显得慢得多。

3.3 计算机的基本工作原理

3.3.1 指令和指令系统

计算机指令就是指挥机器工作的指示和命令，程序就是一系列按一定顺序排列的指令，执行程序的过程就是计算机的工作过程。用指令来表意图，写出求解问题的程序并事先存放在计算机中，计算机运行时由控制器取出程序中的一条条指令分析并执行，控制器就是靠指令来指挥计算机工作的。

1. 指令

在计算机中，指令用于直接表示对计算机硬件实体的控制信息，是计算机硬件唯一能够直接理解并执行的命令，故也称为机器指令。利用机器指令设计的编程语言称为机器语言。通常一条机器语言语句就是一条机器指令。用机器语言编制的程序称为机器语言程序。由于机器语言是计算机硬件唯一能够直接理解并执行的语言，所以，任何用其他语言编制的程序都必须经过"翻译"，翻译为机器语言程序，才能在机器中正确地运行。指令系统是面向机器的，不同的计算机系统具有不同的指令集，即每一个计算机系统都有自己的指令系统。

在计算机中，指令与数据一样采用二进制代码表示。通常把表示一条指令的一串二进制代码称为指令码或指令字。

为了说明机器硬件应完成的操作，一条指令中应指明指令要执行的操作和作为操作对象的操作数的来源以及操作结果的去向。图3-9给出了指令的基本格式。

在机器指令中操作码 OP 表示指令应执行的操作和应具有的功能，是一条指令中不可缺少的部分，不同的指令应有不同的操作码；地址码 A 是一个广义的概念，用于表示与操作数据相关的地址信息。地址码既可以表示参与操作的操作数的存放地址或操作结果的存放地址，也可以表示操作数本身。一条指令可以具有多个地址码字段，也可以没有地址码。典型的数据可以直接在指令中给出，可以存储在运算器的寄存器中，也可以存储在存储器中。

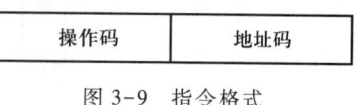

图 3-9 指令格式

机器指令一般由 0 和 1 的编码表示。例如：
000001 0000001000
是一条机器指令，其中前 6 位 000001 表示该指令是从存储器中取数的指令，而后 10 位则给出了将要读取的数据在存储器中的地址。

2. 指令系统

每种计算机都规定了确定数量的指令,这批指令的总和称为计算机的指令系统。不同的指令系统所拥有的指令种类和数目是不同的,组成操作码字段的位数一般取决于计算机指令系统的规模。较大的指令系统就需要更多的位数来表示每条特定的指令,例如,一个指令系统只有 8 条指令,则有 3 位操作码就够了,如果有 32 条指令,就需要有 5 位操作码,一个包含 n 位操作码的指令系统最多能够由 $2n$ 条指令构成。

一般来说,任何指令系统都应有 5 类功能的指令:数据传送类、算术运算和逻辑运算类、程序控制类、输入输出类、控制和管理机器类(停机、启动、复位、清除等)。指令系统是表征一台计算机性能的重要因素,它的格式与功能不仅影响到机器的硬件结构,而且也直接影响到系统软件和机器的使用范围。

3.3.2 存储器的工作原理

计算机系统中的存储器一般分为主存(又称为内存)和辅存(又称为外存),主存可与 CPU 直接进行信息交换,其特点是运行速度快,容量相对较小,在系统断电后,其保存的内容会丢失。辅存属于外部设备的范畴,它与 CPU 之间不能直接交换数据,其特点是存储容量大,存取速度比主存慢,系统断电后其保存的信息不会丢失,存储的信息很稳定。

存储器怎样自动读取内容呢?存储器是可按地址自动存取数据的部件,如图 3-10 所示为主存储器的基本组成框图。其中存储阵列是存储器的核心部分,它是存储二进制信息的主体,也称为存储体。存储体是由大量存储单元构成的,为了区分各个存储单元,把它们进行统一编号,这个编号称为地址,因为是用二进制进行编码的,所以又称地址码。地址码与存储单元是一一对应的,每个存储单元都有自己唯一的地址,因此要对某一存储单元进行存取操作,必须首先给出被访问的存储单元的地址。

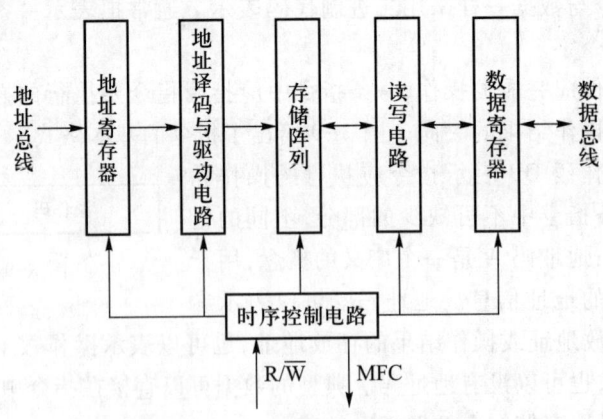

图 3-10 存储器的基本组成

主存中可寻址的最小单位称为编址单位。某些计算机是按字进行编址的,最小的可寻址信息单位是一个机器字,连续的存储器地址对应于连续的机器字。目前多数计算机是按字节编址的,最小可寻址单位是一个字节。一个32位字长的按字节寻址的计算机,一个存储器字包含4个可单独寻址的字节单元,由地址的低2位来区分。

地址寄存器用于存放所要访问的存储单元的地址。要对某一单元进行存取操作,首先应通过地址总线将被访问单元的地址存放到地址寄存器中。

地址译码与驱动电路的作用是把地址寄存器中的地址进行译码,通过对应的地址选择线到存储阵列中找到所要访问的存储单元并驱动其完成指定的存取操作。

读写电路与数据寄存器的作用是根据CPU的读写命令,把数据寄存器的内容写入被访问的存储单元,或者从被访问单元中读出信息送入数据寄存器中,以供CPU或I/O系统使用。所以数据寄存器是存储器与计算机其他功能部件联系的桥梁。从存储器中读出的信息需经数据寄存器通过数据总线传送给CPU与I/O系统;向存储器中写入信息,也必须先将要写入的信息经数据总线送入数据寄存器,再经读写电路写入被访问的存储单元。

时序控制电路用于接收来自CPU的读写控制信号,产生存储器操作所需的各种时序控制信号,控制存储器完成指定的操作。如果存储器采用异步控制方式,当一个存取操作完成,该控制电路还应给出存储器操作完成(MFC)信号。

主存储器用于存放CPU正在运行的程序和数据,它和CPU的关系最为密切。主存与CPU间的连接是由总线支持的,连接形式如图3-11所示。

存储器基本操作是读(取)和写(入)。当CPU要从存储器中读取一个信息字时,CPU首先把被访单元的地址送到存储器地址寄存器MAR,经地址总线送给主存,同时发出"读"命令。存储器接到"读"命令,根据地址从被选单元读出信息,并经数据总线送入存储器数据寄存器MDR。为了存一个字到主存,CPU把要存入的存储单元地址经MAR送入主存,并把要存入的信息字送入MDR,此时发出"写"命令,在此命令的控制下经数据总线把MDR中的内容写入主存。

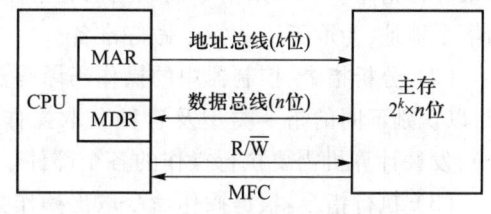

图3-11 主存与CPU的连接

3.3.3 运算器和控制器工作原理

机器如何理解和执行程序呢?这需要理解控制器和时钟控制的工作原理。

运算器中有一个算术逻辑运算部件和若干临时存储数据的数据存储器,算术逻辑运算部件的两个输入端和输出端均与这些寄存器相连接,表示两个操作数和运算结果都可以由这些寄存器来存储。

控制器中也有一些寄存器:用于存放当前正在执行指令的指令寄存器IR(instruction register);用于存放下一条指令地址的程序计数器(program counter,PC)。控制器中有一个信号发生器,专门产生控制信号以便控制各部件正确运行:可以控制运算器中的数据寄存器接受来自存储器的数据,可以控制指令寄存器接受来自存储器的数据,可以控制运算器开始运算,可以控制存储器开始读或写工作,可以控制程序寄存器自动加一以指向下一条指令的地址等。产生的控制信号有时间冲突怎么办?控制器中还有一个时钟与节拍发生器,不同的信号在不同的时钟节拍下发出,即通过时钟与节拍控制,使控制信号有序地产生和发挥作用。

所谓指令的执行,即是由信号发生器产生各种电平信号,发送给各个部件,各个部件依据控制要求再产生相应的电平信号,这种信号的产生、传递和变换过程即是指令的执行过程。各种信号在传递过程中需要接受时钟和节拍的控制,以保证有条不紊地进行。机器中有一个时钟发生器,产生基本的时钟周期,而其快慢即决定了机器运行速度的快慢,通常所说的 CPU 主频即是指该时钟发生的频率,是机器信号区分的最小单位。通常把一条标准指令执行的时间单位称为一个机器周期,一个机器周期可能包含若干个时钟周期,即节拍,不同节拍发出不同的信号完成不同的任务。

3.3.4 程序执行过程

计算机如何自动执行连续的操作呢?这需要由硬件和程序共同解决以下三个问题。
(1)告诉计算机在什么情况下到哪个地址去取指定的指令。
(2)对指令进行分析和执行。
(3)当执行完一条指令后,能自动地去取下一条要执行的指令。

完成一条指令的操作可分为以下 3 个阶段。
(1)取指令:根据程序计数器的内容(指令地址)到内存中取出指令,并放置在指令寄存器(IR)中。指令寄存器也是一个专用寄存器,用来临时存放当前执行的指令代码,等待译码器来分析指令。当一条指令被取出后,程序计数器(PC)便自动加 1,使之指向下一条要执行的指令地址,为取下一条指令做好准备。
(2)分析指令:控制器中的操作码译码器对操作码进行译码,然后送往操作控制器进行分析,以识别不同的指令类型及各种获取操作数的方法,产生执行指令的操作命令(也称微命令),发往计算机需要执行操作的各个部件。
(3)执行指令:根据操作命令取出操作数,完成指令规定的操作。

取指令→分析指令→执行指令→再取下一条指令,依次周而复始地执行指令序列的过程就是程序自动控制的过程,计算机的所有工作就是由这样一个简单过程实现的,如图 3-12 所示。

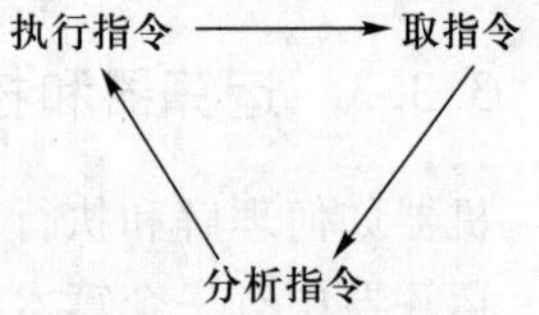

图 3-12 计算机的执行过程

值得一提的是,计算机之所以能理解并执行程序中的指令,是因为程序是由这台计算机指令系统中的指令构成的,也就是说,该程序是面向机器的机器语言程序。

计算机系统由硬件系统和软件系统两部分组成。一台计算机硬件组装完成后,必须安装软件才能进行工作。首先要安装操作系统,在操作系统的控制和管理下,完成其他软件的安装和配置。任何计算机软件都必须在操作系统支持下才能正常工作,例如,办公软件 Office 的运行,利用浏览器上网操作等。为了使读者能对操作系统有一个总体的认识,本章在介绍 Windows 7 之前,先简要介绍操作系统的基本知识。

3.4 操作系统

3.4.1 操作系统概述

1. 操作系统的定义

操作系统(operating system, OS)是最基本的系统软件,是用于管理和控制计算机硬件和软件资源的一组程序。操作系统直接运行在裸机之上,是对计算机硬件系统的第一次扩充。计算机依靠操作系统来实现各功能部件之间的配合与协调,从而快速完成各项任务。

操作系统是用户与计算机之间进行通信的一个接口,用户通过操作系统提供的操作命令和一组系统调用对计算机资源进行管理和利用,在其支持下使用各种软件和各种外部设备,如图3-13所示。

操作系统是一个管理指挥中心,用户要使用计算机系统的硬件和软件资源,都必须通过操作系统才能实现。另外,操作系统也向用户提供了正确利用软、硬件资源的方法和环境。因此,操作系统既是计算机资源的管理者,又是帮助用户使用计算机系统资源的服务者。

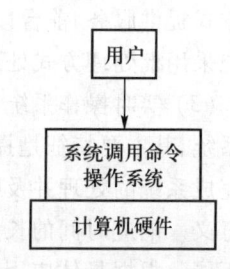

图3-13 OS作为接口的示意图

2. 操作系统的发展

操作系统自问世以来,随着计算机硬件和软件的发展,操作系统也经历了一系列革命性的变迁。它是在人们使用计算机的过程中,为了满足提高资源利用率和增强计算机系统性能的需求,伴随着计算机技术本身及其应用的日益发展而逐步形成和不断完善的。从第一代电子管计算机到第四代大规模集成电路计算机,操作系统大致经历了人工操作、批处理、多道程序系统的发展过程。先后出现了各种类型、适用于不同功能的操作系统,操作系统的功能不断完善,已经能够适应各种计算机应用和硬件配置。操作系统的诞生标志着计算机软件的发展进入重要发展阶段。

3. 操作系统的分类

随着硬件技术的发展以及微处理机的出现,在计算机应用的网络化、分布式处理的过程中对操作系统提出了各种不同的应用需求,形成了多种类型的操作系统,出现了多种不同的分类标准。操作系统有各种分类标准,按照所支持的用户数目,可以划分为单用户系统(MS-DOS、OS/2、Windows桌面系统)和多用户系统(如UNIX、Linux等);根据操作环境和使用功能的不同可分为批处理操作系统、分时操作系统和实时操作系统。随着计算机系统结构和软件技术的发展,近几年又出现了其他各种类型的操作系统,如网络操作系统、分布式操作系统、嵌入式操作系统、手机操作系统等。这些操作系统类型各有其特点,应用于不同的领域,满足不同的需求。

(1) 批处理操作系统。批处理系统(batch processing system)是一种"成批"处理用户作业的操作系统。批处理系统的处理过程大致为,用户根据任务需求编制好程序,一次提交给系统,系统根据作业的参数和一种作业调度算法将作业调入就绪队列,进入就绪队列的作业一旦获得 CPU 的处理权就被调入运行队列。当作业由于需要某种资源而得不到满足时,就会被打入等待队列,直到运行结束。

(2) 分时操作系统。分时系统(time sharing system)是支持多个用户同时使用计算机的操作系统,一台计算机可以连接多个终端设备,这些终端设备可以是键盘、鼠标等输入输出设备,并可以共享系统资源。它一般采用时间片轮转法,使一台计算机同时为多个终端用户服务。每个用户都能保证足够快的响应时间,并提供交互会话功能。分时操作系统与批处理操作系统的主要差别在于,所有用户都是通过联机终端直接与计算机交互,对自己的程序有一定的控制能力。当今流行的操作系统(如 OS/2、UNIX、Windows 系列)都是使用分时技术。

在计算机系统中,往往配置的操作系统是结合了批处理能力和分时能力的。它以前/后台的方式提供服务,前台以分时方式为多个联机终端服务,当终端用户较少或没有终端用户时,系统采用批处理方式处理后台的作业。

(3) 实时操作系统。实时操作系统(real time operating system)是具有特殊用途的专用操作系统,其主要特征是提供即时响应和高可靠性。系统对于采集或输入的信号,在规定的时间内完成系统的处理并及时做出反应或控制,超出时间范围就失去了控制的时机,控制也就失去了意义。响应时间的长短,根据具体应用领域及其应用对象对计算机系统的实时性要求不同而不同。根据具体应用领域的不同,可以将实时操作系统分为实时控制系统(如航天导弹发射系统、生产过程的自动控制系统等)和实时信息处理系统(如联机检索系统、飞机售票系统等)。

(4) 移动设备操作系统。移动设备操作系统(mobile operating system,MOS)主要应用在智能手机上。主流的智能手机移动设备操作系统有 Google 的 Android 和苹果的 iOS 等。目前,在智能手机市场上仍以个人信息管理型手机为主,随着更多厂商的加入,整体市场的竞争已经开始呈现出分散化的态势。从市场容量、竞争状态和应用状况上来看,整个市场仍处于启动阶段。目前应用在手机上的操作系统主要有 Android(谷歌)、Mac iOS(苹果)、Windows Phone(微软)、Symbian(诺基亚)、Black Berry OS(黑莓)、Windows Mobile(微软)等。

(5) 嵌入式操作系统。嵌入式操作系统(embedded operating systen,EOS)是一种用途广泛的系统软件,过去它主要应用于工业控制和国防系统领域。EOS 负责嵌入系统的全部软件和硬件资源的分配及任务调度、控制、协调并发活动。它必须体现其所在系统的特征,能够通过装卸某些模块来达到系统所要求的功能。某些情况下,嵌入式操作系统指的是一个自带了固定应用软件的巨大泛用程序。在许多最简单的嵌入式系统中,所谓的操作系统就是指其上唯一的应用程序。

流行的嵌入式操作系统包括 VxWorks、Nucleus、Windows CE、嵌入式 Linux 等,它们广泛应用于国防系统、工业控制、交通管理、信息家电、家庭智能管理、POS 网络、环境工程与自然监测、机器人等多个领域。

(6) 网络操作系统。网络操作系统(network operating system)是指基于网络环境下,对多台计算机进行管理和控制的操作系统。网络操作系统除具备一般操作系统的功能外,还提供网络通信以及网络中计算机对网络资源的共享及其他多种网络服务功能。为了使用户能够使用网终中的任意一台计算机的资源,必须制定一套网络中共同遵守的约定,以实现不同计算机之间、不同操作系统之间的通信。

3.4.2 操作系统的功能

操作系统的主要职能是管理、调度、协调计算机的各部分工作,更有效地分配计算机系统的硬件和软件资源,使计算机发挥更大的效能,并为用户提供一个良好的工作环境和友好的接口。

操作系统的基本功能大致分为处理机管理、存储管理、文件管理和设备管理四大部分。除此之外,操作系统还要能够提供网络通信和安全管理功能,即实现计算机之间的数据交互和服务访问,保证计算机的运行安全和信息安全。

1. 处理机管理

处理机管理可归结为对进程的管理。计算机系统中最重要的资源是中央处理器(CPU),任何计算都必须在 CPU 上进行。在处理机管理中,最核心的问题是 CPU 时间的分配问题,这涉及分配的策略和方法。

在计算机系统中,当有多进程请求 CPU 时,将处理机分配给哪个进程使用的问题就是处理机分配的策略问题。调度策略也是分配原则,这是在多对一的情况下(即多个进程竞争一个 CPU)必须确定的。这些原则因系统的设计目标不同而不同。可以按进程的紧迫程度,或按进程发出请求的先后次序,或其他原则来确定处理机的分配原则。

在确定调度策略时,还需要确定给定的 CPU 时间,是分配一个时间片,还是让选中进程占用 CPU,直到该进程因为请求 I/O 操作等原因放弃 CPU 控制权。

最后,还需要解决的问题是给选中的进程进行处理机的分配,使选中的进程真正得到 CPU 的控制权。因此,处理机管理的功能如下。

(1) 确定进程调度策略。

(2) 给出进程调度算法。

(3) 进行处理机的分配。

2. 存储管理

存储管理的主要工作是对内存储器进行合理分配、有效保护和扩充。内存是现代计算机系统的中心,是可以被 CPU 和 I/O 设备共同访问的数据仓库。内存通常是 CPU 直接寻址和访问的、唯一的大容量存储器。为了改善 CPU 的利用率和计算机对用户的响应速度,必须在内存中保留多个程序。内存管理方法很多,不同算法的效能和特定环境有关。某一特定系统的内存管理方法的选择取决于多种因素,尤其是系统的硬件设计。

内存管理主要管理以下内存活动。

(1) 存储分配,主要任务是为每个正在运行的程序或数据分配内存空间。为完成此任务,操作系统必须记录整个内存的使用情况,处理用户或程序提出的请求,按照某种策略实施分配,以保证系统及各用户程序的存储区互不冲突,当程序执行结束,回收系统或用户释放的存储空间。

(2) 地址变换,当用户使用计算机语言编制程序然后运行时,首先将该程序装入内存,操作系统必须要将程序中的逻辑地址转换为内存中真实的物理地址(绝对地址),这个过程就称为地址变换。

（3）根据需要释放内存空间。

（4）存储保护，在多道程序环境下，各个程序只能在自己的内存空间中运行，互不干扰。存储保护通常由硬件和软件的相互配合来实现。当程序运行时，要对所访问的内存的地址进行合法性检查，若是在允许访问的范围内就可以访问，否则属于地址越界，将被拒绝访问，引起程序中断并进行相应处理。

3. 文件管理

计算机是专门处理数据的设备，通常计算机所处理的信息都是以文件的形式存放在计算机的外部存储设备中。计算机对文件的组织管理和操作都是由文件管理系统完成的。文件管理系统的主要任务是对存放在计算机中的用户文件和系统文件进行组织管理，提供方便的存取方法和文件的安全保证机制，并提供一套方便使用文件的操作命令。文件管理的主要任务包括文件存储空间管理、目录管理、文件读写管理以及文件共享与保护等。不同的操作系统可能使用不同的文件系统。

4. 设备管理

现代计算机系统中都配备了许多设备，每台设备的性能和操作方式都不相同，操作系统的设备管理功能就是对 CPU 和内存以外的各种硬件资源进行有效的管理，为用户提供方便的操作，从而提高设备的利用率。设备管理的主要内容包括缓冲区管理、设备分配、设备驱动等。

设备管理的主要任务如下。

（1）完成用户提出的输入输出请求，为用户分配外部设备。

（2）提高外部设备的利用率。

（3）尽可能提高输入输出的速度。

（4）方便用户使用外部设备。

要完成以上任务，操作系统需要具有设备分配、设备控制、设备无关性等功能。

3.4.3 典型的操作系统

1. MS-DOS 操作系统

MS-DOS 的全称为 Microsoft disk operating system，是美国微软公司为 16 位字长计算机开发的，它是基于字符界面的一种单用户、单任务操作系统。它曾经最广泛地应用在 PC 上，对于计算机的应用普及可以说是功不可没。DOS 的特点是简单易学，硬件要求低，但存储能力有限。

2. OS/2 操作系统

1987 年 IBM 公司在激烈的市场竞争中推出了 PS/2(personal system/2)个人计算机，同时还发布了为 PS/2 设计的操作系统——OS/2。OS/2 操作系统提供了多任务处理能力和图形用户界面，是一个 32 位的操作系统，还可以运行为 MS-DOS 和 Windows 设计的应用程序，具有较强的灵活性。

3. UNIX 操作系统

UNIX 是 1969 年 AT&T 公司 Bell 实验室的 Ritchie 和 Thompson 开发的，是通用的、交互式

的、多用户、多任务的操作系统。UNIX 操作系统具有较好的可移植性,可运行于许多不同类型的计算机上,具有较好的可靠性和安全性,支持多任务、多处理、多用户、网络管理和网络应用。缺点是缺乏统一的标准,应用程序不够丰富,并且不容易学习,这些都限制了 UNIX 的普及应用。

4. Linux 操作系统

Linux 是一种源代码开放的操作系统,最初是由芬兰赫尔辛基大学计算机系的学生 Linus Torvalds 开发的一个操作系统内核程序。用户可以通过 Internet 免费获取 Linux 及其生成工具的源代码,然后进行修改,建立一个自己的 Linux 开发平台,开发 Linux 软件。

Linux 实际上是从 UNIX 发展起来的,与 UNIX 兼容,能够运行大多数的 UNIX 工具软件、应用程序和网络协议。Linux 继承了 UNIX 以网络为核心的设计思想,是一个性能稳定的多用户网络操作系统。目前世界上许多著名的 Internet 服务提供商已把 Linux 作为主推操作系统之一。

Linux 版本众多,现在主要流行的版本有 Red Hat Linux、Turbo Linux 等,我国自己开发的有红旗 Linux、蓝点 Linux 等。

5. Windows 操作系统

Windows 是微软公司的产品,是一个多任务的图形界面操作系统,即使是初学者,只要看懂屏幕上的图标,就能通过鼠标非常简单地运行 Windows 环境中的很多程序,用户界面非常形象、生动,操作方法十分简便,是目前装机普及率最高的一种操作系统。

6. Mac OS

Mac OS 是运行在 Apple 公司的 Macintosh 系列机上的操作系统,是首个在商用领域中获得成功的图形用户界面。Mac OS 图形处理功能较强,有很多苹果公司自己开发的软件,缺点是与 Windows 系统缺乏较好的兼容性。

7. Android

手机操作系统是应用在高端智能化手机上的操作系统。目前应用在手机上的操作系统主要有 Android(安卓)、iOS、Windows Phone 等。Android 是一种以 Linux 为核心的开放源码操作系统,主要使用于便携设备,如智能手机和平板电脑。

Android 操作系统最初由 Andy Rubin 开发,主要支持手机。2005 年由 Google 收购注资,并组建开放手机联盟开发,逐渐扩展到平板电脑及其他领域上。Android 系统具有良好的开放性、丰富的硬件选择,因而受到众多开发者的欢迎,成为真正意义上的开放式操作系统。目前,Android 是智能手机上最重要的操作系统之一。

3.4.4 Windows 操作系统

1. Windows 操作系统的基础知识

微软自 1985 年推出 Windows 1.0 以来,Windows 系统经历了十多年变革。从最初运行在 DOS 下的 Windows 3.0,到风靡全球的 Windows XP、Windows 7、Windows 8 和最近发布的 Windows 10。

2. Windows 操作系统的启动

在计算机主板上安装有基本输入输出系统(basic input output system,BIOS)程序,内置底层 I/O 软件,包括键盘、显示器、磁盘的 I/O 以及其他程序。在计算机启动时,BIOS 开始运行。它首先检查 RAM 数量、键盘和其他设备是否安装并正常启动;接着扫描 ISA 和 PCI 总线,并找出连接其上的所有设备,若现有设备不同于上次启动,则配置新设备;然后 BIOS 依照 CMOS 存储器中的设备清单决定启动何种设备,默认情况下从硬盘启动,启动设备上的第一个扇区被读入内存并执行,启动时按照分区表检查程序,将活动分区的第二个启动装载模块读入操作系统并执行;最后,操作系统询问 BIOS,获得配置信息,当获得全部设备驱动程序后,操作系统将其调入内核,初始化相关表单,创建需要的进程,并在每个终端上启动图形用户界面(graphical user interface,GUI)。

Windows 操作系统是一组由许多程序组成的系统软件,平时这些程序都存放在外存中。当计算机接通电源后,这些程序被读入内存并启动起来,发挥各自的管理作用。系统的启动过程是通过一个称为引导(booting)的过程实现的,这个过程是由计算机每次启动时完成的,引导操作系统程序从硬盘进入到内存中去。操作系统的启动包括运行引导程序,系统装入内存,设备检测初始化以及用户登录几个阶段。

(1) 执行引导程序。计算机接通电源后,首先控制 CPU 执行存放在主存只读存储器(ROM)中的基本输入输出系统(BIOS)模块,检查计算机的硬件配置和设备状态,并在屏幕上显示内存的容量和各设备的连接情况。若发现问题,及时给出提示信息要求用户响应处理。

(2) 操作系统装入内存。诊断程序运行结束后,BIOS 进入系统引导区,将驻留在外存磁盘主引导扇区中的操作系统引导程序装入内存。然后运行引导程序,装入操作系统内核,并把 CPU 的控制权交给操作系统的内核。

(3) 进行系统初始化。操作系统内核程序开始运行,进行必要的初始化工作,如读取注册表信息,进行系统的初始化,加载设备驱动程序等。系统启动完毕,显示系统提示信息,等待用户登录。

如果系统设置了不同的登录用户,用户可以选择要登录的用户账户并输入口令即开始加载个人配置信息。

3. Windows 桌面

"桌面"(desktop)就是用户启动计算机登录到 Windows 后看到的整个屏幕界面,由桌面背景、桌面图标、任务栏、"开始"按钮组成。可以用桌面完成几乎所有的任务。打开程序或文件夹时,它们便会出现在桌面上。还可以将一些项目(如文件和文件夹)放在桌面上,并且随意排列它们。

4. 文件和文件夹

文件是图像、声音、文本等信息的集合,所有的程序和数据都是以文件的形式存放在计算机的外存储器上。文件夹是计算机系统中存储、管理文件的一种形式,用户可根据自己的需要来组织文档和程序,可以把文件存储在文件夹中,也可以在文件夹中建立子文件夹。

在 Windows 中,管理文件和文件夹的应用程序有多个,如"计算机"、"资源管理器"、"库"等。利用这些应用程序,用户可以方便地对文件和文件夹进行各种操作,如选取、移动、重命名、复制、删除等。

5. 控制面板

控制面板是用来改变软、硬件设置的一个工具集,它采用类似 Web 的网页方式,将 30 多个设置按功能分为 10 个类别。通过控制面板,可以更改系统的外观和功能,可以管理打印机,添加新硬件,添加/删除程序等。打开"控制面板"窗口通常有两种方式。

方法一:选择"开始"菜单"控制面板"命令。

方法二:在"计算机"或"库"窗口中,双击"控制面板"图标。

利用"控制面板"窗口左上角的分类图标可以在经典视图和分类视图之间切换。

6. 卸载或更改程序

如果不再使用某个程序,或者希望释放硬盘上的空间,则可以从计算机上卸载该程序。可以使用"程序和功能"选项卸载程序,或通过添加或删除某些选项来更改程序配置。用户向系统添加和删除各种应用程序时,会更改系统的注册表。因此,只简单地删除文件夹并不能删除软件在注册表中的信息,也就不能完全地删除软件,而且还会影响系统的正常运行。

卸载应用程序有两种方式:一种是使用系统自带的卸载程序,另一种是使用"控制面板"窗口中的"卸载程序"功能。

第4章 算法与程序设计

4.1 算法的基本概念

4.1.1 算法的概念

算法(algorithm)是指解题方案的准确而完整的描述,是一系列解决问题的清晰指令,算法代表着用系统的方法描述解决问题的策略机制。也就是说,能够对一定规范的输入,在有限时间内获得所要求的输出。

如果一个算法有缺陷,或不适合于某个问题,执行这个算法将不会解决这个问题。不同的算法可能用不同的时间、空间或效率来完成同样的任务。一个算法的优劣可以用空间复杂度与时间复杂度来衡量。

算法可采用多种描述语言来描述,例如,自然语言、计算机语言或某些伪语言。各种描述语言在对问题的描述能力方面存在一定的差异。例如,自然语言较为灵活,但不够严谨;而计算机语言虽然严谨,但由于语法方面的限制,使得灵活性不足。因此,许多教材中采用的是以一种计算机语言为基础,适当添加某些功能或放宽某些限制而得到的一种类语言。这些类语言既具有计算机语言的严谨性,又具有灵活性,同时也容易上机实现,因而被广泛接受。

4.1.2 算法性质

一个算法必须具备以下性质。

(1) 算法首先必须是正确的,即对于任意的一组输入,包括合理的输入与不合理的输入,总能得到预期的输出。如果一个算法只是对合理的输入才能得到预期的输出,而在异常情况下却无法预料输出的结果,那么它就不是正确的。

(2) 算法必须是由一系列具体步骤组成的,并且每一步都能够被计算机所理解和执行,而不是抽象和模糊的概念。

(3) 每个步骤都有确定的执行顺序,即上一步在哪里,下一步是什么,都必须明确,无二义性。

(4) 无论算法多么复杂,都必须在有限步之后结束并终止运行,即算法的步骤必须是有限的。在任何情况下,算法都不能陷入无限循环中。

一个问题的解决方案可以有多种表达方式,但只有满足以上4个条件的解决方案才能称之为算法。

4.1.3 算法的特征

(1) 输入:一个算法必须有零个或以上输入量。

（2）输出：一个算法应有一个或以上输出量，输出量是算法计算的结果。

（3）明确性：算法的描述必须无歧义，以保证算法的实际执行结果是精确地符合要求或期望，通常要求实际运行结果是确定的。

（4）有限性：依据图灵的定义，一个算法是能够被任何图灵完备系统模拟的一串运算，而图灵机器只有有限个状态、有限个输入符号和有限个转移函数（指令）。而一些定义更规定算法必须在有限个步骤内完成任务。

（5）有效性：又称可行性。算法中描述的操作都是可以通过已经实现的基本运算执行有限次来实现的。

4.1.4 算法与程序

算法是指逻辑层面上解决问题的方法的一种描述，一个算法可以被很多不同的程序实现。算法并不是程序或者函数本身。

一般来说，算法可以被计算机模拟出来，就是说可以被人们写程序写出来。程序只是一个手段，让计算机去机械式地执行，算法才是灵魂，驱动计算机"怎么"去执行。

举个例子，通向罗马的路有很多，有很多算法能通向罗马，而其中你选择的那一条路就是你的程序。

4.1.5 算法分析

同一问题可用不同算法解决，而一个算法的质量优劣将影响到算法乃至程序的效率。算法分析的目的在于选择合适算法和改进算法。一个算法的评价主要从时间复杂度和空间复杂度来考虑。

（1）时间复杂度。算法的时间复杂度是指算法需要消耗的时间资源。一般来说，计算机算法是问题规模 n 的函数 $f(n)$，算法的时间复杂度也因此记作

$$T(n) = O(f(n))$$

因此，问题的规模 n 越大，算法执行的时间的增长率与 $f(n)$ 的增长率正相关，称为渐近时间复杂度（asymptotic time complexity）。

（2）空间复杂度。算法的空间复杂度是指算法需要消耗的空间资源。其计算和表示方法与时间复杂度类似，一般都用复杂度的渐近性来表示。同时间复杂度相比，空间复杂度的分析要简单得多。

4.1.6 算法实例分析

实例1：一个人带着三只狼和三只羚羊过河，只有一条船，同船可容纳一个人和两只动物，没有人在的时候，如果狼的数量不少于羚羊的数量就会吃羚羊。该人如何将动物转移过河？请设计算法。

解：任何动物同船不用考虑动物的争斗但需考虑承载的数量，还应考虑到两岸的动物都得保证狼的数量要少于羚羊的数量，故在算法的构造过程中尽可能保证船里面有狼，这样才能使得两岸的羚羊数量占到优势，具体算法如下。

第一步:人带两只狼过河,并自己返回。

第二步:人带一只狼过河,自己返回。

第三步:人带两只羚羊过河,并带两只狼返回。

第四步:人带一只羊过河,自己返回。

第五步:人带两只狼过河。

点评:算法是解决某一类问题的精确描述,有些问题使用形式化、程序化的刻画是最恰当的。这就要求人们在写算法时应精练、简练、清晰地表达,要善于分析任何可能出现的情况,体现思维的严密性和完整性。本题型解决问题的算法中某些步骤重复进行多次才能解决,在现实生活中,很多较复杂的问题经常遇到这样的问题,设计算法时,如果能够合适地利用某些步骤的重复,不但可以使问题变得简单,而且可以提高工作效率。

实例2:中国古代的一个著名算法案例:一群小兔和一群鸡,两群合到一群里,要数腿有48只,要数脑袋有17个,问有多少小兔,多少鸡。

解:求解鸡兔同笼的问题简单直观,却包含着深刻的算法思想。应用解二元一次方程组的方法来求解问题。

第一步:设有小鸡 x 只,小兔 y 只,则有

$$\begin{cases} x+y=17(1) \\ 2x+4y=48(2) \end{cases}$$

第二步:将方程组中的第一个方程两边乘 -2 加到第二个方程中去,得到

$$\begin{cases} x+y=17 \\ (4-2)y=48-17\times 2 \end{cases}$$

得到 $y=7$。

第三步:将 $y=7$ 代入(1)得 $x=10$。

点评:解决这些问题的基本思想并不复杂,很清晰,但叙述起来很烦琐,有的步骤非常多,有的计算量很大,有时候完全依靠人力完成这些工作很困难。但是这些恰恰是计算机的长处,它能不厌其烦地、枯燥地、重复地、烦琐地工作。但算法也有优劣,要追求高效。

实例3:写出通过尺轨作图确定线段 AB 一个5等分点的算法。

解:借助于平行线定理,把位置的比例关系变成已知的比例关系,只要按照规则一步一步去做就能完成任务。算法分析如下,如图4-1所示。

第一步:从已知线段的左端点 A 出发,任意作一条与 AB 不平行的射线 AP。

第二步:在射线上任取一个不同于端点 A 的点 C,得到线段 AC。

第三步:在射线上沿 AC 的方向截取线段 $CE=AC$。

第四步:在射线上沿 AC 的方向截取线段 $EF=AC$。

第五步:在射线上沿 AC 的方向截取线段 $FG=AC$。

第六步:在射线上沿 AC 的方向截取线段 $GD=AC$,那么线段 $AD=5AB$。

第七步:连接 DB。

第八步:过 C 作 BD 的平行线,交线段 AB 于 M,这样点 M 就是线段 AB 的一个5等分点。

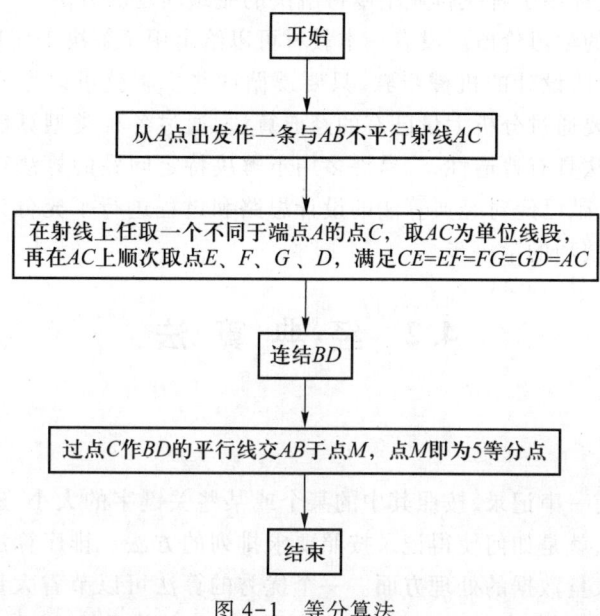

图 4-1 等分算法

点评:这个算法步骤具有一般性,对于任意自然数 n,都可以按照这个算法的思想,设计出确定线段的 n 等分点的步骤,解决问题。

4.1.7 算法的重要性

真正学懂计算机的人(不只是"编程匠")都对数学有相当的造诣,既能用科学家的严谨思维来求证,也能用工程师的务实手段来解决问题——而这种思维和手段的最佳演绎就是"算法"。

通俗来说,算法是数学理论和工程实现的结合,是一门十分神奇的学问。

算法是了解计算机如何做的关键。计算机基础教学的一个目标就是让学生了解计算机能做什么,如何做。计算机能够做什么,很大程度上取决于人们的软件开发能力。开发软件的关键是算法,算法是程序的灵魂。同样,掌握计算机解决问题的过程:分析问题→算法设计→程序设计→测试程序,是了解计算机如何做的关键,而算法设计是解决问题过程中最核心的一步,因此了解算法是了解计算机能够做什么,如何做的基础。

算法具有普遍性。计算机算法用于描述计算机解决特定问题的过程,计算机解决问题的过程和方法与人们解决一般问题的过程和方法有相似之处。深入分析计算机解决各种问题的算法可以拓宽人们解决一般问题的方法和思路,培养人们的计算思维能力。

算法设计是拓展计算机应用的关键。计算机基础的另一个教学目标就是让学生在充分了解计算机能够做什么,如何做的基础上,创造性地将计算机技术应用到自己的专业领域,开拓出新的计算机应用方向。例如通过将计算机技术应用到建筑行业,开辟出 CAD、BIM 等多个计算机应用方向,这些应用方向不仅大大提升了建筑行业自身的发展水平和工作效率,并且形成一个新的产业。实现这一切的关键是需要找出用于计算机解决行业中亟待解决的瓶颈问题的方法,实际上就是设计用于解决行业中亟待解决的瓶颈问题的方法。

经典算法有重大的学习价值。没有一本教材可以给出用于解决工作后需要解决的所有问题的算法,也不存在算法设计的机械步骤,只要遵循这些步骤就可以完成任何算法的设计过程。算法设计技巧需要通过分析大量已有的经典算法,通过各种类型算法的设计过程慢慢积累。一是由于经典算法具有普遍性,二是许多用于解决特定问题的算法往往由多种经典算法组合而成,三是各种文献已经对经典算法的设计思路和过程进行了充分讨论。因此学习经典算法是掌握算法设计技巧的第一步。

4.2 经典算法

4.2.1 排序

所谓排序,就是使一串记录,按照其中的某个或某些关键字的大小,递增或递减地排列起来的操作。排序算法,就是如何使得记录按照要求排列的方法。排序算法在很多领域得到相当的重视,尤其是在大量数据的处理方面。一个优秀的算法可以节省大量的资源。在各个领域中考虑到数据的各种限制和规范,要得到一个符合实际的优秀算法,必须经过大量的推理和分析。

1. 冒泡排序

(1) 算法原理。冒泡排序算法的运作如下(从后往前)。

① 比较相邻的元素。如果第一个比第二个大,就交换它们两个。

② 对每一对相邻元素做同样的工作,从开始第一对到结尾的最后一对。至此,最后的元素应该会是最大的数。

③ 针对所有的元素重复以上的步骤,除了最后一个。

④ 持续每次对越来越少的元素重复上面的步骤,直到没有任何一对数字需要比较。

(2) 详细介绍。冒泡排序(bubble sort)的基本概念是,依次比较相邻的两个数,将小数放在前面,大数放在后面,即在第一趟首先比较第1个和第2个数,将小数放前,大数放后,然后比较第2个数和第3个数,将小数放前,大数放后,如此继续,直至比较最后两个数,将小数放前,大数放后。

用二重循环实现,外循环变量设为i,内循环变量设为j。假如有8个数需要进行排序,则外循环重复8次,内循环依次重复7,…,1次。每次进行比较的两个元素都是与内循环j有关的,它们可以分别用$a[j]$和$a[j+1]$标识,i的值依次为1,2,…,8,对于每一个i,j的值依次为1,2,…,8-i。

(3) 排序过程。设想被排序的数组$R[1..N]$垂直竖立,将每个数据元素看作有重量的气泡,根据轻气泡不能在重气泡之下的原则,从下往上扫描数组R,凡扫描到违反本原则的轻气泡,就使其向上"漂浮",如此反复进行,直至最后任何两个气泡都是轻者在上,重者在下为止,如图4-2所示。

4.2 经典算法

	$i=0$	$i=1$	$i=2$	$i=3$	$i=4$	$i=5$	$i=6$
42	→13	13	13	13	13	13	13
20	42	→14	14	14	14	14	14
17	20	42	→15	15	15	15	15
13	17	20	→42	→17	17	17	17
28	14	17	→20	→42	→20	20	20
14	28	15	→17	→20	→42	→23	23
23	15	28	→23	→23	→23	42	→28
15	23	23	→28	→28	→28	28	42

图 4-2 冒泡法

（4）python 代码实现如下：

```
def bubbleSort(nums):
    for i in range(len(nums)-1):# 这个循环负责设置冒泡排序进行的次数
        for j in range(len(nums)-i-1): # j 为列表下标
            if nums[j] > nums[j+1]: nums[j], nums[j+1] = nums[j+1], nums[j]
    return nums
nums = [42,20,17,13,28,14,23,15]
print ( bubbleSort(nums))
```

（5）优化。冒泡排序流程存在的不足及改进方法如下。

第一，在排序过程中，执行完最后的排序后，虽然数据已全部排序完毕，但程序无法判断是否完成排序，为了解决这一不足，可设置一个标志位 flag，将其初始值设置为非 0，表示被排序的表是一个无序的表，每一次排序开始前设置 flag 值为 0，在进行数据交换时，修改 flag 为非 0。在新一轮排序开始时，检查此标志，若此标志为 0，表示上一次没有做过交换数据，则结束排序；否则进行排序。

第二，当排序的数据比较多时排序的时间会明显延长。改进方法：快速排序。具体做法：任意选取某一记录（通常取第一个记录），比较其关键字与所有记录的关键字，并将关键字比它小的记录全部放在它的前面，将比它大的记录均存放在它的后面，这样，经过一次排序之后，可将所有记录以该记录所在的分界点分为两部分，然后分别对这两部分进行快速排序，直至排序完。

局部冒泡排序算法对冒泡排序的改进。在冒泡排序中，一趟扫描有可能无数据交换，也有可能有一次或多次数据交换，在传统的冒泡排序算法及近年来的一些改进的算法中，只记录一趟扫描有无数据交换的信息，对数据交换发生的位置信息则不予处理。为了充分利用这一信息，可以在一趟全局扫描中，对每一反序数据对进行局部冒泡排序处理，称之为局部冒泡排序。

局部冒泡排序与冒泡排序算法具有相同的时间复杂度，并且在正序和逆序的情况下，所需的关键字的比较次数和移动次数完全相同。由于局部冒泡排序和冒泡排序的数据移动次数总是相同的，而局部冒泡排序所需关键字的比较次数常少于冒泡排序，这意味着局部冒泡排序很可能在平均比较次数上对冒泡排序有所改进。当比较次数较少时优点不足以抵消其程序复杂度所带来的额外开销；当数据量较大时，局部冒泡排序的时间性能则明显优于冒泡排序。

（6）平均时间复杂度。若记录序列的初始状态为"正序"，则冒泡排序过程只需进行一趟排序，在排序过程中只需进行 $n-1$ 次比较，且不移动记录；反之，若记录序列的初始状态为"逆序"，则需进行 $n(n-1)/2$ 次比较和记录移动。因此冒泡排序总的时间复杂度为 $O(n×n)$。

2. 快速排序

快速排序（quick sort）由 C. A. R. Hoare 在 1962 年提出。它的基本思想是，通过一趟排序将要排序的数据分割成独立的两部分，其中一部分的所有数据都比另外一部分的所有数据小，然后再按此方法对这两部分数据分别进行快速排序，整个排序过程可以递归进行，以将整个数据变成有序序列，快速排序是冒泡排序的改进版，也是最好的一种内排序。

（1）思想。

① 在待排序的元素任取一个元素作为基准（通常选第一个元素，但最优的选择方法是从待排序元素中随机选取一个作为基准），称为基准元素。

② 将待排序的元素进行分区，比基准元素大的元素放在它的右边，比其小的放在它的左边。

③ 对左右两个分区重复以上步骤直到所有元素都是有序的。

所以这里是把快速排序联想成东拆西补或西拆东补，一边拆一边补，直到所有元素达到有序状态。

在快排的过程中，每一次要取一个元素作为枢纽值，以这个数字来将序列划分为两部分。在此采用三数取中法，也就是取左端、中间、右端三个数，然后进行排序，将中间数作为枢纽值。

（2）实现过程如下。

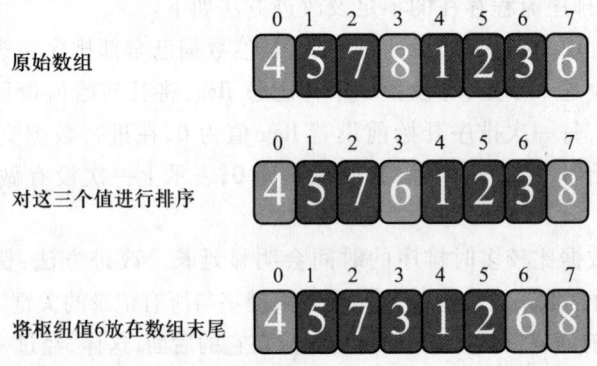

根据枢纽值进行分割

双向扫描，从左边找大于枢纽值的数，然后将其交换。由于枢纽值在右边，所以要先从左边开始扫描。

① 先从左边扫描，找到 7>6；右边找到 2<6，然后交换。

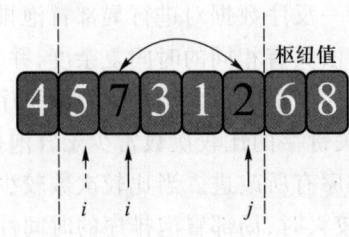

② 继续从左边扫描,寻找大于 6 的值,此时 i,j 碰撞,将 7 和枢纽 6 交换。

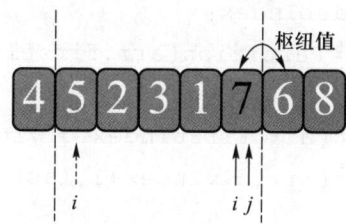

③ 此时第一轮分割完成,可以看到,左边均小于 6,右边均大于 6。

④ 递归对这种子序进行处理(先三位取中,再以中值分割)

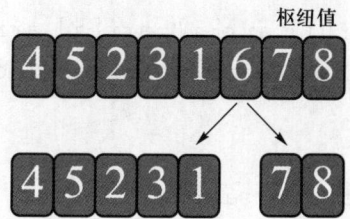

⑤ 对左序列三数取中,并将中值放置数组末尾,然后扫描分割,右序列同理。

⑥ 依然从左边开始扫描,找到 5>2,然后从右边扫描,没找到小于 2 的数,但此时 i 和 j 碰撞,次轮结束,交换 5 和 2。

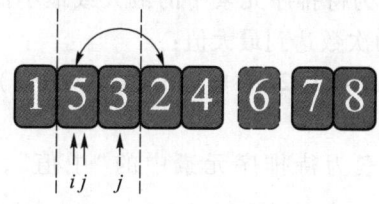

⑦ 此时,枢纽值 2 将左子序列分成两部分,左边(1)均小于 2,右边(3,5)均大于 2,右子序同样处理,此处不表。

⑧ 然后继续递归处理,对每个子序列先进行三数取中,再以中值进行分割,最终使得整个数组有序。

(3) Python 代码实现如下:

```
def QuickSort(arr,firstIndex,lastIndex):
    if firstIndex<lastIndex:
            divIndex=Partition(arr,firstIndex,lastIndex)

            QuickSort(arr,firstIndex,divIndex)
            QuickSort(arr,divIndex+1,lastIndex)
    else:
            return
def Partition(arr,firstIndex,lastIndex):
    i=firstIndex-1
    for j in range(firstIndex,lastIndex):
            if arr[j]<=arr[lastIndex]:
                i=i+1
                arr[i],arr[j]=arr[j],arr[i]
    arr[i+1],arr[lastIndex]=arr[lastIndex],arr[i+1]
    return i
arr=[4,5,7,8,1,2,3,6]
print("initial array:\n",arr)
QuickSort(arr,0,len(arr)-1)
print("result array:\n",arr)
```

(4) 算法分析。

① 当分区选取的基准元素为待排序元素中的最大或最小值时，为最坏的情况，时间复杂度和直接插入排序的一样，移动次数达到最大值：

$$Cmax = 1+2+\cdots+(n-1) = n\times(n-1)/2$$

此时最好时间复杂度为 $O(n^2)$。

② 当分区选取的基准元素为待排序元素中的"中值"，为最好的情况，时间复杂度为 $O(n\log 2n)$。

③ 快速排序的空间复杂度为 $O(n\times\log n)$。

④ 快速排序是一种不稳定排序。

⑤ 快速排序是一种交换类的排序，它同样是分治法的经典体现。在一趟排序中将待排序的序列分割成两组，其中一部分记录的关键字均小于另一部分。然后分别对这两组继续进行排序，以使整个序列有序。在分割的过程中，枢纽值的选择至关重要。

3. 选择排序

(1) 基本思想。在长度为 n 的无序数组中，第一次遍历 $n-1$ 个数，找到最小的数值与第一个元素交换；第二次遍历 $n-2$ 个数，找到最小的数值与第二个元素交换……第 $n-1$ 次遍历，找到最小的数值与第 $n-1$ 个元素交换，排序完成。

(2) 实现过程，如图 4-3 所示。

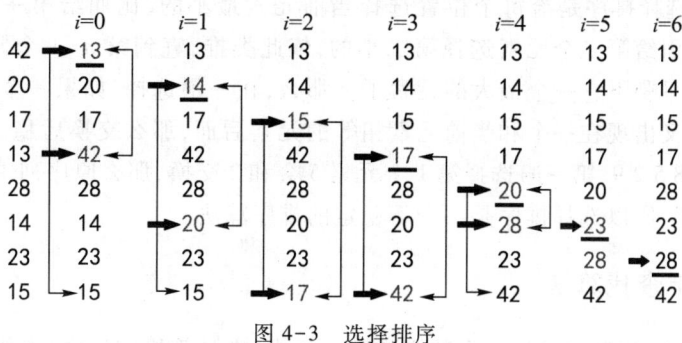

图 4-3 选择排序

(3) 代码实现如下:

```
def select_sort(lists):
    # 选择排序
    count = len(lists)
    for i in range(0, count):
        min = i
        for j in range(i + 1, count):
            if lists[min] > lists[j]:
                min = j
        lists[min], lists[i] = lists[i], lists[min]
    return lists
lists = [2,5,4,3,1]
print (select_sort(lists))
```

(4) 算法分析。对比数组中前一个元素与后一个元素的大小,如果后面的元素比前面的元素小,则用一个变量 k 来记住它的位置,接着第二次比较,前面"后一个元素"现变成了"前一个元素",继续与它的"后一个元素"进行比较,如果后面的元素比它要小,则用变量 k 记住它在数组中的位置(下标),等到循环结束时,应该找到了最小的那个数的下标了,然后进行判断,如果这个元素的下标不是第一个元素的下标,就让第一个元素与它交换一下值,这样就找到整个数组中最小的数了。然后找到数组中第二小的数,让它跟数组中第二个元素交换一下值,以此类推。

① 时间复杂度。排序算法复杂度为 $log2n$。选择排序的交换操作介于 0 和 ($n-1$) 次之间。选择排序的比较操作为 $n(n-1)/2$ 次之间。选择排序的赋值操作介于 0 和 3($n-1$) 次之间。

比较次数 $O(n^2)$,比较次数与关键字的初始状态无关,总的比较次数 $N=(n-1)+(n-2)+\cdots+1=n*(n-1)/2$。交换次数 $O(n)$,最好情况是,已经有序,交换 0 次;最坏情况交换 $n-1$ 次,逆序交换 $n/2$ 次。交换次数比冒泡排序少多了,由于交换所需 CPU 时间比比较所需的 CPU 时间多,n 值较小时,选择排序比冒泡排序快。

② 稳定性。选择排序是给每个位置选择当前元素最小的，比如给第一个位置选择最小的，在剩余元素里面给第二个元素选择第二小的，依此类推，直到第 $n-1$ 个元素，第 n 个元素不用选择了，因为只剩下它一个最大的元素了。那么，在一趟选择，如果一个元素比当前元素小，而该小的元素又出现在一个和当前元素相等的元素后面，那么交换后稳定性就被破坏了。举个例子，序列 5 8 5 2 9，第一遍选择第 1 个元素 5 会和 2 交换，那么原序列中两个 5 的相对前后顺序就被破坏了，所以选择排序是一个不稳定的排序算法。

4.2.2 折半查找算法

查找是在大量的信息中寻找一个特定的信息元素，在计算机应用中，查找是常用的基本运算，例如学生查询录取结果等需要计算机进行查找操作，因此，一种能够提高查找速度的快速查找算法能有效提高系统性能，折半查找算法就是一种快速查找算法。

1. 思路

假如有一组数为 5，13，19，21，37，56，64，75，80，88，92，要查给定的值 21，可设三个变量 low、mid、$high$ 分别指向数据的前、中间和后，$mid=(low+high)/2$。

（1）设 $low=1$，值为 1；$high=11$，值为 11；$mid=(low+high)/2$，即等于 6，值为 56（因为整型会省略小数点）。

（2）将 mid 的值与查找的数作比较，如果 $mid<n$（这里假设要查找的数为 n），说明 n 在 mid 的后边，则使得 $low=mid+1$，$high$ 不变；如果 $n<mid$，说明 n 在 mid 的前边，则使得 $high=mid-1$，low 不变；如果 $mid==n$，则 n 和 mid 不能直接比较。

（3）现在的 mid 等于 6，值为 56，查找的范围为 5，13，19，21，37，显然 $mid<n$，此时 mid 执行 2 次循环便等于 21，然后输出 mid。

2. 实现过程

实现过程如图 4-4 ~ 图 4-6 所示。

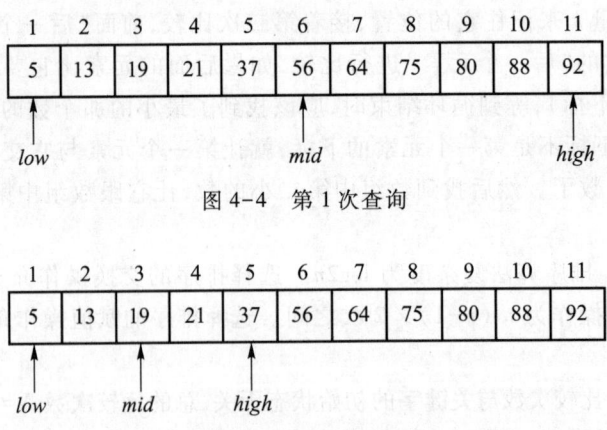

图 4-4 第 1 次查询

图 4-5 第 2 次查询

4.2 经典算法

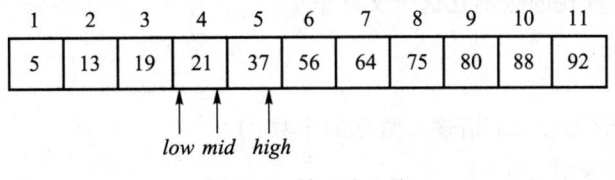

图 4-6 第 3 次查询

3. Python 代码

```
import time

list_num=[]
#装饰器,计算函数的运行时间
def timer(func):
    def wrapper(*args,**kwargs):
    #*args,**kwargs 作用是不限定形参的个数和形式
        start_time=time.time()#获取函数运行前的系统时间
        func(*args,**kwargs)
        stop_time=time.time()#获取函数运行后的系统时间
        print(start_time)
        print(stop_time)
        print('the func run time is %f'%(stop_time-start_time))
        return 0
    return wrapper
#输入数据
def datain_func(n):
    for i in range(n):
        #data_in=int(input('请输入数据:'))
        list_num.append(i)
    #print('输入数据列表:')
    #print(list_num)
#查找
@timer#等价于 search_func=timer(search_func)
def search_func(s):
    cnt=0
    for i in list_num:
        cnt+=1
        if i==s:
            print('你要找的数在第%d位置'%cnt)
            return i
```

```
print('你要查找的数不在这个文件里')
```

```
#数据输入
data_num = int(input('请输入数据的个数:'))
datain_func(data_num)
```

```
#数据查找
search = int(input('请输入要查找的数:'))
search_func(search)
```

4. 算法分析

（1）优缺点。优点是比较次数少，查找速度快，平均性能好；其缺点是要求待查表为有序表，且插入、删除困难。

因此，折半查找方法适用于不经常变动而查找频繁的有序列表。首先，假设表中元素是按升序排列，将表中间位置记录的关键字与查找关键字比较，如果两者相等，则查找成功；否则利用中间位置记录将表分成前、后两个子表，如果中间位置记录的关键字大于查找关键字，则进一步查找前一子表，否则进一步查找后一子表。重复以上过程，直到找到满足条件的记录，使查找成功，或直到子表不存在为止，此时查找不成功。

（2）时间复杂度。可以表示为 $O(h) = O(\log_2 n)$。

4.2.3 汉诺塔问题

1. 起源

汉诺塔（又称为河内塔）问题是源于印度一个古老传说的益智玩具。大梵天创造世界的时候做了三根金刚石柱子，在一根柱子上从下往上按照大小顺序摞着64片黄金圆盘。大梵天命令婆罗门把圆盘从下面开始按大小顺序重新摆放在另一根柱子上，并且规定，在小圆盘上不能放大圆盘，在三根柱子之间一次只能移动一个圆盘。

2. 抽象为数学问题

如图4-7所示，从左到右有A、B、C三根柱子，其中A柱子上面有从小叠到大的 n 个圆盘，现要求将A柱子上的圆盘移到C柱子上去，期间只有一个原则：一次只能移动一个盘子且大盘子不能在小盘子上面，求移动的步骤和移动的次数。

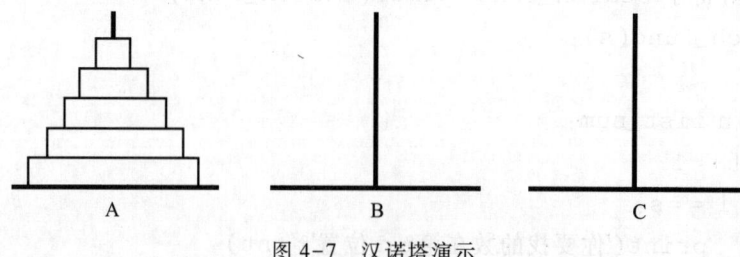

图4-7 汉诺塔演示

解：
(1) $n == 1$：
　　　　　　第 1 次　　1 号盘　　A→C　　　　$sum = 1$ 次
(2) $n == 2$：
　　　　　　第 1 次　　1 号盘　　A→B
　　　　　　第 2 次　　2 号盘　　A→C
　　　　　　第 3 次　　1 号盘　　B→C　　　　$sum = 3$ 次
(3) $n == 3$：
　　　　　　第 1 次　　1 号盘　　A→C
　　　　　　第 2 次　　2 号盘　　A→B
　　　　　　第 3 次　　1 号盘　　C→B
　　　　　　第 4 次　　3 号盘　　A→C
　　　　　　第 5 次　　1 号盘　　B→A
　　　　　　第 6 次　　2 号盘　　B→C
　　　　　　第 7 次　　1 号盘　　A→C　　　　$sum = 7$ 次

不难发现规律：1 个圆盘的次数为 2 的 1 次方减 1；2 个圆盘的次数为 2 的 2 次方减 1；3 个圆盘的次数为 2 的 3 次方减 1……n 个圆盘的次数为 2 的 n 次方减 1。因此，移动次数为 2^n-1。

3. 调用方法的栈机制

从主线程开始调用方法(函数)进行不停地压栈和出栈操作，函数的调用就是将函数压入栈中，函数的结束就是函数出栈的过程，这样就保证了方法调用的顺序流，即当函数出现多层嵌套时，需要从外到内一层层把函数压入栈中，最后栈顶的函数先执行结束(最内层的函数先执行结束)后出栈，再倒数第二层的函数执行结束出栈，到最后，第一个进栈的函数调用结束后从栈中弹出回到主线程，并且结束。

4. 算法分析

在利用计算机求汉诺塔问题时，必不可少的一步是对整个实现求解进行算法分析。到目前为止，求解汉诺塔问题最简单的算法还是通过递归来求，至于是什么递归，递归实现的机制是什么，说得简单点就是自己是一个方法或者说是函数，但是在自己这个函数里又调用自己这个函数的语句，而这个调用怎么才能调用结束呢？这里还必须有一个结束点，或者具体地说是在调用到某一次后函数能返回一个确定的值，接着倒数第二个就能返回一个确定的值，一直到第一次调用的这个函数能返回一个确定的值。

实现这个算法可以简单分为三个步骤。

(1) 把 $n-1$ 个盘子由 A 移到 B。
(2) 把第 n 个盘子由 A 移到 C。
(3) 把 $n-1$ 个盘子由 B 移到 C。

从这里入手，再加上上面数学问题解法的分析，不难发现，移动的步数必定为奇数步。

(1) 中间的一步是把最大的一个盘子由 A 移到 C 上去。
(2) 中间一步之上可以看成把 A 上 $n-1$ 个盘子通过借助辅助塔(C 塔)移到了 B 上。

(3) 中间一步之下可以看成把 B 上 $n-1$ 个盘子通过借助辅助塔(A 塔)移到了 C 上。

5. 程序实现

```
def hanoi(n,x,y,z):
    if n==1:
        print(x,'-->',z)
    else:
        hanoi(n-1,x,z,y)#将前 n-1 个盘子从 x 移动到 y 上
        hanoi(1,x,y,z)#将最底下的最后一个盘子从 x 移动到 z 上
        hanoi(n-1,y,x,z)#将 y 上的 n-1 个盘子移动到 z 上
n=int(input('请输入汉诺塔的层数:'))
hanoi(n,'x','y','z')
```

6. 汉诺塔问题的思考

通过分析汉诺塔问题的过程,可以得到以下启迪。

(1) 培养递归思维方式。递归思维方式是一种首先将复杂问题简化,从简单问题解决过程中导出复杂问题的解决思路,最终得出递归结构的思维方式。得出递归结构是用递归调用方式解决复杂问题的关键。递归结构一是需要给出用 $n-1$ 个圆盘汉诺塔问题解决过程解决 n 个圆盘汉诺塔问题的普遍方法;二是需要给出 1 个圆盘汉诺塔问题的具体解决步骤。前者可以将 n 个圆盘汉诺塔问题的解决过程层层简化,最终简化为 1 个圆盘的汉诺塔问题的解决过程,后者用于实现 1 个圆盘的汉诺塔问题的解决过程,并将其作为递归调用的结束条件。

(2) 掌握递归解题过程。导出递归结构可以完成递归算法和递归调用的设计过程,但是掌握通过递归方法实现 n 个圆盘从 A 柱至 B 柱移动过程的具体操作步骤也十分重要,只有了解递归方法的实现细节,才能体会递归方法对简化类似汉诺塔问题的问题解决过程所起的重要作用。

(3) 学会创新性地应用计算机。汉诺塔问题本是一个复杂的数学问题,在汉诺塔问题解题过程中引入计算机递归方法后,该复杂问题的解决过程变得简单易懂,汉诺塔问题成为用递归方法解题的典型例子,因此,通过深刻了解计算机的特点和功能,在解决其他专业领域的问题过程中创新地利用计算机的特点和功能,能够简化解决过程。

4.3 Python 语言基础

Python 是一种常用的程序设计语言,它是一个高层次的结合了解释性、编译性、互动性和面向对象的脚本语言。它由荷兰人 Guido van Rossum 于 1989 年发明,并于 1991 年公开发行的第一个版本。

Python 语言具有很强的可读性,其特色之一是强制使用空白符(white space)作为语句缩进。相较于其他语言(如 C、C++)经常使用英文关键字,Python 语言的语法结构则更具特色。

Python 语言对初级程序员而言,是一种伟大的语言,它支持从简单的文字处理到 WWW 浏览器再到游戏的广泛的应用程序开发。

4.3.1 Python 语言开发环境的配置和使用

Python 语言的编程环境是一种支持 Python 语言程序设计的综合性工具软件。它提供了强大的图形处理能力,能将整个程序设计过程中涉及的各种必要的功能有机地结合起来,为用户进行程序设计提供高效且便利的服务。

1. Python 语言解释器的安装

Python 语言解释器是一个轻量级的小尺寸软件,用户可以根据系统版本在 Python 语言官网下载安装包,如图 4-8 所示。

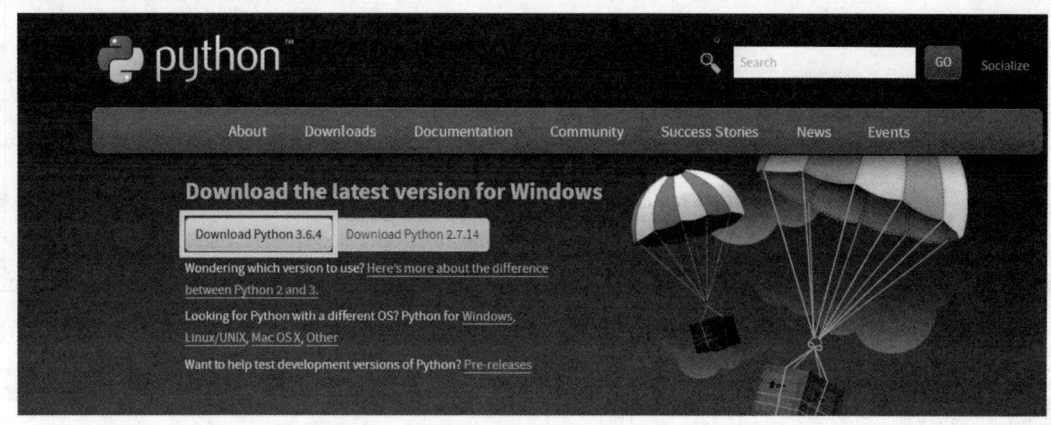

图 4-8　Python 语言解释器的下载界面

首先用户选择相应的 Python 3.6.x 系列安装程序,如图 4-8 所示,选择下载 Python 3.6.4 安装包,其中图 4-8 所示的方框中的位置放置的是最新版本安装包的下载链接,随着 Python 语言的发展,此处会有更新的版本,本书以 Python 3.6.4 版安装包和 Windows 操作系统为例来说明安装的流程。

单击图 4-8 指示框中的按钮下载安装包,双击所下载的程序,安装 Python 编程环境(解释器),并弹出如图 4-9 所示的引导过程界面。在该界面中,勾选"Add Path 3.6 to PATH"选项前的复选框后,单击"Install Now"选项开始安装。安装成功后将显示如图 4-10 所示的成功界面。

Python 安装包将在系统中安装一批与 Python 开发和运行相关的程序,其中最重要的两个是 Python 命令行和 Python 的集成开发环境(Integrated DeveLopment Enviroment,IDLE)。

2. Python 编程环境的使用

运行 Python 程序有两种方式:交互式和文件式。交互式是指 Python 解释器即时响应用户输入的每一条代码,并输出结果。文件式也称为批量式,指用户将 Python 的程序写在一个或多个文件中,然后启动 Python 解释器批量执行文件中的代码。交互式一般用于调试少量代码,文件式则是最常用的编程方式。

图 4-9　安装程序引导过程的启动界面

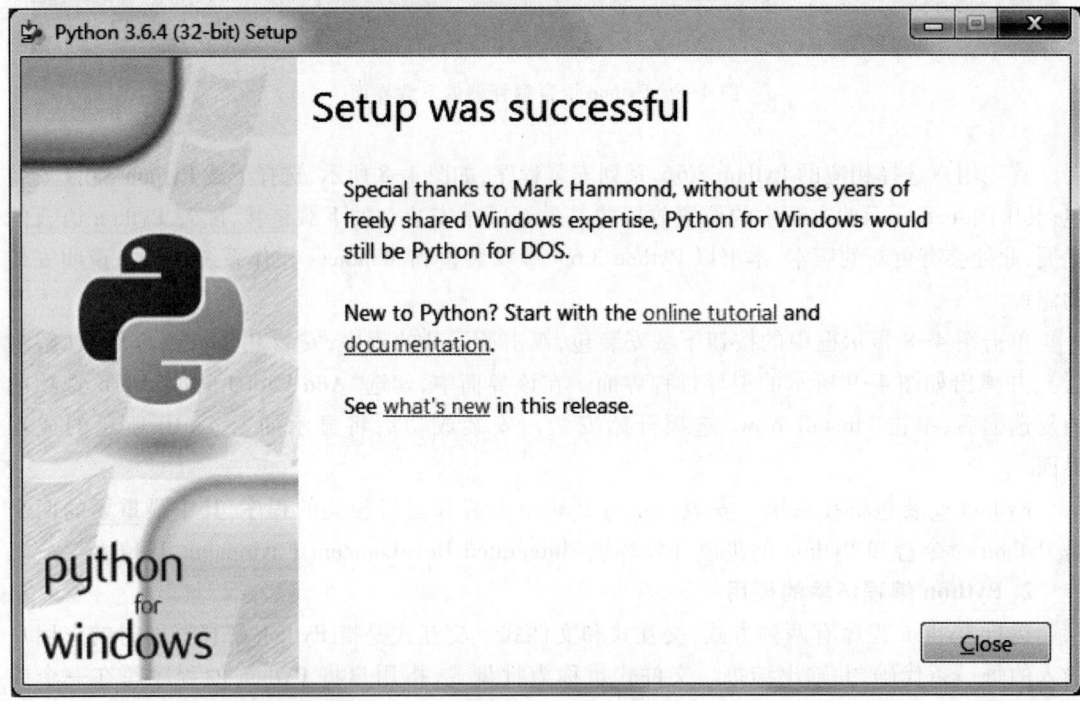

图 4-10　安装程序引导过程的成功界面

(1) 交互式启动和运行方法

打开"开始"菜单,选择"Python 3.6"菜单项中的"IDLE(Python 3.6 32-bit)"选项,打开Python shell窗口,在命令提示符>>>后输入程序代码:Print("Welcome!"),按Enter键后显示输出结果"Welcome!",如图4-11所示。

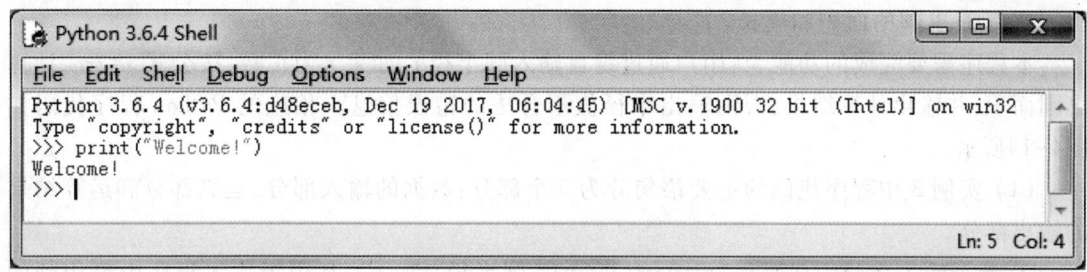

图4-11 通过IDLE启动交互式Python运行环境

(2) 文件式启动和运行方法

按(1)所述方法打开IDLE,在菜单中选择"File→New File"选项,打开一个新窗口。这个新窗口不是交互模式,它是一个可以高亮Python语法的辅助编辑器,可以进行代码编辑。在其中输入Python代码,如输入"print("Welcome!")"并保存为welcome.py文件,如图4-12所示。

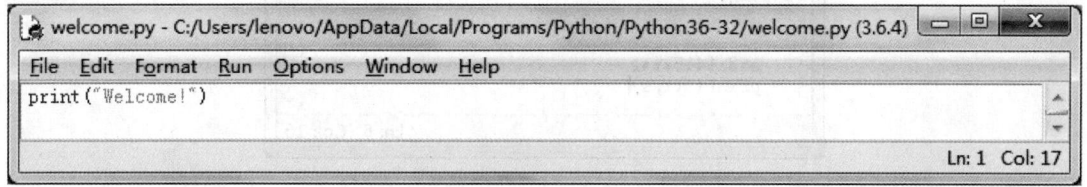

图4-12 通过IDLE编写Python程序

用户按快捷键F5或在菜单中选择"Run→Run Module"选项,即可运行该文件。运行结果如图4-13所示。

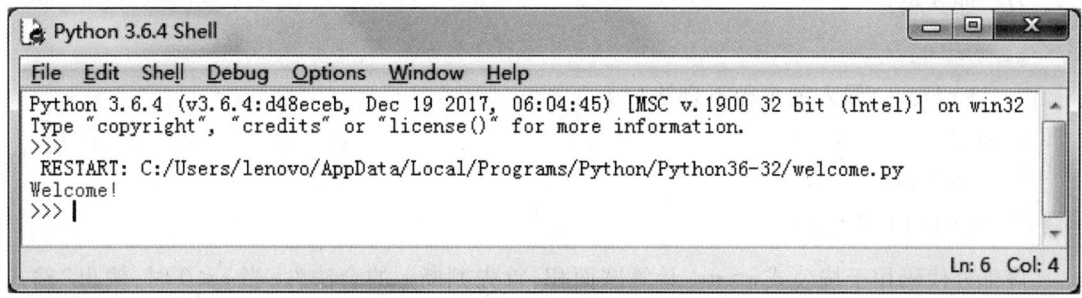

图4-13 通过IDLE运行Python程序文件

最常用且最重要的程序运行方法是用 IDLE 的文件式方法，IDLE 是一个简单有效的集成开发环境，无论交互式或文件式，它都有助于快速编写和调试代码。本书中后续的 Python 程序都采用文件式方法运行。

3. Python 程序的一般结构

实例3：求圆的面积和周长。

本程序需要完成的功能为：用户通过键盘输入圆半径 r，如果 r 为正数，按公式 $s=\pi r^2$ 计算出圆面积，并输出计算结果；否则输出半径值不合法的错误信息。相应的 Python 程序代码如图4-14所示。

（1）实例3中程序代码的主要语句分为3个部分：数据的输入部分、运算部分和运算结果的输出部分。

① 数据输入部分的代码是"r = float(input("圆半径 = "))"，其用于输入程序中要用到的原始数据。该语句的功能是：首先显示提示信息"圆半径 ="，并等待用户从标准的输入设备（键盘）上输入一个数据，将它转换成一个浮点数（带小数点的数字）并赋值给变量 r，使得 r 成为一个数字型的变量。

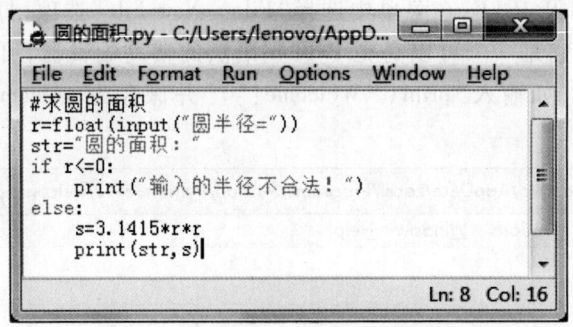

图 4-14　计算圆面积的 Python 程序代码

② 运算部分的代码分为两部分，一部分是"Str = "圆的面积:""，其用于将右侧的字符串"圆的面积:"赋给左侧的变量 str，使得 str 成为一个字符串型变量。

另一部分是：

```
if r<=0:
    Print("输入的半径不合法!")
else:
    s=3.1415*r*r
    print(str,s)
```

该部分代码用于按公式 $s=\pi r^2$ 计算圆面积，首先判断 r 的合法性，当 $r \leqslant 0$ 时，输出"输入的半径不合法!"，否则按公式 $s=\pi r^2$ 计算 s 的值。

③ 运算结果输出部分的代码是"print(str,s)"，其用于输出按照公式计算出的圆面积，该语句的功能是将字符串变量（str）和浮点型变量（s）的值按照默认的格式输出到标准输出设备

（显示器）上。

（2）程序中的注释和空白：本程序中第一行"#求圆的面积"为注释行，这是提供给用户阅读或编辑程序时的提示信息，程序运行时不被执行。

值得注意的是：空白在 Python 中非常重要。行首的空白称为缩进，它决定了行的逻辑缩进层次，从而决定了语句的分组。缩进的空白数量是可变的，但是所有代码块语句必须包含相同的缩进空白数量，这个必须严格执行。每一组这样的语句称为一个块。语句块是进行处理的同一批语句。简言之，Python 使用连续的相同层次的缩进来表示语句块。

（3）程序的运行：该程序运行后，屏幕显示提示信息，等待用户输入。如用户输入 1.4 并按 Enter 键，则屏幕上显示运算结果。如图 4-15 所示。

图 4-15　圆面积的运行结果

4.3.2　数据的表示

数据是程序中参与的对象，大体上可分为常量和变量两大类。常量是指在程序运行过程中不变的量，如直接输入的数字、字符、字符串等；变量是在程序中可按需要变化的值，是用符号表示的运算对象。

常量和变量都是组成程序的元素，在 Python 语言中被称为对象，对象是 Python 语言最基本的概念之一，Python 中的一切都是对象。

1. Python 对象模型

Python 中有许多内置的对象可供编程者直接使用，如数字、字符串、列表、元组、字典、集合和文件等。表 4-1 中列出了一部分常见的 Python 对象类型。

表 4-1　常见的 Python 对象类型

对象类型	示例	对象类型	示例
数字	100、1.25、1+2j	文件	f=open('data.txt','r')
字符串	"hello" "linyi" "student"	集合	Set('stu'),{'s','t','u'}
列表	[1,2,3]、['a','b','c','d']	布尔型	Ture、False
字典	{1:'stu',2:'tech'}	空类型	None
元组	(2,6,-8,10)	编程单元类型	函数( )，类( )

2. 变量

在 Python 语言中,不需要事先声明变量名和类型,用户直接赋值即可创建各种类型的变量。例如,语句"x=6"定义了变量 x,并赋值为 6。

一个变量就是一个参与运算的数据,每个变量都属于某种特定的类型,Python 语言中的变量类型取决于赋予它的值的类型,一个变量可以被随时赋予不同类型的值。例如,x="hello python"中变量 x 是字符串类型。

3. 数字

数字属于 Python 中不可变的对象,即修改整型变量值的时候并不是真的修改变量的值,而是先把值存放到内存中然后修改变量使其指向新的内存地址。Python 中有 3 种类型的数字:整数、浮点数和复数,具体如下所示。

① 0、-2、123 都是整数,0x1abdf 是十六进制整数。

② 3.1415、-12.3、23.5E-2 都是浮点数(带小数的实数),其中字母 E 表示 10 的幂。

③ (4+5j)、(-2-4j)都是复数。Python 的复数与数字中的复数的形式完全一致,都是由实部和虚部构成的,并且使用 j 或 J 来表示虚部。

4. 字符串

字符串是 Python 中最常用的数据类型。用户可以使用引号('或")来创建字符串。创建字符串很简单,只要为变量分配一个值即可。例如,var1='Hello World!' 或 var2="Python Runoob"。

Python 不支持单字符类型,单字符在 Python 中也是作为一个字符串使用。

Python 访问子字符串,可以使用方括号来截取字符串,如下实例:

```
#! /usr/bin/python
var1='Hello World!'
var2="Python Runoob"
print "var1[0]:",var1[0]
print "var2[1:5]:",var2[1:5]
```

Python 中还可以对已存在的字符串进行修改,并赋值给另一个变量,如下实例:

```
#! /usr/bin/python
#-*-coding:UTF-8-*-
var1='Hello World!'
print "更新字符串:-",var1[:6]+'Runoob!'
```

以上实例的执行结果如下所示:

```
更新字符串:- Hello Runoob!
```

特别地,在 Python 中需要在字符中使用特殊字符时,可以用反斜杠(\)转义字符实现。转义字符如表 4-2 所示。

表 4-2 转 义 字 符

转义字符	含 义	转义字符	含 义
\	续行符,在行尾时用	\n	换行
\\	反斜杠符号	\v	纵向制表符
\'	单引号	\t	横向制表符
\"	双引号	\r	回车
\a	响铃	\f	换页
\b	退格(Backspace)	\oyy	八进制数,yy 代表字符,如\o12 代表换行
\e	转义	\xyy	十六进制数,yy 代表字符,如\x0a 代表换行
\000	空	\other	其他的字符以普通格式输出

5. 列表

列表(list)是包含零个或多个对象引用的有序序列,属于列表类型。列表中的内容与列表的长度都可以改变,列表的定义的一般形式为:

<列表名称>=[<列表项>]

其中多个列表项间用逗号分隔,它们的类型可以相同,也可以不同,还可以是其他列表,使用起来非常灵活。

注意:如果只有一对方括号而没有任何元素则表示空列表。

例如,data=[10,20,30,40]定义了列表 data。使用列表时,通过<列表名>[索引号]的形式来引用,其中索引号从 0 开始,也就是说,列表中的 0 号成员实际上就是第 1 个数据项。例如上面的 data[0]的值是 10。

列表也可以整体引用,例如,print(data)表示按顺序输出 data 列表中的所有元素。

5. 标识符的命名

标识符用于标识某个运算对象的名称。例如,在赋值语句 yNumber=3.8 中,等号左边为变量名,yNumber 为 Python 的合法标识符。

在 Python 中,标识符的命名要遵循以下规则。

① 变量名必须以字母或下画线开头,但以下画线开头的变量在 Python 中有特殊含义。

② 变量名中不能有空格以及标点符号(括号、引号、逗号、斜线、反斜线、冒号、句号、问号等)。

③ 不能使用关键字作为变量名,可以导入 keyword 模块后使用 print(keyword.kwlist)命令查看 Python 的所有关键字。

④ 变量名对英文字母的大小写敏感,例如,student 和 Student 是不同的变量。

⑤ 不建议使用系统内置的模块名、类型名或函数名以及已导入的模块名及其成员名作为

变量名,这将会改变其类型和含义,可以通过 dir(__builtins__)命令查看所有的内置模块、类型和函数。

4.3.3 数据的输入输出

从键盘输入数据使用 input( )函数来实现,该函数的返回值是 string 类型。必要时可以使用内置函数 int( )、float( )或 eval( )对用户输入的内容进行类型转换。其一般形式为:

<变量名>=input(<提示信息>)

其中,变量名为符合 Python 语法的标识符,"提示信息"是用双引号、单引号括起来的字符串或由字符串运算符连接起来的字符串表达式。

例如,语句 name=input("请输入姓名:")的功能为:在屏幕上显示提示信息"请输入姓名:",待用户输入一串字符后,将其赋给变量 name。

语句 r=float(input("请输入圆的半径:"))的功能为:在屏幕上显示提示信息"请输入圆的半径:",待用户输入一串数字字符并转换为浮点型数值后,再赋给变量 r。

Python 的输出使用 print( )函数来实现,其一般形式为:

print(<表达式列表>)

其中,"表达式列表"是用逗号隔开的表达式。

例如,语句

x=5

print("输出对应的结果:",x,x+6,9)

的运行结果是

输出对应的结果:5 11 9

注意:print( )用于输出多个字符时,中间用逗号连接,最后输出的时候逗号会被替换成空格。

默认情况下,print( )语句执行以后会自动换行,为了使多个 print( )语句的输出能够连续,可以在"表达式列表"中使用"end=" " "语句来实现。例如如下的语句:

x=5

print("输出对应的结果:",end=" ")

print(x,x+6,9)

这样一来,这几条语句的运行结果就和上面的语句相同。

任何计算机程序都是为了执行一个特定的任务,有了输入,用户才能告诉计算机程序所需的信息,有了输出,程序运行后才能告诉用户任务的结果。

4.3.4 运算符与表达式

Python 是面向对象的编程语言,在 Python 中一切都是对象。对象由数据和行为两部分组成,而行为主要通过方法来实现,通过一些特殊方法的重写,可以实现运算符重载。运算符也是表现对象行为的一种形式,不同类的对象支持的运算符有所不同,同一种运算符作用于不同的对象时也可能会表现出不同的行为,这正是"多态"的体现。

运算是对数据进行加工的过程,运算的不同种类用运算符来描述,而参与运算的数据称为操作数,运算符和操作数构成了表达式。

1. 运算符

表 4-3 所示是 Python 语言中的运算符。

表 4-3　Python 语言的运算符

运算符	功能说明
+	算术加法,用于列表、元组、字符串的合并与连接
-	算术减法、集合差集、相反数
*	算术乘法,序列重复
/	真除法
//	求整商,但如果操作数中有实数的话,结果为实数形式的整数
%	求余数,字符串格式化
**	幂运算
<、≤、>、≥、==、!=	(值)大小比较,集合的包含关系比较
or	逻辑或
and	逻辑与
not	逻辑非
in	成员测试
is	对象同一性测试,即测试是否为同一个对象或内存地址是否相同
|、^、&、<<、>>、~	位或、位异或、位与、左移位、右移位、位求反
&、|、^	集合交集、并集、对称差集
@	矩阵相乘运算符

(1) +运算符除了用于算术加法以外,还可以用于列表、元组、字符串的连接,但不支持不同类型的对象之间的相加或连接。例如:

```
>>>[1,2,3]+[4,5,6]           #连接两个列表
[1,2,3,4,5,6]
>>>(1,2,3)+(4,)              #连接两个元组
(1,2,3,4)
>>>'abcd'+'1234'             #连接两个字符串
```

```
'abcd1234'
>>>'A'+1                          #不支持字符与数字相加,抛出异常
注意:TypeError:Can't convert 'int' object to str implicitly
>>>True+3                         #在 Python 内部把 True 当作 1 处理
4
>>>False+3                        #在 Python 内部把 False 当作 0 处理
3
```

（2）*运算符除了表示算术乘法,还可用于列表、元组、字符串这几种序列类型与整数的乘法,表示序列元素的重复,生成新的序列对象。字典和集合不支持与整数的相乘,因为其中的元素是不允许重复的。

```
>>>True*3
3
>>>False*3
0
>>>[1,2,3]*3
[1,2,3,1,2,3,1,2,3]
>>>(1,2,3)*3
(1,2,3,1,2,3,1,2,3)
>>>'abc'*3
'abcabcabc'
```

（3）/和//运算符在 Python 中分别表示算术除法和算术求整商（floor division）。

```
>>>3/2                            #数学意义上的除法
1.5
>>>15//4                          #如果两个操作数都是整数,结果为整数
3
>>>15.0//4                        #如果操作数中有实数,结果为实数形式的整数值
3.0
>>>-15//4                         #向下取整
-4
```

（4）%运算符可以用于整数或实数的求余运算,还可以用于字符串格式化,但是这种用法并不推荐。

```
>>>789%23                         #求余数
7
>>>123.45%3.2                     #可以对实数进行余数运算,但要注意精度问题
1.8499999999999996
```

```
>>>'%c,%d'%(65,65)            #把65分别格式化为字符和整数
'A,65'
>>>'%f,%s'%(65,65)            #把65分别格式化为实数和字符串
'65.000000,65'
```

(5) ** 运算符表示幂乘:

```
>>>3**2                        #3的2次方,等价于pow(3,2)
9
>>>pow(3,2,8)                  #等价于(3**2)%8
1
>>>9**0.5                      #9的0.5次方,即平方根
3.0
>>>(-9)**0.5                   #可以计算负数的平方根
(1.8369701987210297e-16+3j)
```

(5) Python 关系运算符最大的特点是可以连用,其含义与我们日常的理解完全一致。使用关系运算符的最重要的前提是,操作数之间必须可比较大小。例如,把一个字符串和一个数字进行大小比较是毫无意义的,而且 Python 也不支持这样的运算。

```
>>>1<3<5                       #等价于1<3 and 3<5
True
>>>3<5>2
True
>>>1>6<8
False
```

(6) 成员测试运算符 in 用于成员测试,即测试一个对象是否为另一个对象的元素。

```
>>>3 in [1,2,3]                #测试3是否存在于列表[1,2,3]中
True
>>>5 in range(1,10,1)          #range()是用来生成在指定范围内的内置函数
True
```

2. 运算符优先级

运算符优先级遵循的规则为:算术运算符优先级最高,其次是位运算符、成员测试运算符、关系运算符、逻辑运算符等,算术运算符遵循"先乘除,后加减"的基本运算原则。

如表 4-4 所示是 Python 运算符的优先级,从最低的优先级(最松散的结合)到最高的优先级(最紧密的结合)。这意味着在一个表达式中,Python 会首先计算表中较下面的运算符,然后再计算表中上部的运算符。

表 4-4 Python 运算符的优先级

运算符	描述	运算符	描述
lambda	Lambda 表达式	*,/,%	乘法、除法与取余
or	布尔"或"	+x,-x	正负号
and	布尔"与"	~x	按位翻转
not x	布尔"非"	**	指数
in,not in	成员测试	x.attribute	属性参考
is,is not	同一性测试	x[index]	下标
<,<=,>,>=,!=,==	比较	x[index:index]	寻址段
|	按位或	f(arguments...)	函数调用
^	按位异或	(experession,...)	绑定或元组显示
&	按位与	[expression,...]	列表显示
<<,>>	移位	{key:datum,...}	字典显示
+,-	加法与减法	'expression,...'	字符串转换

虽然 Python 运算符有一套严格的优先级规则,但是强烈建议在编写复杂表达式时使用圆括号来明确说明其中的逻辑来提高代码可读性。

4.3.5 程序的控制结构

计算机程序在解决某个具体问题时,包括 3 种情形,即顺序执行所有的语句、选择执行部分语句和循环执行部分语句,这正好对应着程序设计中的 3 种程序执行结构流程:顺序结构、选择结构和循环结构。

1. 选择结构(if 语句)

选择结构以 if 开头,其语句的一般形式为:

```
if <条件 1>:
    <语句块 1>
elif <条件 2>:
    <语句块 2>
else:
    <语句块 n>
```

其中,<条件>不需要加括号,但是后面的冒号必不可少;elif 和 else 后面也有一个必不可少的冒号;关键字 elif 是 else if 的缩写。条件 1 成立时执行语句块 1;条件 2 成立时执行语句 2;条件 1 和条件 2 都不成立时执行语句 3。

例如,使用多分支结构转换分数等级的代码如下:

```
x = int(input("请输入您的总分:"))
if x>=90:
    print('优')
elif x>=80:
    print('良')
elif x>=70:
    print('中')
elif x>=60:
    print('合格')
else:
    print('不合格')
```

该程序的一次运行结果如下:

请输入您的分数:86
良

注意:缩进必须要正确并且一致;在使用多个 elif 语句的分支结构时,应把握好多个条件语句之间的关系。只要有一个条件成立,就会将其后的语句执行,执行后退出整个 if 语句。

2. for 循环语句

Python 语言的 for 语句用于实现循环结构。可将 for 循环看作遍历型循环,即逐个引用指定序列中的每一个元素,引用一个元素便执行一次循环体,遍历了序列中的所有元素之后终止循环。for 语句的一般形式为:

```
for <循环变量> in <遍历序列>:
        <循环体>
```

例如:语句

```
for ch in "hello":
    print(ord(ch),end=" ")
```

的运行结果为

104 101 108 108 111

注意:for 语句后的冒号不可省略。

for 循环的扩展模式的格式为:

```
for <循环变量> in <遍历序列>:
        <语句块 1>
    else:
        <语句块 2>
```

在这种模式中,当 for 循环正常执行之后,程序会继续执行 else 语句中的内容,else 语句只有在循环正常执行并结束后才执行,因此,可以在<语句块 2>中放置判断循环执行情况的语句。例如:语句

```
    for ch in "YES":
        print("循环进行中: " + ch)
    else:
        ch = "循环正常结束"
    print(ch)
```
的运行结果为:
   循环进行中: Y
   循环进行中: E
   循环进行中: S
   循环正常结束

实际程序中,常常需要使用下列形式的 for 语句:

```
    for <循环变量> in range(start, stop[, step]):
        <循环体>
```

其中,start 表示计数从 start 开始,默认是从 0 开始,如 range(5)等价于 range(0,5);end 表示计数到 end 结束,但不包括 end,如 range(0,5)是[0,1,2,3,4]而没有 5;step 表示步长,默认为 1,如 range(0,5)等价于 range(0,5,1)。

例如,语句

```
    for i in range(1, 10, 2):
        print(i, end = ",")
```

的运行结果为:
  1,3,5,7,9

在这个语句中,输出了一个序列的数,而这个序列是使用内置的 range()函数生成的。range()向上延伸到第 2 个数(不包含第 2 个数),for 循环在这个范围内执行。range()默认的步长为 1,因此,

  for i in range(1,10,2):

等价于

  for i in [1,3,5,7,9]

在循环体中,可以使用 break 语句来终止循环,转去执行循环语句后的其他语句。还可以使用 continue 语句来跳出当前循环体中的剩余语句,结束本次循环,然后继续执行下一次循环。

注意:continue 语句只是结束本次循环,而不会终止循环的执行。break 语句则是终止整个循环过程。

3. while 循环语句

while 语句是一种常用的循环语句,其一般形式为:

  while<循环条件>:

<循环体>

其中,<循环条件>后有一个冒号,<循环体>要使用缩进格式,while 语句的功能为:当程序执行到 while 循环的时候,先判断"循环条件",如果为 True,则执行下面的"循环体",然后再次检验循环条件,如果仍然成立,继续执行<循环体>,如此反复,直到<循环条件>不成立跳出该循环,转去执行循环后面的语句。

例如,求 100 以内的自然数的和。

```
sum = 0          #sum 用来存放自然数的和
i = 1            #i 存放自然数
while i <= 100:
    sum = sum + i
        i = i + 1
print("100 以内的自然数的和是:",sum)
```

运行结果为 5050。其中 while 语句中嵌入了条件 i<=100,循环体中包含了两个语句。当条件成立时,先将 i 的值累加到 sum 变量中,然后 i 加 1 得到新的值,如果新的 i 的值超出了 100,则跳出该循环,转去执行循环后面的 print() 函数。

本算法也可以用 for 语句实现,同学们可以用 for 语句改编一下本算法,对比一下 while 循环语句和 for 循环语句的区别。

第 5 章　数据组织与管理

　　数据组织与管理是把数据按适合于计算机处理的形式组织起来,然后进行管理。在进行数据处理时,实际需要处理的数据元素一般有很多,而这些大量的数据元素都需要存放在计算机中。因此,要使数据成为计算机容易处理的形式,以便提高数据处理的效率,并且节省计算机的存储空间,数据就要具有一定的结构,数据结构就是数据组织的第一步。

5.1　数 据 结 构

1. 数据的逻辑结构

　　所谓数据的逻辑结构,是指反映数据元素之间逻辑关系的数据结构。数据的逻辑结构有两个要素:一是数据元素的集合,通常记为 D;二是 D 上的关系,它反映了 D 中各数据元素之间的前后件关系,通常记为 R。因此一个数据结构可表示成

$$B=(D,R)$$

其中 B 表示数据结构。为了反映 D 中各数据元素之间的前后件关系,一般用二元组来表示。例如,a、b 是 D 中的两个数据,则(a,b)表示 a 为 b 的前驱,b 为 a 的后继。按结点间的逻辑关系不同,数据结构可分为线性结构和非线性结构两大类。其中非线性结构又可分为树形结构和网状结构。

　　线性结构所表示的结点间的关系是一对一的,只有一个起始结点和一个终止结点,其他结点只有一个前驱和一个后继。

　　树形结构所表示的结点间的关系是一对多的,只有一个起始结点,但可以有多个终止结点,其他结点只有一个前驱和可以有多个后继。

　　网状结构所表示的结点间的关系是多对多的,可以有多个起始结点,也可以有多个终止结点,其他结点可以有多个前驱,也可以有多个后继。

2. 数据的物理结构

　　数据的物理结构是指如何把结点的值和结点间的关系存储在计算机中。数据的物理结构又称为数据的存储结构。

　　数据的逻辑结构是独立于计算机的,而数据的存储结构是依赖于计算机的。

　　数据结构在内存中的存储方式主要有顺序存储和链接存储,数据结构在外存中的存储都是以文件作为组织方式。

3. 数据的运算

　　数据的运算是定义在数据的逻辑结构之上,实现是在数据的物理结构之上的数据操作。常用的运算有查找、更新、插入、删除和排序 5 种。

　　研究数据结构的实质就是研究数据的逻辑结构、物理结构和定义在数据的逻辑结构上的

运算操作。

5.1.1 线性表

1. 线性表定义

线性表是线性结构中最常用而又最简单的一种数据结构。其特点如下。
（1）存在唯一的"第一个"数据元素。
（2）存在唯一的"最后一个"数据元素。
（3）除第一个数据元素之外，集合中的每一个数据元素都只有一个前驱。
（4）除最后一个数据元素之外，集合中的每一个数据元素都只有一个后继。

一个线性表是 n 个数据元素的有限序列。例如一个周 7 天可放在一个线性表中：（星期一，星期二，……，星期六，星期日）。在复杂的线性表中，一个数据元素可以由若干数据项组成，称为记录。如一个学校的学生成绩表，如表 5-1 所示。虽然线性表的数据元素可以是各种形式，但同一表中的元素必定有相同属性。有大量记录的线性表称为文件。

表 5-1 学生成绩表

学号	姓名	选课	成绩
2012120301	包宏伟	计算机	89
2012120304	符村	哲学	69
2012120302	陈红	电子商务	78
2012120303	杜丽	英语	86

2. 线性表的基本操作

（1）Initial(L) 初始化操作。构造一个空的线性表 L。
（2）Length(L) 求表长度。返回线性表 L 中元素个数，即线性表 L 的长度。
（3）Get(L,i) 取表中元素的操作。返回线性表 L 中第 i 个元素的值（或其存储位置）。
（4）Locate(L,x) 定位操作。返回线性表 L 中第一个其值与 x 相等的元素的位序（或其存储位置），若这样的元素不存在，则返回零值（或 NULL）。
（5）Insert(L,b,i) 插入操作。在线性表 L 的第 i 个元素之前插入新的元素 b，L 的长度增 1。
（6）Delete(L,i) 删除操作。删除线性表 L 的第 i 个元素，L 的长度减 1。
（7）Empty(L) 判空操作。若线性表 L 为空表，则返回真值，否则返回假值。
（8）Clear(L) 表置空操作。将线性表 L 置为空表。

3. 线性表的顺序存储结构

线性表的顺序存储是计算机中最简单、最常用的一种存储方式，即用一组地址连续的存储单元依次存放线性表的元素，就是将线性表中的元素一个挨着一个存放到某个存储区域中，采用这种顺序存储结构的线性表称为顺序表。

线性表顺序存储的特点是，表中相邻的元素 a_1 和 a_i 所对应的存储地址 LOC(a_1) 和地址 LOC(a_i) 也是相邻的。也就是说表中元素的物理关系和逻辑关系是一致的。线性表 $L=(a_0,a_1,\cdots,a_{n-2},a_{n-1})$ 的顺序存储结构如图 5-1 所示。

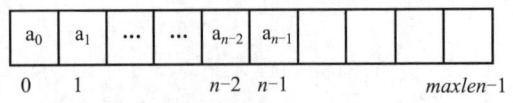

图 5-1 线性表顺序存储结构

例如,已知线性表 $L(1,5,6,8,9)$,长度为 5,它的插入和删除操作在顺序存储机构的实现如下。

(1) 插入实现。在线性表 $L(1,5,6,8,9)$ 的序号为 2 和序号为 3 的元素之间插入新元素 10,实现方法如下。

① 将序号为 3 的元素到最后一个元素依次向后移动一个位置。

② 把元素 10 插入到序号为 2 的元素后,也就是序号为 3 的位置上。

③ 线性表的长度增加 1,也就是 6。

插入元素前后线性表变化如图 5-2 所示。

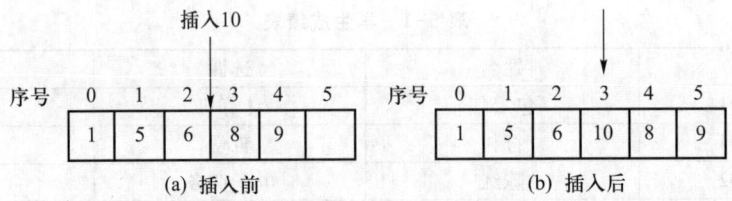

图 5-2 线性表 L 顺序存储结构插入前后变化

(2) 删除实现。在线性表 $L(1,5,6,8,9)$ 删除序号为 2 的元素,实现方法如下。

① 将线性表中序号为 2 的元素到最后一个元素依次向前移动一个位置。

② 将线性表长度减 1,也就是 4。

删除元素前后线性表变化如图 5-3 所示。

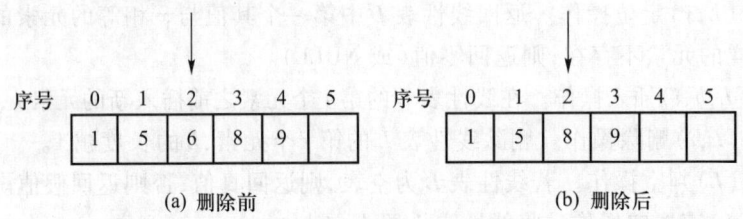

图 5-3 线性表 L 顺序存储结构删除前后变化

4. 线性表的链式存储结构

链式存储结构(链表)不要求逻辑上相邻的数据元素在物理位置上也相邻,即在存储单元中的顺序可以是任意的,可以连续也可以不连续,插入和删除操作不需要移动元素。在链表中,对线性表中的每个元素都要分两部分存储,一部分存放数据元素,一部分存放前驱或后继的地址(指针),每个存储单元称为结点。

(1) 单链表。单链表是指链表中的每个结点的指针域存储的只是后继元素的地址,是一种最简单的链表。其结点结构如图 5-4 所示,每个结点的数据结构有两个成员:data 是数据域,next 是指针域。

访问链表的任何元素都需从头结点开始,因此单链表中需要使用一个表头指针 head,head 存储了表中第一个结点的地址,如图 5-5 所示。结点都有起始地址,结点内存储了数据和后继结点的地址。

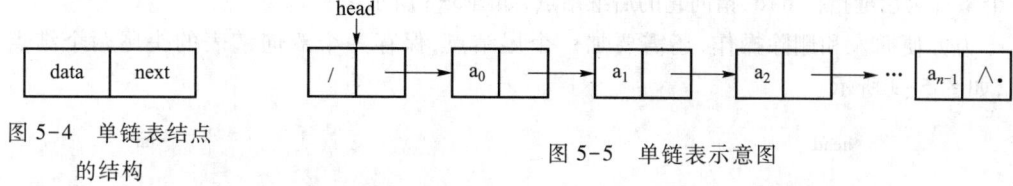

图 5-4　单链表结点的结构

图 5-5　单链表示意图

下面介绍单链表的插入和删除基本操作。

单链表的插入分为头插、尾插和在第 i 个结点后面插入元素,此处描述在如图 5-6 所示的第 2 个结点后插入 88 的执行过程。

① 首先分配一个空间给新结点 p 指向这个结点,然后将结点的数据域赋值,此处为 88。
② 找到第 i 个结点,此处 i 为 2,用 q 指向该结点。
③ 使用 p->next=q->next 将新结点的指针域指向第 i 个结点后面的结点。
④ 使用语句 q->next=p 将第 i 个结点的指针指向新结点。

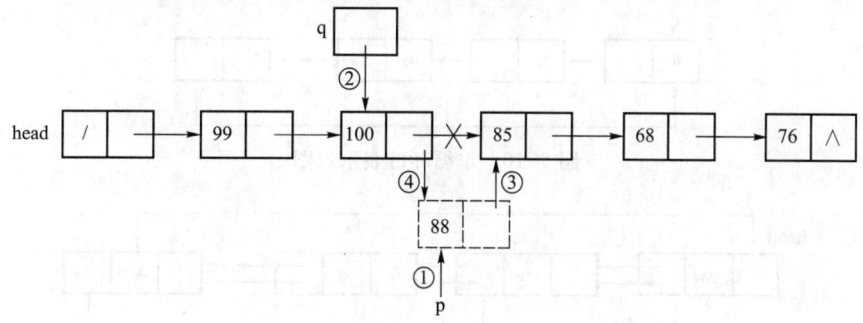

图 5-6　在第 i 个结点后插入一个结点

删除单链表中元素,需要找到此元素的前驱结点,然后将这个前驱结点的指针指向要删除结点的后继结点,如图 5-7 表示的是删除存储数据为 85 的结点的情况。

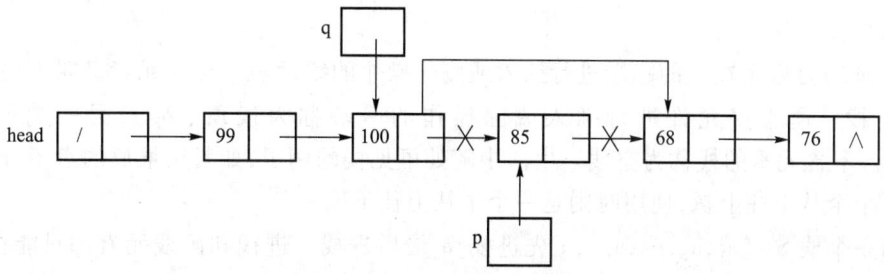

图 5-7　删除存储数据 85 的结点

① 用 p 指向要删除的结点。
② 找到前驱结点,并用 q 指向该前驱结点。
③ 使用 q->next = p->next->next 完成删除结点操作。

(2) 双向链表。双向链表的每个结点包含一个数据域和两个指针域,其中一个指针为前驱指针 prev,指向它的前驱结点;另一个指针为后继指针 next,指向它的后继结点,如图 5-8 所示。

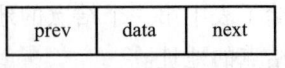

图 5-8 双向链表结点的机构

为方便插入和删除操作,还需要加一个尾结点,保存一个双向链表的头尾两个结点的地址,如图 5-9 所示。

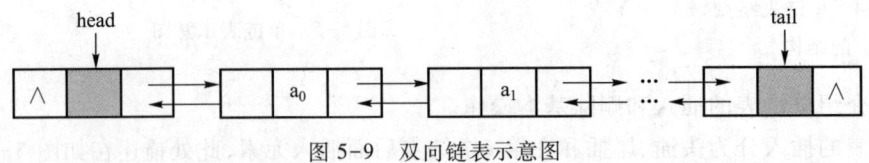

图 5-9 双向链表示意图

(3) 循环链表。循环链表就是将最后一个结点和第一个结点连接起来。对单链表而言就是让终端指向起始结点,称为单循环链表。对于双向链表而言,让终端结点的后继指向起始结点,起始结点的前驱指向终端结点,称为双循环链表。单循环链表和双循环链表如图 5-10 和图 5-11 所示。

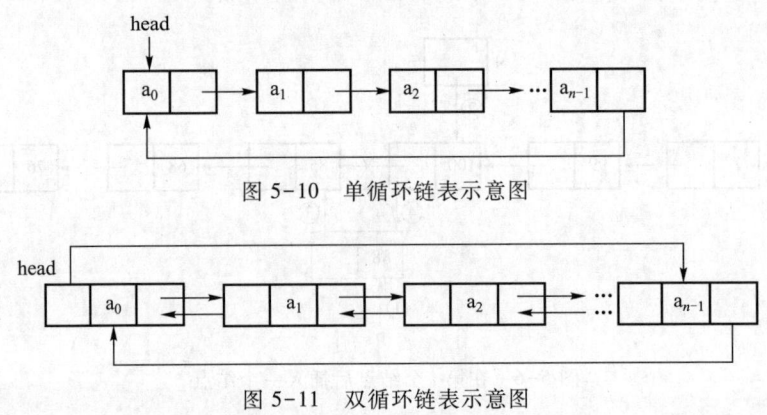

图 5-10 单循环链表示意图

图 5-11 双循环链表示意图

5.1.2 栈

1. 栈定义

栈(stack)是限定在表的一端进行插入或删除操作的线性表。插入元素又叫入栈,删除元素又叫出栈。通常将允许进行插入或除操作的一端称为栈顶(top),另一端称为栈底(bottom)。不含元素的栈称为空栈。生活中随处可见栈的例子,如餐馆堆放的盘子,洗好的盘子总是一个个从下往上摞,使用时则是一个个从上往下取。

设有一个栈 $S=(a_1,a_2,\cdots,a_n)$,a_1 先进栈,a_n 最后进栈。进栈和出栈元素都只能在栈顶一端进行,所以每次出栈的元素总是当前栈顶所在的元素。因此,栈称为后进先出(last in first out,LIFO)的线性表,如图 5-12 所示。

2. 栈的顺序存储

和顺序表类似,栈的顺序存储结构是利用一组地址连续的存储单元依次存放自栈底到栈顶的数据元素,栈的顺序存储结构称为顺序栈。顺序栈定义两个指针变量,一个指针变量用来指示栈底的位置,另一个指针变量用来指示当前栈顶元素的位置。在高级语言中,用一个一维数组来表示顺序栈。在设置栈

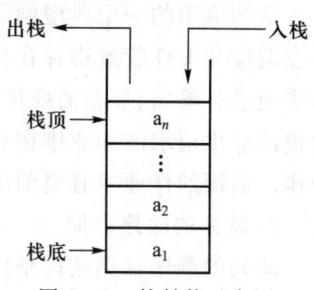

图 5-12 栈结构示意图

底指针时,用一个指针变量 base 始终指向数组的起始位置,栈顶指针 top 初值指向栈底,它是随着出入栈操作而不断变化的,进行出栈操作时,栈顶指针减1,当进行入栈操作时,top 指向栈顶元素的下一个元素位置,如图 5-13 所示为顺序栈的示意图。

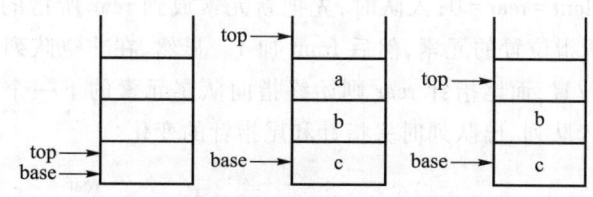

图 5-13 顺序栈空栈、入栈、出栈示意图

3. 栈的链式存储

栈的链式存储结构是用单链表存储栈,链表的头指针指示栈顶元素所在的位置,插入和删除操作都是在链首进行。如图 5-14 所示,就是使用单链表表示的栈。栈中有 4 个元素,栈顶元素是 a,栈底元素是 d。

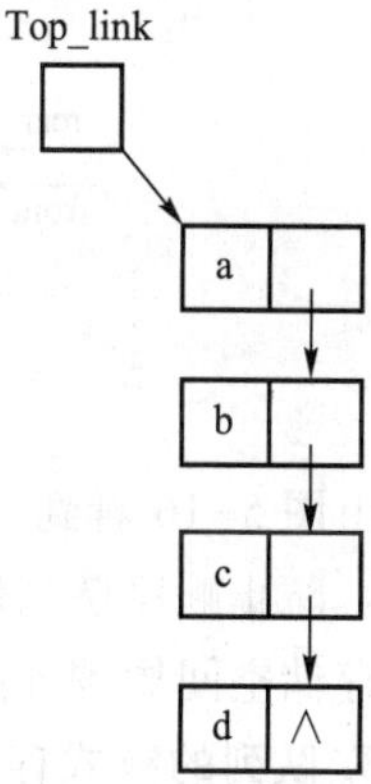

5.1.3 队列

1. 队列定义

队列(queue)也是一种特殊的线性表。它所有的插入操作均在表的一端进行,所有的删除操作在另一端进行,允许删除操作的一端称为队头(front),允许插入的一端为队尾(rear)。队列又称为先进先出(first in first out,FIFO)的线性表。

图 5-14 单链表表示的栈

例如,设队列 $Q=(a_1,a_2,\cdots,a_n)$,队列中的元素按照 $a_1,a_2,\cdots,a_n$ 的顺序进入队列,那么根据队列 FIFO 的特点,第一个出队列的为 a_1 元素,而最后一个出队列的为 a_n 元素,如图 5-15 所示。

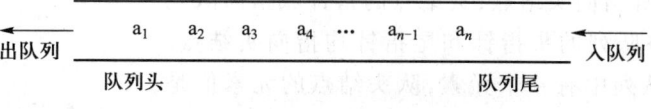

图 5-15 队列示意图

队列应用的一个典型例子就是操作系统中的作业排队。在多道作业并发执行的系统中，作业调度和 I/O 管理都存在排队问题。例如，几个同时运行的作业的运行结果都需要通过输出管道进行输出，那就需要按照请求输出的顺序进行排队，先提出输出请求的作业排在前面，后提出输出请求的作业排在后面，每当输出通道空闲，队头的作业先从队列中退出，进行输出操作。后面的作业只有当前面的作业输出完成并出队后，才能输出。

2. 队列的顺序存储

队列的顺序存储结构是用一组地址连续的存储空间，依次存放从队列头到队列尾的所有数据元素，再使用队列头指针(front)和队列尾指针(rear)分别记录队列头和队列尾的位置。具有顺序存储结构的队列称为顺序队列。在高级语言中，一组地址连续的存储空间可以用数组来描述，因此，也可以认为队列的顺序存储结构就是将队列全部元素依次存放在一个一维数组中。

初始化队列时令 font = rear = 0；入队时，先把新元素放到 rear 所指的位置上，然后 rear 加 1；出队时，取出 front 所指位置的元素，然后 front 加 1。显然，在非空队列中，头指针 front 始终指向队头元素的实际位置，而尾指针 rear 则始终指向队尾元素的下一个位置。如图 5-16 所示为顺序队列中元素入队列、出队列时头指针和尾指针的变化。

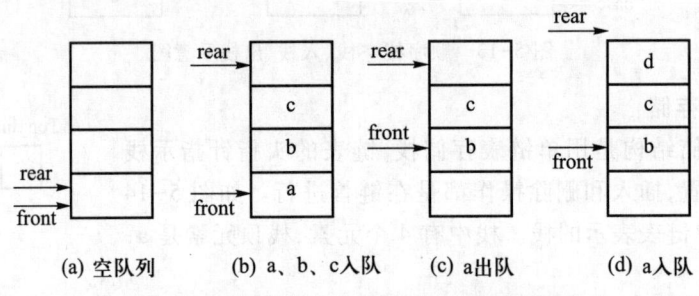

图 5-16　顺序队列入队、出队头、尾指针的变化

由图 5-16 看到，队列前端空出空闲空间，但此时不能在队尾插入新元素了，出现假溢出现象。防止顺序队列假溢出的一种有效途径是采用循环队列。循环队列就是将存放队列的元素的存储空间周围连接，构成一个环形结构，如图 5-17 所示。

3. 队列的链式存储

队列的链式存储结构就是用一个链表来依次存放从队头到队尾的所有元素，用链表表示的队列就称为链队列。由于在入队或出队时队头或队尾的位置会发生改变，因此为了操作方便，需要使用两个指针分别记录队头和队尾的当前位置，即头指针和尾指针。和单链表一样，也为链队列设一个头结点，并令头指针指向头结点，头结点的指针域指向队元素所在的结点。空队列的头指针和尾指针均指向头结点。如图 5-18 所示，队列中有 4 个元素，队头结点的元素值是 99，队尾结点的元素值是 85。

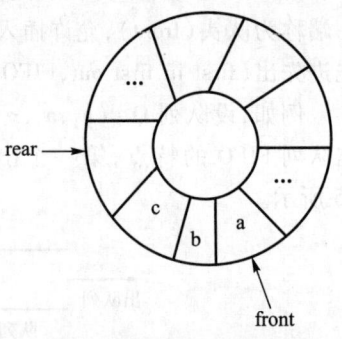

图 5-17　循环队列示意图

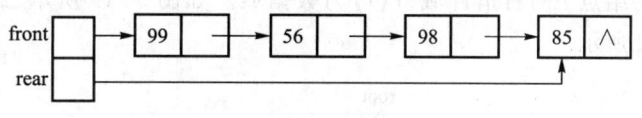

图 5-18 链队列

5.1.4 树

1. 树

树(tree)是 $n(n \geq 0)$ 个结点的有限集合。当 $n=0$ 时，集合为空集，称为空树。在任意一棵非空树 T 中：

（1）有且仅有一个特定的、称为根(root)的结点。

（2）当 $n>1$ 时，除根结点以外的其余结点可分成 $m(m>0)$ 个互不相交的有限集合 $T_1, T_2, \cdots, T_n$。其中每一个集合本身又是一棵树，并称其为根的子树。如图 5-19 所示是有 5 个结点的树，其中 A 是根结点，其余结点分成两个互不相交的子集。

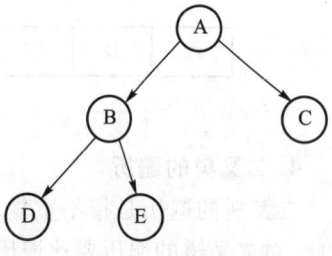

图 5-19 树的示意图

2. 二叉树

二叉树是每个结点最多有两个子树的树结构。通常子树被称为"左子树"和"右子树"。二叉树的定义是一个递归定义，二叉树或为空，或由一个根结点加上两棵分别称为左子树和右子树的二叉树组成。逻辑上二叉树有 5 种基本形态：① 空二叉树；② 只有一个根结点的二叉树；③ 只有左子树；④ 只有右子树；⑤ 完全二叉树，如图 5-20 所示。

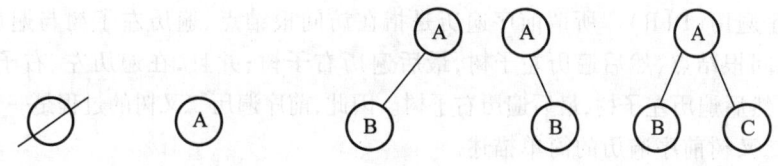

(a) 空二叉树   (b) 仅有根结点的二叉树   (c) 只有左子树的二叉树   (d) 只有右子树的二叉树   (e) 完全二叉树

图 5-20 二叉树基本形态

3. 二叉树存储结构

二叉树通常采用链式存储结构，用于存储二叉树各元素的存储结点由两部分组成：数据域与指针域。由于每一个元素可以有两个子结点，因此用于存储二叉树的存储结点的指针域有两个：左指针域和右指针域。左指针域指向该结点左子结点的存储位置，右指针域指向该结点右子结点的存储位置。这种链式存储结构也称为二叉链表。如图 5-21 所示，$L(i)$ 为结点 i

Lchild	Value	Rchild
$L(i)$	$V(i)$	$R(i)$

图 5-21 二叉树存储结构的结点结构

的左指针域，$R(i)$ 为结点 i 的右指针域，$V(i)$ 为数据域。如图 5-19 所示二叉树的二叉链表的存储状态如图 5-22 所示。

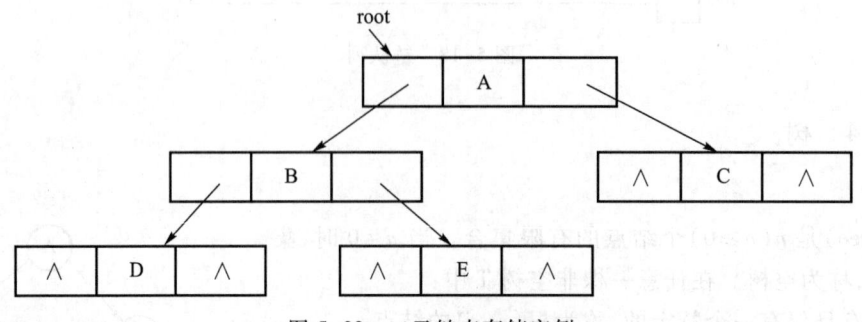

图 5-22　二叉链表存储实例

4. 二叉树的遍历

二叉树的遍历是指不重复地访问二叉树中的所有结点。由于二叉树是一种非线性结构，因此，对二叉树的遍历要比遍历线性表复杂得多。在遍历二叉树的过程中，当访问到某个结点时，再往下访问可能有两个分支，那么先访问哪一个分支呢？对于二叉树来说，需要访问根结点、左子树上的所有结点、右子树上的所有结点，在这三者中，究竟先访问哪一个？也就是说，遍历二叉树的方法实际上是要确定访问各结点的顺序，以便访问到二叉树中的所有结点。

在遍历二叉树的过程中，一般先遍历左子树，然后再遍历右子树。在先左后右的原则下，根据访问根结点的次序，二叉树的遍历可以分为三种：前序遍历、中序遍历、后序遍历。下面分别介绍这三种遍历的方法。

（1）前序遍历（DLR）。所谓前序遍历是指在访问根结点、遍历左子树与遍历右子树这三者中，首先访问根结点，然后遍历左子树，最后遍历右子树；并且，在遍历左、右子树时，仍然先访问根结点，然后遍历左子树，最后遍历右子树。因此，前序遍历二叉树的过程是一个递归的过程。

下面是二叉树前序遍历的简单描述。

若二叉树为空，则结束返回。

否则：

① 访问根结点。

② 前序遍历左子树。

③ 前序遍历右子树。

在此特别要注意的是，在遍历左右子树时仍然采用前序遍历的方法。如果对图 5-19 中的二叉树进行前序遍历，则遍历的结果为 A,B,D,E,C（称为该二叉树的前序序列）。

（2）中序遍历（LDR）。所谓中序遍历是指在访问根结点、遍历左子树与遍历右子树这三者中，首先遍历左子树，然后访问根结点，最后遍历右子树；并且，在遍历左、右子树时，仍然先遍历左子树，然后访问根结点，最后遍历右子树。因此，中序遍历二叉树的过程也是一个递归的过程。

下面是二叉树中序遍历的简单描述。

若二叉树为空，则结束返回。

否则:

① 中序遍历左子树。

② 访问根结点。

③ 中序遍历左子树。

在此也要特别注意的是,在遍历左右子树时仍然采用中序遍历的方法。如果对图 5-19 的二叉树进行中序遍历,则遍历结果为 D,B,E,A,C(称为该二叉树的中序序列)。

(3) 后序遍历(LRD)。所谓后序遍历是指在访问根结点、遍历左子树与遍历右子树这三者中,首先遍历左子树,然后遍历右子树,最后访问根结点,并且,在遍历左、右子树时,仍然先遍历左子树,然后遍历右子树,最后访问根结点。因此,后序遍历二叉树的过程也是一个递归的过程。

下面是二叉树后序遍历的简单描述。

若二叉树为空,则结束返回。

否则:

① 后序遍历左子树。

② 后序遍历右子树。

③ 访问根结点。

在此也要特别注意的是,在遍历左右子树时仍然采用后序遍历的方法。如果对图 5-19 的二叉树进行后序遍历,则遍历结果为 D,E,B,C,A(称为该二叉树的后序序列)。

5.1.5 图

图(graph)是由顶点的有穷非空集合和顶点之间边的集合组成,通常表示为 G(V,E),其中,G 表示一个图,V 是图 G 中顶点的集合,E 是图 G 中边的集合。在图中的数据元素称为顶点(vertex),顶点集合有穷非空。在图中,任意两个顶点之间都可能有关系,顶点之间的逻辑关系用边来表示,边集可以是空的。

如果图中的边限定为从一个顶点指向另一个顶点,则此图称为有向图。如果图的边无方向性,则称之为无向图,如图 5-23 和图 5-24 所示。

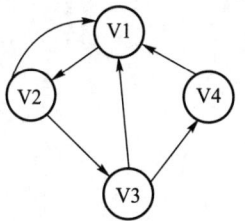
图 5-23 有向图实例

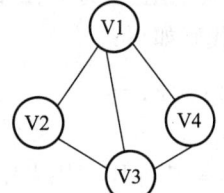
图 5-24 无向图实例

5.1.6 Python 应用实例

实例 1:使用 Python 的一维列表记录 5 个数,用 for 循环打印出这 5 个数并计算输出 5 个数的和。

(1) 问题分析。使用列表存储数据,这种数据结构实际是线性表的顺序存储结构。因此本例中首先要声明一个列表,其长度为5。

(2) Python 代码如下。

```
#程序 ch05.01.py
x_list=[78,89,76,45,99]
s=0
for i in range(0,5):
    print("第{}个数为{}".format(i+1,x_list[i]))
    s=s+x_list[i]
else:
    print("5个数的和为:{}".format(s))
```

(3) 执行结果,如图5-25所示。

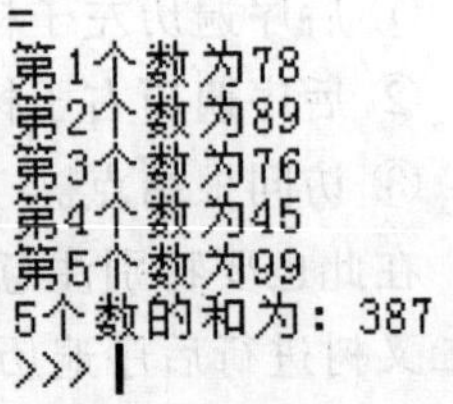

注意:此处列表的值是固定的,读者也可以用input()随意输入5个整数。

实例2:使用Python语言编写程序,判断输入的表达式中的括号是否正确匹配。例如每一个开始的(的后面都应该跟着一个位置正确的结束);每一个开始的[的后面都应该跟着一个位置正确的结束],如下所示:

```
(<…>)…{…}       匹配
(…)…(           不匹配
```

```
第1个数为78
第2个数为89
第3个数为76
第4个数为45
第5个数为99
5个数的和为: 387
>>>
```

图 5-25 实例1程序执行结果

(1) 问题分析。可以使用Python列表来完成这个操作,因为列表的append方法相当于栈的push方法,列表的pop方法相当于栈的pop方法。具体步骤如下。

① 扫描整个表达式,将开始的括号入栈。

② 当遇到一个结束括号时,如果栈不为空,且栈顶的元素是相同类型的开始括号,则弹出栈顶元素,继续扫描表达式;如果不是相同类型的开始括号,不匹配,终止扫描表达式。

③ 到达表达式末尾,栈为空,匹配,否则不匹配。

(2) Python 代码如下:

```
#程序 ch05.02.py
#  符号表
SYMBOLS = {'}': '{', ']': '[', ')': '(', '>': '<'}
SYMBOLS_L, SYMBOLS_R = SYMBOLS.values(), SYMBOLS.keys()
s=input("请输入一个表达式 s=")
arr = []
for c in s:
    if c in SYMBOLS_L:
        #左符号入栈
```

```
                arr.append(c)
            elif c in SYMBOLS_R:
                #右符号要么出栈,要么匹配失败
                if arr and arr[-1] == SYMBOLS[c]:
                    arr.pop()
                else:
                    print(" False")
                    break
    if arr == []:
        print("True")
    else:
        print(" False")
```

(3) 执行结果,如图 5-26 所示。

```
=
请输入一个表达式s=(6*7)+{[(9-4)*4]}
True
>>>
```

图 5-26 实例 2 程序执行结果

注意:此处输入的 s 表达式,读者可以任意更改。

5.2 数 据 管 理

数据管理使指用计算机对数据进行组织、存储、检索和维护等。随着信息技术的发展,数据管理也经历了人工管理、文件管理和数据库管理三个阶段。数据库是数据管理的最新技术,即数据库管理技术。

5.2.1 数据库系统概述

1. 数据库

数据库(database,DB)是长期存储在计算机外存上的有结构、有组织的、可共享的数据集合。数据库中的数据以一定的数据模型组织、描述和存储在一起,具有尽可能小的冗余度、较高的数据独立性和易扩展性,可在一定范围内为多个不同用户共享。

2. 数据库管理系统

数据库管理系统(database management system,DBMS)是一种操纵和管理数据库的大型计算机软件,是数据库系统的核心。数据库管理系统用于建立、使用和维护数据库,如用户通过数据库管理系统对数据进行追加、删除、更新、查询等操作。

3. 数据库应用

数据库应用(database application,DBAP)是指用户通过应用程序使用数据库。应用程序访问数据库是通过 DBMS 实现的。DBMS 支持多个应用程序同时对同一数据库进行操作,此时的每一个应用程序可称为一个数据库应用。例如图书管理数据库系统中,为读者开发的"自助借还程序"为管理员开发的"读者管理程序""书目管理程序"等都是数据库应用,这些数据库应用通过 DBMS 使用图书管理数据库中相应的数据,为普通用户提供方便的操作界面。

4. 数据库系统用户

(1) 数据库管理员(database administrator,DBA):使用 DBMS 对数据库进行全局性、控制性的管理,包括数据库的建立、数据库的维护、数据库的控制等。

(2) 程序开发人员:开发数据库应用程序的人员,可以使用数据库管理系统的所有功能。

(3) 最终用户:使用数据库的人员,无须编写任何程序。

5. 数据库系统

数据库系统(database system,DBS)是指带有数据库的整个计算机系统,由数据库、数据库管理系统、数据库应用程序、数据库系统用户等构成,如图 5-27 所示。

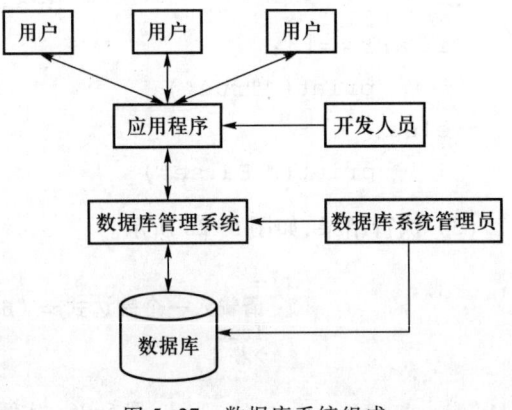

图 5-27 数据库系统组成

5.2.2 数据模型

模型是现实事物的模拟和抽象。计算机必须把具体事物转换成计算机能够处理的数据和信息,数据模型就是抽象、表示和处理现实世界中的数据和信息,用于描述一组数据的概念和定义。

1. 数据模型的组成

数据模型所描述的内容有数据结构、数据操作和数据约束。

(1) 数据结构。数据模型中的数据结构主要描述数据的类型、内容、性质以及数据间的联系等。数据结构是数据模型的基础,数据操作与约束均建立在数据结构上。不同数据结构有不同的操作与约束,所以,一般数据模型的分类均以数据结构的不同而分。

(2) 数据操作。数据模型中的数据操作主要描述在相应数据结构上的操作类型与操作方式。

(3) 数据约束。数据模型中的数据约束主要描述数据结构内数据间的语法、语义联系,它们之间的制约与依存关系以及数据动态变化的规则,以保证数据的正确、有效与相容。

2. 数据模型类型

(1) 概念模型。概念模型是面向数据库用户的现实世界的数据模型,主要用来描述世界的概念化结构,它使数据库的设计人员在设计的初始阶段,摆脱计算机系统及数据库管理系统的具体技术问题,集中精力分析数据以及数据之间的联系等,与具体的数据库管理系统无关。概念数据模型必须换成逻辑数据模型,才能在数据库管理系统中实现。

E-R(entity-relationship)模型是一种最常用的概念模型,它的构成有实体、属性和联系,其概念和表示方法如下。

① 实体(entity)是客观存在的并可以相互区分的对象或事物。可以是具体的人、事、物,也可以是抽象的概念、联系。凡是有共性的实体可组成一个集合称为实体集(entity set)。如李某、王某是实体,他们又均是学生,从而组成一个实体集。

② 属性(attribute)用于刻画实体的特征。现实世界中事物均有一些特性,这些特性可以用属性来表示。一个实体可以有若干个属性,如学生可以由学号、姓名、出生年月、专业等属性刻画。

③ 联系(relationship)是指现实世界中事物之间的关联。如学生与课程之间有选课关系,教师与班级之间有任课关系,生产者与消费者之间有供求关系。

两个实体集间的联系是一种最为常见的联系,可以分为以下3类。

一对一(1:1)联系。实体集 A 中的每一个实体,实体集 B 中最多只有一个实体和它有联系。如学校和校长的联系,一个学校与一个校长相互一一对应。

一对多(1:m)联系。实体集 A 中的每一个实体,实体集 B 中有 $m(m \geq 0)$ 个实体和它有联系;反之,实体集 B 中的每一个实体,实体集 A 中最多只有一个实体和它有联系。如宿舍房间与学生的联系是一对多的联系;反之,则为多对一联系,即一个房间对应多个学生。

多对多($m:n$)联系。实体集 A 中的每一个实体,实体集 B 中有 $n(n \geq 0)$ 个实体和它有联系;反之,实体集 B 中的每一个实体,实体集 A 中有 $m(m \geq 0)$ 个实体和它有联系。这是一种较为复杂的函数关系,如教师与学生这两个实体集间的教与学的联系是多对多的,因为一个教师可以教授多个学生,而一个学生又可以受教于多个教师。

④ E-R 图。E-R 图用不同的几何图形表示 E-R 模型中的实体集、属性和联系。表示方法如下。

实体集:用矩形框表示,矩形框内写实体名。

属性:用椭圆形表示,椭圆形内写属性名,用无向线与对应实体链接。

联系:用菱形表示,菱形框内写联系名,用无向线将相关实体链接起来,并在连线上标明联系的类型,如图 5-28 所示。

(2) 逻辑数据模型。用户在数据库中看到的数据模型,是具体的数据库管理系统所支持的数据模型,主要有网状数据模型、层次数据模型和关系数据模型三种类型。此模型既要面向用户,又要面向系统,主要用于数据库管理系统的实现。在数据库中用数据模型来抽象、表示和处理现实世界中的数据和信息,主要是研究数据的逻辑结构。

(3) 物理数据模型。描述数据在存储介质上的组织结构的数据模型,它不但与具体的数据库管理系统有关,而且还与操作系统和硬件有关。每一种逻辑数

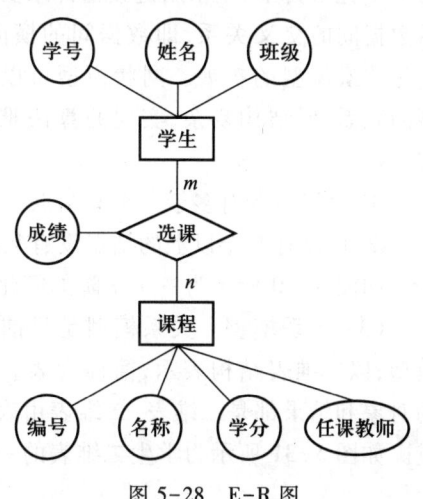

图 5-28 E-R 图

据模型在实现时都有与其相对应的物理数据模型。数据库管理系统为了保证其独立性与可移植性,将大部分物理数据模型的实现工作交由系统自动完成,而设计者只设计索引、聚集等特殊结构。

3. 数据模型分类

(1) 层次模型。层次模型的基本结构是属性结构,层次模型的特点如下。

① 每棵树有且仅有一个结点没有父结点,称为根。

② 树中除了根结点外其他所有结点有且仅有一个父结点。

如图 5-29 所示为一个学校行政机构图的简化 E-R 图,其中的属性省略。

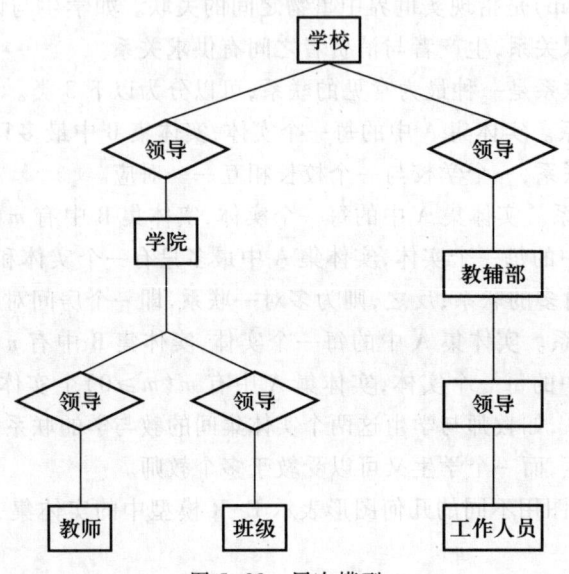

图 5-29 层次模型

(2) 网状模型。网状模型以网状结构表示实体与实体之间的联系。网中的每一个结点代表一个记录类型,联系用链接指针来实现。网状模型可以表示多个从属关系的联系,也可以表示数据间的交叉关系,即数据间的横向关系与纵向关系,它是层次模型的扩展。网状模型可以方便地表示各种类型的联系,但结构复杂,实现的算法难以规范化。其特点如下。

① 允许结点有多于一个父结点。

② 可以有一个以上的结点没有父结点。

如图 5-30 所示为一个学院的简化 E-R 图。

(3) 关系模型。关系模型是目前最重要的一种数据模型,以二维表结构表示,简称为表。在关系模型中操作的对象和结果都是二维表,二维表由表框架和表的元组组成。如图 5-31 所示为学生二维表的一个实例。

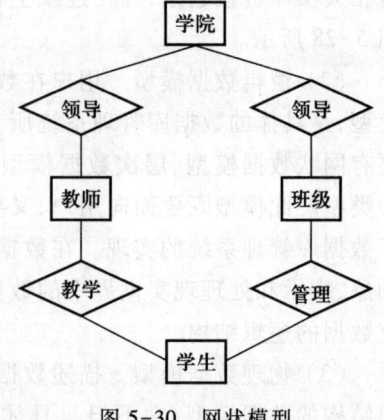

图 5-30 网状模型

学号	姓名	年龄	性别	专业	年级
2012120301	包宏伟	18	男	商务英语	2012
2012120302	陈红	19	女	商务英语	2012
2012120303	杜丽	17	女	商务英语	2012
2012120304	符村	15	男	商务英语	2012

图 5-31 "学生"表

关系数据结构是规范化的二维表格,二维表格的规范化包括以下几方面。
① 任意两行内容不能完全相同。
② 不能有名称相同的列。
③ 每一列都是不可再分的。
④ 同一列的值有相同的值域。

关系模型的一些术语如下。
① 关系(relation):一个关系对应一张二维表。关系的名称一般取为表格的名称,如图 5-31 对应关系的名称为"学生"。
② 元组(tuple):表中的一行即为一个元组。
③ 属性(attribute):表中的一列即为一个属性,每一列的第 1 行是属性名,其余行是属性值。如图 5-31 对应关系的名称为"学生",共有 6 列,对应 6 个属性,各属性名为学号、姓名、年龄、性别、专业、年级。
④ 候选码(key):表中的某个属性或属性组合,也可以唯一地标识一个元组。例如"学生"表中的学号可以唯一地标识一个学生,因此学号是学生表的候选码。
⑤ 域(domain):属性的取值范围。例如,"学生"表中的学号域是 10 位数字字符序列,性别的域是(男,女)。
⑥ 主码:在多个候选码中选择一个作为主码。
⑦ 关系模式:对关系的描述,一般表示为关系名(属性名 1,属性名 2,…,属性名 n)。如图 5-31 的关系可描述为学生(学号,姓名,年龄,性别,专业,年级)。

对一张或多张二维表的操作称为关系操作,关系操作的对象和结果都是关系,常用的关系操作包括以下几种。
① 查询:在一个或多个关系中查找满足条件的列或行。
② 插入:在关系中插入一条或多条元组。
③ 删除:将关系中的一条或多条元组删除。
④ 修改:修改一条或多条元组数据项的值。

在关系模型中,还定义了专门的关系运算符,包括以下几种。
① 选择:选择是在一个关系中,选取符合条件的所有元组,生成新的关系。如在图 5-31 所示"学生"关系中查询性别="男"的学生,得到新的关系如表 5-2 所示。

表 5-2 选择操作后的结果关系

学号	姓名	年龄	性别	专业	年级
2012120301	包宏伟	18	男	商务英语	2012
2012120304	符村	15	男	商务英语	2012

② 投影:选择关系的某些属性,生成新的关系。例如,在"学生"表中选择学号和姓名两列,得到新的结果关系,如表 5-3 所示。

表 5-3 投影操作后的新关系

学号	姓名
2012120301	包宏伟
2012120304	符村
2012120302	陈红
2012120303	杜丽

③ 自然连接:将两个有公共属性的关系,依据公共属性值相等的条件连接成为一个新的关系。如将表 5-4 学生关系和表 5-5 选课关系,按照学号相等的条件,自然连接后形成如表 5-6 所示新的结果关系。

表 5-4 学 生 表

学号	姓名	年龄	性别	专业	年级
2012120301	包宏伟	18	男	商务英语	2012
2012120304	符村	15	男	商务英语	2012
2012120302	陈红	19	女	商务英语	2012
2012120303	杜丽	17	女	商务英语	2012

表 5-5 选 课 表

学号	姓名	选课	成绩
2012120301	包宏伟	计算机	89
2012120304	符村	哲学	69
2012120302	陈红	电子商务	78
2012120303	杜丽	英语	86

表 5-6 学生关系和选课关系自然连接后的结果关系

学号	姓名	年龄	性别	专业	年级	选课	成绩
2012120301	包宏伟	18	男	商务英语	2012	计算机	89
2012120304	符村	15	男	商务英语	2012	哲学	69
2012120302	陈红	19	女	商务英语	2012	电子商务	78
2012120303	杜丽	17	女	商务英语	2012	英语	86

关系完整性规则:是对关系的某种约束条件。关系模型中有3类完整性规则:实体完整性、参照完整性和用户定义完整性。其中,实体完整性和参照完整性是关系模型必须满足的完整性约束条件。

① 实体完整性规则。在关系模型中,主码的属性值不能为空值。因为如果出现空值,那么主码就无法保证元组的唯一性了。

② 参照完整性规则。在关系模型中,实体及实体之间的联系是用关系来描述的,所以自然存在着关系与关系之间的联系,而关系之间的联系是靠公共属性实现的,如果这个公共属性是一个关系 R1 的主码,那么在另一个与它有联系的关系 R2 中就称为外码。依据参照完整性规则,外码的取值只有两种可能,要么是空值,要么等于 R1 中某个元组的主码值。例如,学号是学生表的主码,是选课表的外码,那么,在选课表中出现的学号,必须是学生表中已有的学号。

③ 用户定义完整性。用户定义完整性是用户针对具体的应用环境定义的完整性约束条件,它反映某一具体应用所涉及的数据必须满足的语义要求。例如,性别属性值为"男""女"。

5.2.3 常用数据库软件

1. MySQL

MySQL 是最受欢迎的开源 SQL 数据库管理系统,是一个快速的、多线程、多用户和健壮的 SQL 数据库服务器。MySQL 服务器支持关键任务、重负载生产系统的使用,也可以将它嵌入到一个大配置(mass-deployed)的软件中去。

与其他数据库管理系统相比,MySQL 具有以下优势。

(1) MySQL 是一个关系数据库管理系统。

(2) MySQL 是开源的。

(3) MySQL 服务器是一个快速的、可靠的和易于使用的数据库服务器。

(4) MySQL 服务器工作在客户机/服务器或嵌入系统中。

(5) 有大量的 MySQL 软件可以使用。

2. SQL Server

SQL Server 是由微软开发的数据库管理系统,是 Web 上最流行的用于存储数据的数据库,它已广泛用于电子商务、银行、保险、电力等与数据库有关的行业。

SQL Server 提供了众多的 Web 和电子商务功能,如对 XML 和 Internet 标准的丰富支持,通过 Web 对数据进行轻松安全的访问,具有强大的、灵活的、基于 Web 的和安全的应用程序管理等。而且,由于其易操作性及其友好的操作界面,深受广大用户的喜爱。

3. Oracle

Oracle 在数据库领域一直处于领先地位。1984 年,首先将关系数据库转到了桌面计算机上。Oracle 数据库成为世界上使用最广泛的关系数据库系统之一。Oracle 数据库产品具有以下优良特性。

(1) 兼容性。Oracle 产品采用标准 SQL,并经过美国国家标准技术所(NIST)测试。与 IBM SQL/DS、DB2、INGRES、IDMS/R 等兼容。

(2) 可移植性。Oracle 的产品可运行于很宽范围的硬件与操作系统平台上;可以安装在 70 种以上不同的大、中、小型机上;可在 VMS、DOS、UNIX、Windows 等多种操作系统下工作。

(3) 可联结性。Oracle 能与多种通信网络相连,支持各种协议(TCP/IP、DECnet、LU6.2 等)。

(4) 高生产率。Oracle 产品提供了多种开发工具,能极大地方便用户进行进一步的开发。

(5) 开放性。Oracle 良好的兼容性、可移植性、可连接性和高生产率使 Oracle RDBMS 具有良好的开放性。

4. Access 数据库

Microsoft Office Access 是由微软发布的关系数据库管理系统,是 Microsoft Office 的系统程序之一。

Access 用来开发软件,比如生产管理、销售管理、库存管理等各类企业管理软件,其最大的优点是易学!非计算机专业的人员也能学会。低成本地满足了那些从事企业管理工作的人员的管理需要,通过软件来规范同事、下属的行为,推行其管理思想。另外,在开发一些小型网站 Web 应用程序时,用来存储数据,如 ASP+Access。这些应用程序都利用 ASP 技术在 Internet Information Services 运行。比较复杂的 Web 应用程序则使用 PHP/MySQL 或者 ASP/Microsoft SQL Server。Access 数据库由表、查询、窗体、报表、宏、模块等对象组成。

(1) 表(table)。表对象在 Access 的几种对象中处于核心位置,它存放着数据库中的全部数据信息,所以又称为数据表。表由记录组成,记录由字段组成。其他 5 种对象都会和表对象有联系。用户的数据输出、数据查询等从根本上来说都是以表对象作为数据源,用户数据输入的最终目的地也是表对象。

(2) 查询(query)。查询可以使用户在一个或多个表内查找某些特定的数据,并将其组合起来,形成一个完整的表。在 Access 中,可以使用多种查询方式查找、插入、删除数据,还可以从一个或多个数据表中选择数据记录来创建一个新的表。

(3) 窗体(form)。窗体也称为表单,它能向用户提供一个交互式的图形界面,用于进行数据的输入、显示及应用程序的执行控制。在窗体中可以调用宏、程序模块,进行一些简单的编程来实现更加复杂的功能,如调用打印表等。

(4) 报表(report)。报表是用来将某些特定的数据信息进行格式化显示,并通过打印机打印出来。报表中打印的数据可能来自某个表,也可能是某个查询的结果。通常在报表正式打印之前,要先进行打印预览,用户还可以通过报表进行计算,如求和、求平均值等。

利用报表设计视图可以设计出各式各样的精美报表。为方便用户使用或存档,报表主要用来生成书面的文档。

(5) 宏(macro)。宏是若干操作的集合,可以用来简化一些经常性的操作。例如,用户可以设计一个宏来控制一系列的操作,当这个宏被执行时,就会按照宏的定义依次执行相应的操作。宏的用途很大,利用它可以创建菜单、工具栏,打开或关闭数据库,执行查询、打印表、打印报表等。

(6) 模块(module)。模块的功能与宏类似,但它不同于宏,它定义的操作比宏更精细和复杂。它是用 Access 所提供的 VBA(Visual Basic for application)语言编写的程序段,它包含两个基本类型,即标准模块和类模块,在模块中每个过程都可以是一个函数或子程序。为建立完整的应用程序,模块可以结合报表、窗体等对象。

5.2.4 数据库的建立和维护

本节使用 Access 2010 数据库管理系统介绍数据库的建立和维护。

1. 数据库的建立

在任意时刻,Access 2010 只能打开并运行一个数据库。但是,在每个数据库中,可以拥有众多的表、查询、窗体、报表、页、宏和模块。这些数据库对象都存储在扩展名为.mdb 的数据库文件中。

要建立基本表,首先要确定表的结构,即确定表中各字段的名称、类型、属性等。

(1) 字段的数据类型。数据类型决定了该字段能存储什么样的数据。Access 2010 有如表 5-7 所示的数据类型。

表 5-7 字段的数据类型

数据类型	可存储的数据	大小
文本	文字、数字型字符	最多可存储 255 个字符
备注	文字、数字型字符	最多可存储 65 535 个字符
数字	数值型数据	1、2、4 或 8 字节
日期/时间	日期时间值	8 字节
货币	货币值	8 字节
自动编号	顺序号或随机数	4 字节
是/否	逻辑值	1 位
OLE 对象	图像、图表、声音等	最大为 1 GB
超链接	作为超链接地址的文本	最大为 2 048×3 个字节
查阅向导	从列表框或组合框中选择的文本或数值	4 字节

（2）字段的属性。每一个字段或多或少都拥有一些属性，而不同的数据类型其所拥有的字段属性是各不相同的。Access 在字段属性区域中设置了"常规"和"查阅"两个选项卡，表 5-8 中列出了"常规"选项卡中的所有属性。

表 5-8 字段的属性

属性	用途
字段大小	定义"文本""数字""自动编号"数据类型字段的长度
格式	定义数据的显示格式和打印格式
输入掩码	定义数据的输入格式
小数位数	定义数值的小数位数
标题	在数据表视图、窗体和报表中替换字段名
默认值	定义字段的默认值
有效性规则	定义字段的校验规则
有效性文本	输入或修改的数据没有通过字段有效性规则时，所要显示的信息
必填字段	确定数据是否必须被输入到字段中

（3）主键字段。主键（也称为关键字）是用于唯一标识表中每条记录的一个或一组字段，主键的值不能重复或为空值（Null）。Access 建议为每个表设置一个主键，这样在执行查询时用主键作为主索引可以加快查找速度，还可以利用主键定义多个表之间的关系，以方便检索存储在不同表中的数据。通常，ID 号、序列号或编码等唯一标识号可在表中用作主键。

（4）表的建立。

① 创建空数据库。Access 2010 数据库管理系统在启动后用"空数据库"选项创建数据库，新建的数据库是空的，默认包含表 1 对象，如图 5-32 所示为一个新建数据库的设计视图窗口。

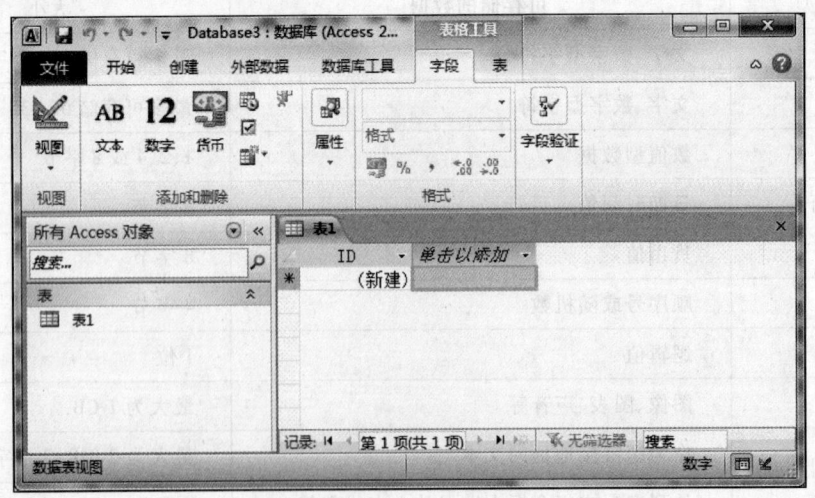

图 5-32 数据库设计视图窗口

② 创建表结构。在数据表设计视图窗口中，"字段名称"文本框中输入要建立表的字段名称，如"学号""姓名"，在"数据类型"下拉列表框中选取该字段的数据类型，如"数字""文本"，选定类型后，则在窗口的下面出现属性设置框，用户可以在该框中设置当前字段的属性，如设置其字段大小为12，如图5-33所示。

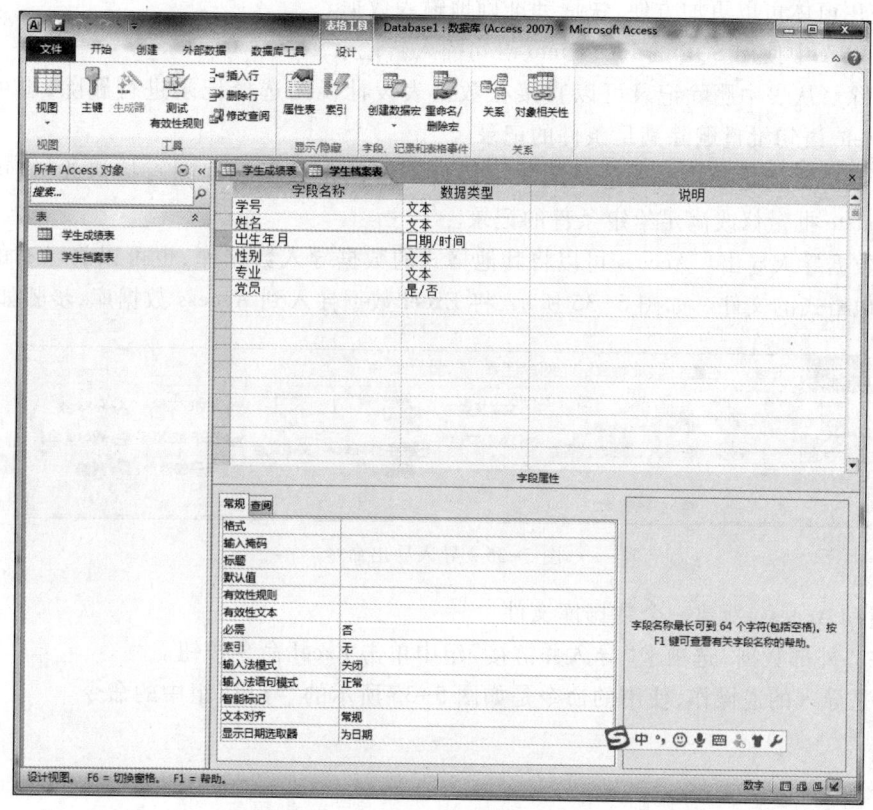

图 5-33 数据表设计视图窗口

③ 在表中输入数据。在数据表设计视图窗口输入表记录，如图5-34所示。

学号	姓名	出生年月	性别	专业	党员
201605020301	王喆	1999/2/3	男	法学	☑
201605020302	孙强	1999/3/6	男	法学	☐
201605020303	侯雅欣	1998/6/8	女	法学	☑
201605020304	董鑫	1998/7/9	男	法学	☐
201605368450	胡颖	1998/12/3	女	物理	☐
201602356201	张博	1999/6/8	男	计算机	☐

图 5-34 数据表视图

2. 数据库管理和维护

数据库管理和维护，主要是表的管理和维护，包含以下内容。

（1）修改表结构。修改表结构是指可以修改字段名称、字段类型和字段属性，还可以对字段进行插入、删除、移动以及重新设置主键等操作。

（2）数据更新。

① 插入记录。给数据表添加记录主要有以下方法。

a. 直接在表中的末行输入数据。

b. 在窗体中插入新记录：当数据库有多位用户时，由于可以设计布局以适应用户的需求和技能，使用窗体可以更加方便、快捷和准确地输入数据。

c. 在 VBA 中使用 SQL 的 Insert into 语句插入新记录。

② 删除。从表中删除记录可以直接在数据表设计视图选择记录进行删除，也可以使用 SQL 的 Delete 语句批量删除满足条件的记录。

③ 更新。更新是指修改表记录的某字段值。可以在数据表视图直接修改，也可以使用 SQL 的 Update 批量修改满足给定条件的记录。

（3）数据导入导出。Access 可以将其他格式的数据导入数据库，也可以将已有的数据表导出为其他格式的文件。如图 5-35 所示，将 Excel 数据导入到 Access 数据库，步骤如下。

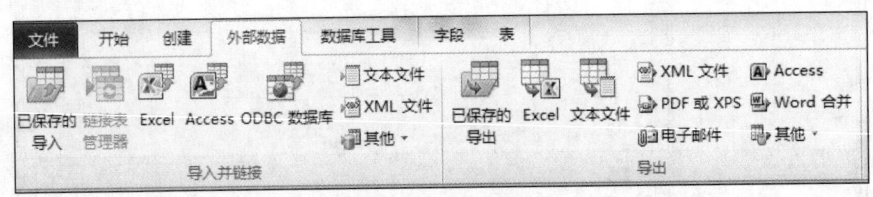

图 5-35　导入导出命令

① 启动 Access，新建一个数据库文件。

② 在"外部数据"选项卡"导入并链接"组中单击 Excel 命令按钮。

导出是导入的逆操作，使用的命令是如图 5-35 所示"导出"组中的命令。

第6章 计算机网络基础

计算机网络是计算机技术与通信技术相结合的产物。计算机网络给人们的生活带来了极大的方便,如办公自动化、网上银行、网上订票、网上查询、网上购物等等。计算机网络不仅可以传输数据,更可以传输图像、声音、视频等多种媒体形式的信息,在人们的日常生活和各行各业中发挥着越来越重要的作用。目前,计算机网络已广泛应用于政治、经济、军事、科学以及社会生活的方方面面。

6.1 计算机网络概述

6.1.1 计算机网络的定义

计算机网络,是指将地理位置不同的具有独立功能的多台计算机及其外部设备,通过通信线路连接起来,在网络操作系统、网络管理软件及网络通信协议的管理和协调下,实现资源共享和信息传递的计算机系统。

简单地说,计算机网络就是通过电缆、电话线或无线通信将两台以上的计算机互连起来的集合。

计算机网络的发展经历了面向终端的单级计算机网络、计算机网络对计算机网络和开放式标准化计算机网络三个阶段。

计算机网络通俗地讲就是由多台计算机(或其他计算机网络设备)通过传输介质和软件物理(或逻辑)连接在一起组成的。总的来说,计算机网络的组成基本上包括计算机、网络操作系统、传输介质(可以是有形的,也可以是无形的,如无线网络的传输介质就是看不见的电磁波)以及相应的应用软件四部分。

图6-1是一个简单的网络系统示意图。

6.1.2 计算机网络的功能

计算机网络最主要的功能是实现计算机之间的资源共享、网络通信和对计算机的集中管理。除此之外还有负荷均衡、分布处理和提高系统安全与可靠性等功能。

1. 资源共享

(1)硬件资源:包括各种类型的计算机、大容量存储设备、计算机外部设备,如彩色打印机、静电绘图仪等。

(2)软件资源:包括各种应用软件、工具软件、系统开发所用的支撑软件、语言处理程序、数据库管理系统等。

(3)数据资源:包括数据库文件、数据库、办公文档资料、企业生产报表等。

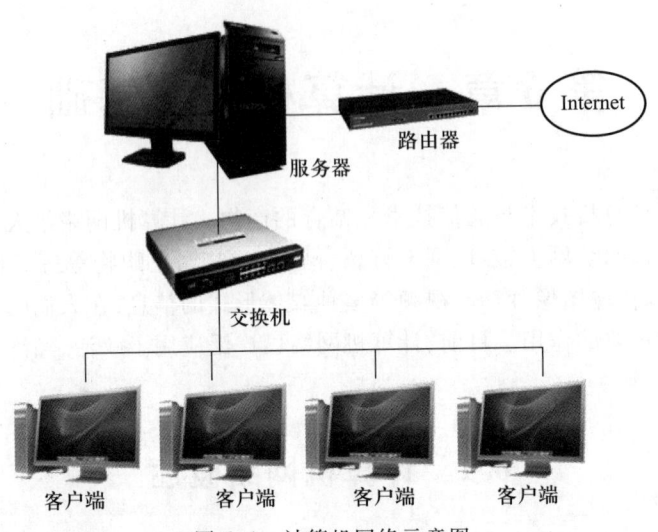

图 6-1 计算机网络示意图

（4）信道资源：通信信道可以理解为电信号的传输介质。通信信道的共享是计算机网络中最重要的共享资源之一。

2. 网络通信

通信通道可以传输各种类型的信息，包括数据信息和图形、图像、声音、视频流等各种多媒体信息。

3. 分布处理

把要处理的任务分散到各个计算机上运行，而不是集中在一台大型计算机上。这样，不仅可以降低软件设计的复杂性，而且还可以大大提高工作效率和降低成本。

4. 集中管理

计算机在没有联网的条件下，每台计算机都是一个"信息孤岛"。在管理这些计算机时，必须分别管理。而计算机联网后，可以在某个中心位置实现对整个网络的管理，如数据库情报检索系统、交通运输部门的订票系统、军事指挥系统等。

5. 均衡负荷

当网络中某台计算机的任务负荷太重时，通过网络和应用程序的控制和管理，将作业分散到网络中的其他计算机中，由多台计算机共同完成。

6. 系统的安全与可靠性

系统的可靠性对于军事、金融和工业过程控制等部门的应用特别重要。计算机通过网络中的冗余部件可大大提高可靠性。例如，在工作过程中，一台机器出了故障，可以使用网络中的另一台机器；网络中一条通信线路出了故障，可以取道另一条线路，从而提高了网络整体系统的可靠性。

6.1.3 计算机网络的分类

从不同的角度出发，计算机网络可以有多种分类方法，最常见的分类方法有以下几种。

1. 根据网络的覆盖范围划分

局域网(local area network,LAN),是将较小地理区域内的计算机或数据终端设备连接在一起的通信网络。局域网覆盖的地理范围比较小,一般在几十米到几千米之间。它常用于组建一个办公室、一栋楼、一个楼群、一个校园或一个企业的计算机网络。

城域网(metropolitan area network,MAN),是一种大型的LAN,它的覆盖范围介于局域网和广域网之间,一般为几千米至几万米,一般在一个大型城市中,城域网可以将多个学校、企事业单位、公司和医院的局域网连接起来共享资源。

广域网(wide area network,WAN),是在一个广阔的地理区域内进行数据、语音、图像信息传输的计算机网络。由于远距离数据传输的带宽有限,因此广域网的数据传输速率比局域网要慢得多。广域网可以覆盖一个城市、一个国家甚至于全球。

2. 按网络的拓扑结构划分

把网络中的计算机等终端设备抽象为点,把通信线路抽象为线,这样就形成了由点和线组成的几何图形,即采用拓扑学方法抽象出的网络结构,称之为网络的拓扑结构。拓扑结构影响着整个网络的设计、功能、可靠性和通信费用等许多方面,是决定局域网性能优劣的重要因素之一。计算机网络按拓扑结构可以分为总线型网络、星型网络、环型网络、树状网络和网状网络等。

(1) 总线型网络。总线型拓扑结构是指所有结点共享一根传输总线,所有的站点都通过硬件接口连接到这根总的传输线上,如图6-2所示。

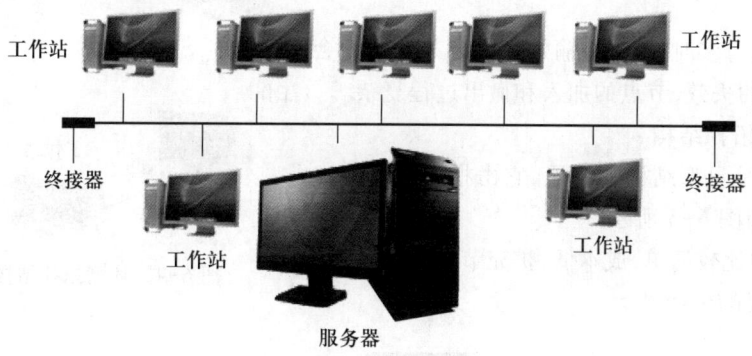

图6-2 总线型拓扑结构示意图

优点:结构简单,价格低廉,安装使用方便。

缺点:故障诊断和隔离比较困难。

(2) 星型拓扑结构。星型拓扑结构是符合令牌协议的高速局域网络。它是以中央节点为中心,把若干外围节点连接起来的辐射式互连结构,如图6-3所示。

优点:单点故障不影响全网,结构简单。增删节点及维护管理容易;故障隔离和检测容易,延迟时间较短。

缺点:成本较高,资源利用率低;网络性能过于依赖中心节点。

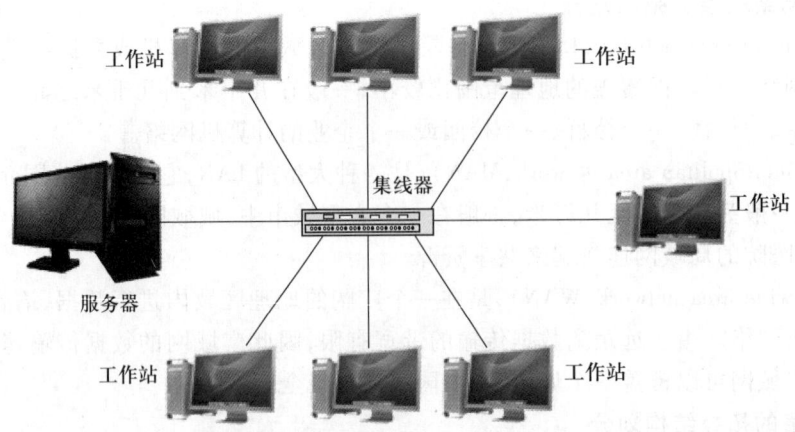

图 6-3 星型拓扑结构示意图

（3）环型拓扑结构。环型拓扑结构将所有网络节点通过点到点通信线路连接成闭合环路，数据将沿一个方向逐站传送，每个节点的地位和作用相同，且每个节点都能获得执行控制权。环型结构的显著特点是每个节点用户都与两个相邻节点用户相连，如图 6-4 所示。

优点：简化路径选择控制，传输延迟固定，实时性强，可靠性高。

缺点：节点过多时，影响传输效率。环某处断开会导致整个系统的失效，节点的加入和撤出过程复杂。

（4）树状拓扑结构

树状结构是星型结构的扩展，它由根结点和分支结点所构成，如图 6-5 所示。

优点：结构比较简单，成本低，扩充节点方便灵活。
缺点：对根的依赖性大。

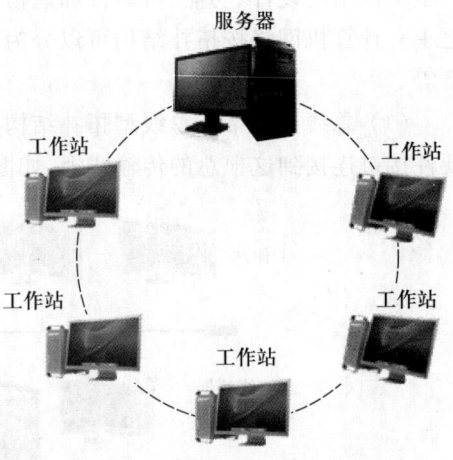

图 6-4 环型拓扑结构示意图

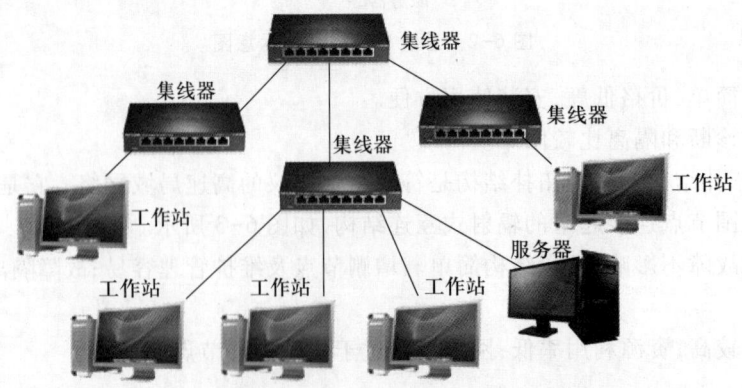

图 6-5 树型拓扑结构示意图

(5) 网状拓扑结构。所有节点之间的连接是任意的,没有规律。实际存在与使用的广域网基本上都采用网状拓扑结构,如图 6-6 所示。

优点:具有较高的可靠性,某一线路或节点有故障时,不会影响整个网络的工作。

缺点:结构复杂,需要路由选择和流控制功能,网络控制软件复杂,硬件成本较高,不易管理和维护。

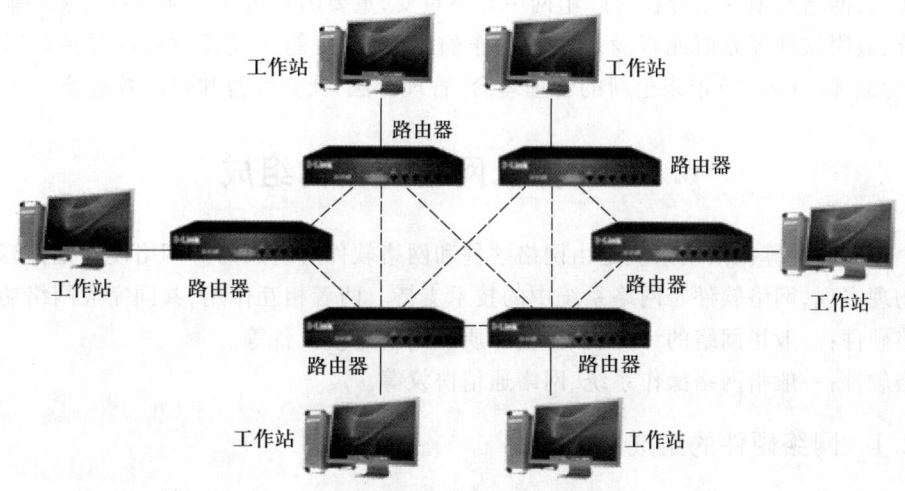

图 6-6　网状拓扑结构示意图

3. 按传输介质划分

按传输介质划分可以分为有线网和无线网两种。

有线网是指采用双绞线、同轴电缆、光纤或电话线作传输介质的网络。用双绞线安装的网络比较经济,安装方便,传输率和抗干扰能力一般,广泛应用于局域网中。同轴电缆俗称细缆,现在逐渐淘汰。以光纤为介质的网络传输距离远,传输率高,抗干扰能力强,但成本较高。

无线网是指采用无线电波或红外线等作为传输介质的网络,联网方式灵活方便。

4. 按网络的使用性质划分

公用网(public network),是一种付费网络,属于经营性网络,由商家建造并维护,消费者付费使用。

专用网(private network),是某个部门根据本系统的特殊业务需要而建造的网络,这种网络一般不对外提供服务。例如军队、银行、电力等系统的网络就属于专用网。

5. 按传输技术分类

计算机网络数据依靠各种通信技术进行传输,根据网络传输技术分类,计算机网络可分为以下 5 种类型。

(1) 普通电信网:如普通电话线网、综合数字电话网、综合业务数字网。

(2) 数字数据网:利用数字信道提供的永久或半永久性电路以传输数据信号为主的数字传输网络。

(3) 虚拟专用网:指客户基于 DDN 智能化的特点,利用 DDN 的部分网络资源所形成的一种虚拟网络。

（4）微波扩频通信网：是电视传播和企事业单位组建企业内部网和接入 Internet 的一种方法，在移动通信中十分重要。

（5）卫星通信网：是近年发展起来的空中通信网络。与地面通信网络相比，卫星通信网具有许多独特的优点。

事实上，网络类型的划分在实际组网中并不重要，重要的是组建的网络系统从功能、速度、操作系统、应用软件等方面能否满足实际工作的需要；是否能在较长时间内保持相对的先进性；能否为该部门（系统）带来全新的管理理念、管理方法、社会效益和经济效益等。

6.2 计算机网络的结构组成

一个完整的计算机网络系统是由网络硬件和网络软件所组成的。网络硬件是计算机网络系统的物理实现，网络软件是网络系统中的技术支持。两者相互作用，共同完成网络功能。

网络硬件：一般指网络的计算机、传输介质和网络连接设备等。

网络软件：一般指网络操作系统、网络通信协议等。

6.2.1 网络硬件的组成

计算机网络硬件系统是由计算机（主机、客户机、终端）、通信处理机（集线器、交换机、路由器）、通信线路（同轴电缆、双绞线、光纤）、信息变换设备（Modem、编码解码器）等构成。

1. 主计算机

在一般的局域网中，主机通常被称为服务器，是为客户提供各种服务的计算机，因此对其有一定的技术指标要求，特别是对主、辅存储容量及其处理速度要求较高。根据服务器在网络中所提供的服务不同，可将其划分为文件服务器、打印服务器、通信服务器、域名服务器、数据库服务器等。

2. 网络工作站

除服务器外，网络上的其余计算机主要是通过执行应用程序来完成工作任务的，把这种计算机称为网络工作站或网络客户机，它是网络数据主要的发生场所和使用场所，用户主要是通过使用工作站来利用网络资源并完成作业的。

3. 网络终端

网络终端是用户访问网络的界面，它可以通过主机连入网内，也可以通过通信控制处理机连入网内。

4. 通信处理机

通信处理机一方面作为资源子网的主机、终端连接的接口，将主机和终端连入网内；另一方面它又作为通信子网中分组存储转发节点，实现分组的接收、校验、存储和转发等功能。

5. 通信线路

通信线路（链路）是为通信处理机与通信处理机、通信处理机与主机之间提供通信信道。计算机网络采用了多种通信线路，如电话线、双绞线、同轴电缆、光纤、无线通信信道、微波与卫星通信信道等。一般在大型网络中和相距较远的两个节点之间的通信链路都利用现有的公共数据通信线路。下面简单介绍几种通信线路。

(1) 双绞线。双绞线采用了一对互相绝缘的金属导线互相绞合的方式来抵御一部分外界电磁波干扰,更主要的是降低自身信号的对外干扰。双绞线可分为非屏蔽双绞线(UTP)和屏蔽双绞线(STP)。图6-7所示为非屏蔽双绞线。屏蔽双绞线电缆的外层由铝铂包裹,以减小辐射,但并不能完全消除辐射,屏蔽双绞线价格相对较高,安装时要比非屏蔽双绞线电缆困难。

双绞线用于10/100 Mbps局域网时,使用距离最大为100 m。由于价格低廉,安装简单,因此被广泛使用。在局域网中常用4对双绞线,即4对绞合线封装在一根塑料保护软管里。

(2) 同轴电缆。同轴电缆是内外由相互绝缘的同轴心导体构成的电缆:内导体为铜线,外导体为铜管或网,如图6-8所示。电磁场封闭在内外导体之间,故辐射损耗小,受外界干扰影响小。常用于传送多路电话和电视。

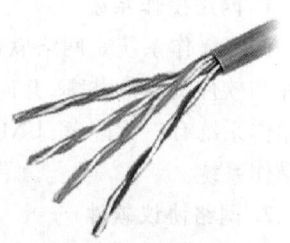

图6-7 双绞线

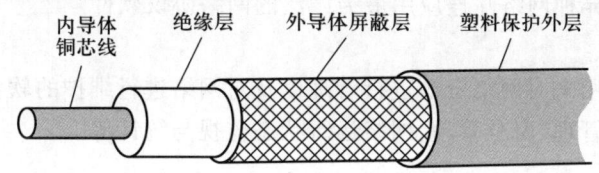

图6-8 同轴电缆

同轴电缆分50 Ω基带电缆和75 Ω宽带电缆两类。基带电缆又分细同轴电缆和粗同轴电缆。基带电缆仅仅用于数字传输,数据率可达10 Mbps。宽带电缆是CATV系统中使用的标准,它既可使用频分多路复用的模拟信号发送,也可传输数字信号。同轴电缆的价格比双绞线贵一些,但其抗干扰性能比双绞线强。当需要连接较多设备而且通信容量相当大时可以选择同轴电缆。

(3) 光纤。光导纤维(optical fiber,简称光纤)是目前发展最为迅速、应用广泛的网络传输介质。它是一种能够传输光束的、细而柔软的通信媒体。光纤通常是由石英玻璃拉成细丝,由纤芯和包层构成的双层通信圆柱体,其结构一般是由双层的同心圆柱体组成,中心部分为纤芯,光纤利用光的全反射原理实现了信号的通信。常用的多模纤芯直径为92 μm,纤芯以外的部分为包层,一般直径为125 μm。

光纤有很多优点:频带宽,传输速率高,传输距离远,抗冲击和电磁干扰性能好,数据保密性好,损耗和误码率低,体积小和重量轻等。但它也存在连接和分支困难,工艺和技术要求高,需配备光/电转换设备,单向传输以及价格昂贵等缺点。

6. 信息变换设备

对信号进行变换,包括调制解调器、无线通信接收和发送器、用于光纤通信的编码解码器等。

6.2.2 网络软件的组成

在计算机网络系统中,除了各种网络硬件设备外,还必须具有网络软件。因为在网络上,每一个用户都可以共享系统中的各种资源,那么,系统如何控制和分配资源,以何种规则实现网络中各种设备彼此间的通信,如何管理网络中的各种设备等,这都离不开网络软件的支持。因此,网络软件是实现网络功能必不可少的软件环境,它包括网络操作系统、网络协议、网络管理软件、网络通信软件、网络应用软件等。

1. 网络操作系统

网络操作系统是网络软件中最主要的软件,用于实现不同主机之间的用户通信以及全网硬件和软件资源的共享,并向用户提供统一的、方便的网络接口,便于用户使用网络。目前网络操作系统有三大阵营:UNIX、NetWare 和 Windows。目前,我国最广泛使用的是 Windows 网络操作系统。

2. 网络协议软件

网络协议是网络通信的数据传输规范,网络协议软件是用于实现网络协议功能的软件。

目前,典型的网络协议软件有 TCP/IP 协议、IPX/SPX 协议、IEEE 802 标准协议系列等。其中,TCP/IP 是当前异种网络互连应用最为广泛的网络协议软件。

3. 网络管理软件

网络管理软件是用来对网络资源进行管理以及对网络进行维护的软件,如性能管理、配置管理、故障管理、计费管理、安全管理、网络运行状态监视与统计等。

4. 网络通信软件

网络通信软件是用于网络中各种设备之间进行通信的软件,使用户能够在不必详细了解通信控制规程的情况下,控制应用程序与多个站进行通信,并对大量的通信数据进行加工和管理。

5. 网络应用软件

网络应用软件为网络用户提供服务,最重要的特征是它研究的重点不是网络中各个独立的计算机本身的功能,而是如何实现网络特有的功能。

6.3 计算机网络体系结构

计算机网络体系结构是指整个计算机网络通信系统的架构、连通规则和信息的传递方式,将整个计算机网络作为一个完整独立的系统考虑。这个通信系统内可能存在不同的网络连接方式,各个网络拓扑结构中点与点之间不同的通信方式和通信规则,研究重点不再是单纯的计算机,而是计算机之间的互连和信息传输。

6.3.1 计算机网络协议

世界上人类相互之间交往和交流需要借助语言,两个人之间采用可以相互理解的语言才能够进行正确的沟通。网络上的计算机之间又是如何交换信息的呢?就像人们说话用某种语言一样,在网络上的各台计算机之间也有一种语言,这就是网络协议,不同的计算机必须使用相同的网络协议才能进行通信。

网络协议是网络上所有设备(网络服务器、计算机及交换机、路由器、防火墙等)之间通信规则的集合,它规定了通信时信息必须采用的格式和这些格式的意义。大多数网络都采用分层的体系结构,每一层都建立在它的下层之上,向它的上一层提供一定的服务,而把如何实现这一服务的细节对上一层加以屏蔽。一台设备上的第 n 层与另一台设备上的第 n 层进行通信的规则就是第 n 层协议。在网络的各层中存在着许多协议,接收方和发送方同层的协议必须一致,否则一方将无法识别另一方发出的信息。网络协议使网络上各种设备能够相互交换信息。

网络协议由以下3个要素组成。

(1) 语义。语义是解释控制信息每个部分的意义。它规定了需要发出何种控制信息以及完成的动作与做出什么样的响应。

(2) 语法。语法是用户数据与控制信息的结构与格式以及数据出现的顺序。

(3) 时序。时序是对事件发生顺序的详细说明(也可称为"同步")。

人们形象地把这三个要素描述为,语义表示要做什么,语法表示要怎么做,时序表示做的顺序。

网络协议是组成计算机网络的不可缺少的部分,它对信息传输的速率、传输代码、代码结构、传输控制步骤、出错控制等做出了规定,并制定出标准。而且经验表明,对于非常复杂的计算机网络协议,其结构最好采用层次式的,因为分层可以带来很多好处,如灵活性好,易于实现和维护,促进标准化工作等。

常见的协议有 TCP/IP 协议、IPX/SPX 协议、NetBEUI 协议等。

6.3.2 计算机体系结构

1. 体系结构的概念

计算机网络是个非常复杂的系统。它不像人的交流那样通畅,如果连接在网络上的两台计算机要进行通信(访问网页或者发送电子邮件),但是由于计算机网络的复杂性和异质性,需要考虑非常多的因素。例如:

(1) 这两台计算机之间必须有一条传送数据的通路。

(2) 告诉网络怎样识别接收数据的计算机。

(3) 发起通信的计算机必须保证要传送的数据能在这条通路上正确发送和接收。

(4) 应对出现的各种差错和意外事故。如对数据传送错误、网络中某个节点交换机出现问题等问题,应该有可靠完善的措施保证对方计算机能正确收到数据。

计算机网络体系结构标准的制定,就是为了解决这些问题。可以让两台计算机(网络设备)像两个知心朋友那样,互相准确理解对方的意思,并做出快速的回应。要想完成这样的网络通信就必须保证相互通信的这两个计算机系统能够达成高度默契。这样的默契的交流(通信)背后需要十分复杂、完备的网络体系结构作为支撑。

那么,用什么方法才能够合理地组织网络的结构,以保证其结构清晰,设计与实现简化,便于更新和维护,具有较强的独立性和适应性,从而使网络设备之间具有这样的"高度默契"呢?答案就是分层。

计算机系统结构指的是计算机之间相互通信的层次以及各层中的协议和层次之间接口的集合。层次化的网络体系的优点在于每层实现相对独立的功能,层与层之间通过接口来提供服务,每一层都对上层屏蔽如何实现协议的具体细节,使网络体系结构做到与具体物理实现无关。

层次结构允许连接到网络的主机和终端型号、性能可以不一,只要遵守相同的协议即可以实现互操作。高层用户可以从具有相同功能的协议层开始进行互连,使网络成为开放式系统。这里"开放"指按照相同协议任意两系统之间可以进行通信。因此层次结构便于系统的实现和维护。

2. OSI/RM 体系结构

为了解决不同网络体系结构的计算机网络之间的互联,许多研究机构和计算机网络企业制定了自己的网络模型,最典型的网络体系结构为开放系统互连基本参考模型(open systems interconnection reference model,OSI/RM)和 TCP/IP 模型,如图 6-9 所示。

OSI 参考模型是国际标准化组织(ISO)制定的一个用于计算机或通信系统间互联的标准体系。它是一个七层的、抽象的模型体,不仅包括一系列抽象的术语或概念,也包括具体的协议。建立七层模型的主要目的是解决异种网络互联时所遇到的兼容性问题。

七层模型最大的优点是将服务、接口和协议这三个概念明确地区分开来:服务说明某一层为上一层提供一些什么功能,接口说明上一层如何使用下层的服务,而协议涉及如何实现本层的服务;这样各层之间具有很强的独立性,互联网络中各实体采用什么样的协议是没有限制的,只要向上提供相同的服务并且不改变相邻层的接口就可以了。网络七层的划分也是为了使网络的不同功能模块(不同层次)分担起不同的职责。

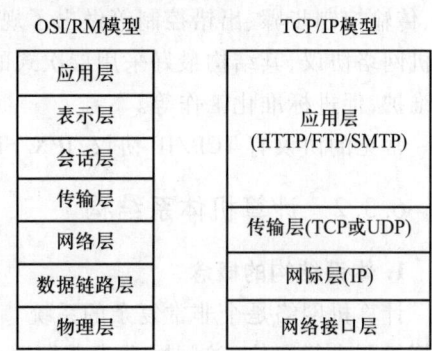

图 6-9 OSI/RM 和 TCP/IP 模型

这七层模型的功能如表 6-1 所示。

表 6-1 七层模型的功能

层		功 能
主机	应用层	访问网络服务的接口 例如:为操作系统或网络应用程序提供访问网络服务的接口 常见:Telnet、FTP、HTTP、SNMP、DNS 等
	表示层	提供数据格式转换服务 例如:解密与加密、图片解码和编码、数据的压缩和解压缩 常见:URL 加密、口令加密、图片编解码

续表

层		功 能
主机	会话层	建立端连接并提供访问验证和会话管理(session) 例如:使用校验点可使会话在通信失效时从校验点恢复通信 常见:服务器验证用户登录、断点续传
	传输层	提供应用进程之间的逻辑通信 例如:建立连接,处理数据包错误、数据包次序 常见:TCP、UDP、SPX、进程、端口(socket)
网络	网络层	为数据在结点之间传输创建逻辑链路,并分组转发数据 例如:对子网间的数据包进行路由选择 常见:路由器、多层交换机、防火墙、IP、IPX、RIP、OSPF
	数据链路层	在通信的实体间建立数据链路连接 例如:将数据分帧,并进行流量控制、物理地址寻址、重发等 常见:网卡、网桥、二层交换机等
	物理层	为数据端设备提供原始比特流的传输通路 例如:网络通信的数据传输介质,由电缆与设备共同构成 常见:中继器、集线器、网线、HUB、RJ-45 标准等

OSI 中的上面 4 层(应用层、表示层、会话层、传输层)为高层,定义了程序的功能;下面 3 层(网络层、数据链路层、物理层)为低层,主要是处理面向网络的端到端数据流。

3. TCP/IP 体系结构

TCP/IP 协议是互联网的基础协议,没有它就根本不可能上网,任何和互联网有关的操作都离不开 TCP/IP 协议。不管是 OSI 七层模型还是 TCP/IP 的四层模型,每一层中都要自己的专属协议,完成自己相应的工作以及与上下层级之间进行沟通,如表 6-2 所示。

表 6-2 TCP/IP 功能

层	功 能
应用层 (HTTP/FTP/SMTP)	应用程序间沟通的层,如简单电子邮件传输(SMTP)、文件传输协议(FTP)、网络远程访问协议(Telnet)等
传输层(TCP 或 UDP)	提供了节点间的数据传送服务,如传输控制协议(TCP)、用户数据报协议(UDP)等,TCP 和 UDP 给数据包加入传输数据并把它传输到下一层中,这一层负责传送数据,并且确定数据已被送达并接收
网际层(IP)	负责提供基本的数据封包传送功能,让每一块数据包都能够到达目的主机(但不检查是否被正确接收),如网际协议(IP)
网络接口层	对实际的网络媒体的管理,定义如何使用实际网络(如 Ethernet、Serial Line 等)来传送数据

TCP/IP 体系结构简化了计算机网络的结构,由原来的七层改进到现在的四层,但是其功能并没有减少。每一层既独立又有联系,独立是因为如果那一层出现问题了不会影响其他层的工作,联系是因为上层协议又使用下层协议提供的服务。

6.4　Internet 基础及应用

Internet 又称因特网,是国际计算机互联网的英文简称,是世界上规模最大的计算机网络,Internet 是由各种网络组成的一个全球信息网,可以说是由成千上万个具有特殊功能的专用计算机通过各种通信线路,把地理位置不同的网络在物理上连接起来的网络。

Internet 具有以下特点。

(1) 覆盖范围广。

(2) Internet 是由数以万计个子网络通过自愿的原则连起来的网络,因此称 Internet 为"网中网"。

(3) 每一个 Internet 网络成员都是自愿加入并承担相应的各种费用,与网上的其他成员和睦友好地进行数据传输,不受任何约束,共同遵守协议的全部规定。

Internet 在中国的发展:1994 年 4 月 20 日,NCFC 工程(中关村地区教育与科研示范网络)通过美国 Sprint 公司连入 Internet 的 64 K 国际专线开通,实现了与 Internet 的全功能连接,从此我国被国际社会正式承认为有 Internet 的国家。

6.4.1　TCP/IP 协议

TCP(transmission control protocol,传输控制协议),是一个面向连接的协议,允许一台计算机发出的报文流毫无差错地发往网上的其他计算机,在发送端把报文流分成报文发出去,在接收端把收到的报文再组装成报文流输出。

IP(Internet protocol,网际协议),详细规定了计算机在通信时应该遵循的全部规则,是 Internet 上使用的一个关键的底层协议,负责数据报的递送。数据报就是用于传输的一些数据的组合。

1. IP 地址

IP 规定连入 Internet 的每台计算机都被分配一个唯一的 32 位二进制数地址,称为 IP 地址,它是 Internet 上主机的数字式标志。

IP 地址由以下三部分组成。

(1) 类别字段:用来区分地址的类型。

(2) 网络号码字段 net-id:用来标志哪个网络。

(3) 主机号码字段 host-id:用来标志该网上的哪台主机。

IP 地址由 4 个字节组成,分成 4 组,每组一个字节,组与组之间用圆点分隔。例如某台计算机的 IP 地址为 11001010.01100011.01100000.10001100。为了便于记忆,通常把 IP 地址写成 4 组用小数点隔开的十进制正数。这样这台主机的 IP 地址就是 202.99.96.140。

Internet 是一个网际网,每个网所含的主机数目各不相同,有的网络拥有很多主机,而有的网络主机数目很少,网络规模大小不一。为了便于对 IP 地址进行管理,充分利用 IP 地址以适应主机数目不同的各种网络,对 IP 地址进行了分类,共分为 A、B、C、D、E5 类地址,如表 6-3 所示。

表 6-3 IP 地址分类表

类别	首字节	网络号	主机号	每类地址范围
A 类	0	7 位	24 位	0.0.0.0~127.255.255.255
B 类	10	14 位	16 位	128.0.0.0~191.255.255.255
C 类	110	21 位	8 位	192.0.0.0~223.255.255.255
D 类	1110	多播地址		224.0.0.0~236.255.255.255
E 类	11110	目前尚未使用		240.0.0.0~247.255.255.255

其中 IP 地址中网络号前面的二进制位用来表示网络类型,如 A 类地址用 0 表示,B 类地址用 10 表示,C 类地址用 110 表示,D 类地址被称为组播(multicast)地址,用 1110 表示,E 类地址用 11110 表示。目前大量使用的地址是 A、B、C 类三种。

2. 网络掩码

随着互联网应用的不断扩大,IP 地址资源越来越少。为了实现更小的广播域并更好地利用主机地址中的每一位,可以把基于类的 IP 网络进一步分成更小的网络,每个子网由路由器界定并分配一个新的子网网络地址,子网地址是借用基于类的网络地址的主机部分创建的。划分子网后,通过使用掩码,把子网隐藏起来,使得从外部看网络没有变化,这就是子网掩码。

RFC 950 定义了子网掩码的使用,子网掩码是一个 32 位的二进制数,其对应网络地址的所有位都置为 1,对应于主机地址的所有位都置为 0。由此可知,A 类网络的默认的子网掩码是 255.0.0.0,B 类网络的默认的子网掩码是 255.255.0.0,C 类网络的默认的子网掩码是 255.255.255.0。将子网掩码和 IP 地址按位进行逻辑"与"运算,得到 IP 地址的网络地址,剩下的部分就是主机地址,从而区分出任意 IP 地址中的网络地址和主机地址。子网掩码常用点分十进制表示,还可以用网络前缀法表示子网掩码,即"/<网络地址位数>"。如 138.96.0.0/16 表示 B 类网络 138.96.0.0 的子网掩码为 255.255.0.0。

子网掩码告知路由器,地址的哪一部分是网络地址,哪一部分是主机地址,使路由器正确判断任意 IP 地址是否是本网段的,从而正确地进行路由。例如,有两台主机,主机一的 IP 地址为 222.21.160.6,子网掩码为 255.255.255.192,主机二的 IP 地址为 222.21.160.73,子网掩码为 255.255.255.192。现在主机一要给主机二发送数据,先要判断两个主机是否在同一网段。

主机一:222.21.160.6 即 11011110.00010101.10100000.00000110
255.255.255.192 即 11111111.11111111.11111111.11000000
按位逻辑与运算结果为 11011110.00010101.10100000.00000000
主机二:222.21.160.73 即 11011110.00010101.10100000.01001001
255.255.255.192 即 11111111.11111111.11111111.11000000

按位逻辑与运算结果为 11011110.00010101.10100000.01000000

两个结果不同,也就是说,两台主机不在同一网络,数据需先发送给默认网关,然后再发送给主机二所在网络。那么,假如主机二的子网掩码误设为 255.255.255.128,会发生什么情况呢?

将主机二的 IP 地址与错误的子网掩码相"与":

222.21.160.73 即 11011110.00010101.10100000.01001001

255.255.255.128 即 11111111.11111111.11111111.10000000

结果为 11011110.00010101.10100000.00000000

这个结果与主机的网络地址相同,主机一与主机二将被认为处于同一网络中,数据不再发送给默认网关,而是直接在本网内传送。由于两台主机实际并不在同一网络中,数据包将在本子网内循环,直到超时并抛弃。数据不能正确到达目的主机,导致网络传输错误。

反过来,如果两台主机的子网掩码原来都是 255.255.255.128,误将主机二的设为 255.255.255.192,主机一向主机二发送数据时,由于 IP 地址与错误的子网掩码相与,误认两台主机处于不同网络,则会将本来属于同一子网内的机器之间的通信当作是跨网传输,数据包都交给默认网关处理,这样势必增加默认网关的负担,造成网络效率下降。所以,子网掩码不能任意设置,子网掩码的设置关系到子网的划分。

子网划分是通过借用 IP 地址的若干位主机位来充当子网地址从而将原网络划分为若干子网而实现的。划分子网时,随着子网地址借用主机位数的增多,子网的数目也增加,而每个子网中的可用主机数逐渐减少。以 C 类网络为例,原有 8 位主机位,2^8 即 256 个主机地址,默认子网掩码 255.255.255.0。借用 1 位主机位,产生 2^1 个子网,每个子网有 2^7 个主机地址;借用 2 位主机位,产生 2^2 个子网,每个子网有 2^6 个主机地址。根据子网 ID 借用的主机位数,就可以计算出划分的子网数、掩码、每个子网主机数。

3. 域名系统

十进制形式的 IP 地址尽管比二进制形式的 IP 地址具有书写简洁的优势,但毕竟不便记忆,也不能直观地反映计算机的属性。为了克服十进制形式 IP 地址的缺陷,人们普遍使用域名来表示 Internet 中的主机。域名指的是用字母、数字形式来表示的 IP 地址,如表 6-4 所示为一些机构和国家所对应的域名。

表 6-4 顶级域名对应表

代码	机构名称	代码	国家名称
com	商业机构	cn	中国大陆
edu	教育机构	jp	日本
gov	政府机构	hk	中国香港
int	国际组织	uk	英国
mil	军事机构	ca	加拿大
net	网络服务机构	de	德国
org	非营利机构	fr	法国

域名的一般构造形式：

主机名.机构名.网络名.最高层域名(顶级域名)

IP 地址和域名都是用来标志 Internet 中主机的位置，用户通过两者之一都能够访问 Internet 网络上的主机。

如果使用 IP 地址访问，可以直接与被访问的主机建立联系；如果通过域名来访问，则必须借助于域名服务器才能与被访问的主机建立联系。所谓域名服务器，就是专门负责将主机的域名编译成相应的 IP 地址的计算机。在域名服务器上，装有一个很大的主机域名和 IP 地址的对照表。

设置主机的 IP 地址及 DNS 的步骤如下。

(1) 打出"网络和共享中心"窗口，如图 6-10 所示。

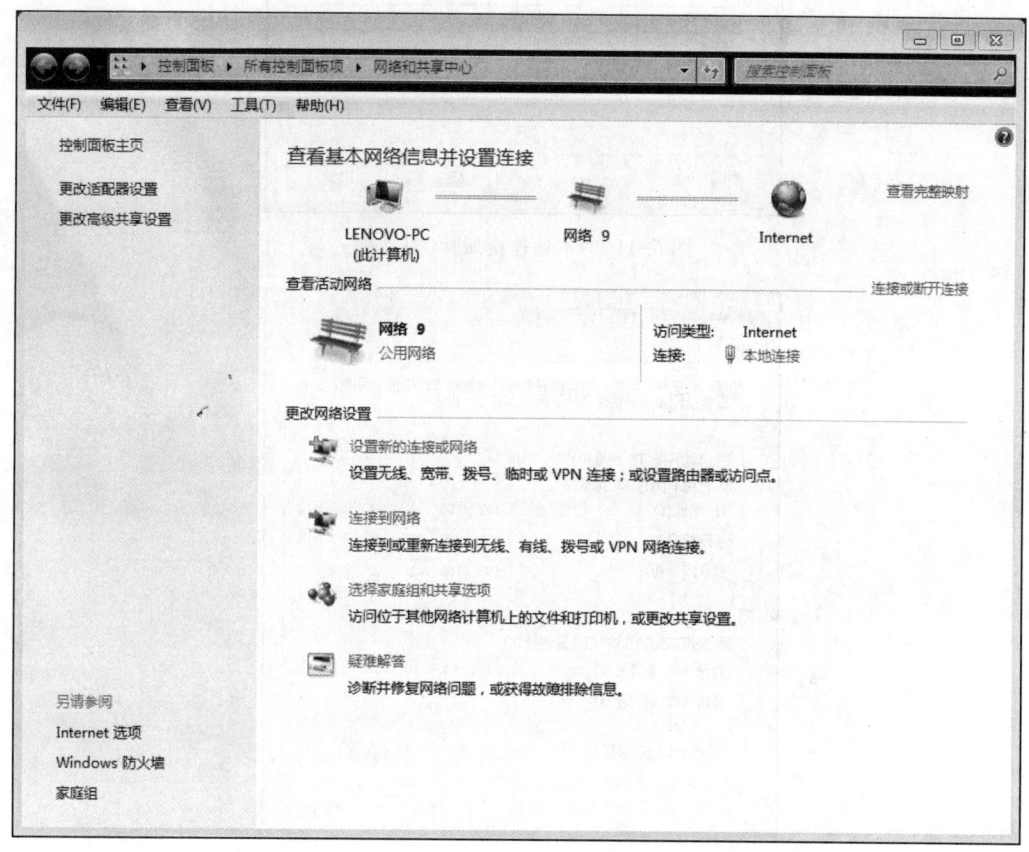

图 6-10 "网络和共享中心"窗口

(2) 右击"本地连接"选项，打开"本地连接属性"对话框，如图 6-11 所示。

(3) 在"此连接使用下列项目"列表中找到"Internet 协议版本 4(TCP/IPv4)"选项，双击，打开如图 6-12 所示的对话框。

(4) 在打开的属性对话框中，选中"使用下面的 IP 地址"单选按钮后，就可以设置 IP 地址了。同理可以设置 DNS 服务器的地址。

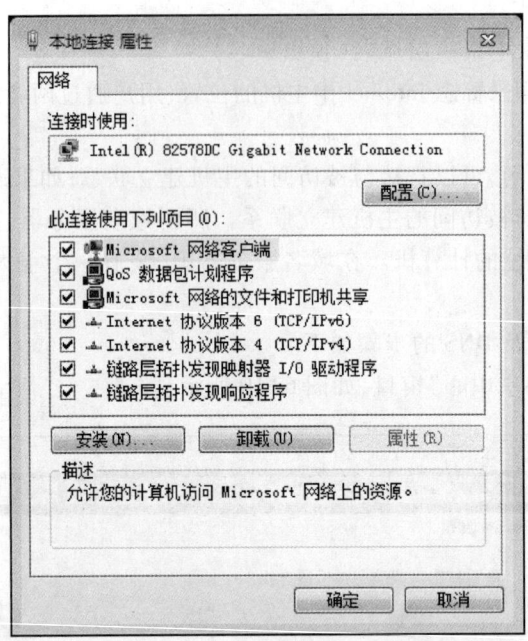

图 6-11 "本地连接属性"对话框

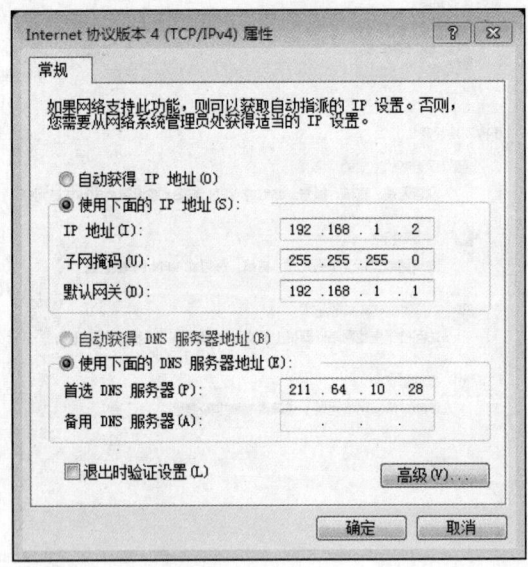

图 6-12 "Internet 协议版本 4(TCP/IPv4)属性"对话框

4. ipconfig 命令和 ping 命令

完成对网络的连接配置后,如何来检查配置是否成功呢？Windows 7 提供了相应的系统命令。

(1) ipconfig 命令。ipconfig 命令用于检查当前 TCP/IP 网络中的配置情况,常用格式为"ipconfig/all",可显示本机的主机名、物理地址、IP 地址等配置参数。

要使用这两个命令,需要切换到命令行方式,方法是,在"开始"菜单中,选择"程序"→"附件"命令,单击"C:\命令提示符"选项。

例如,在 C:\提示符下输入命令 ipconfig/all,显示出当前使用的计算机配置信息,如图 6-13 所示。

图 6-13 ipconfig/all 命令

(2) ping 命令。ping 命令用于检测网络连接是否正常。使用该命令可以向指定主机发送 ICMP 回应报文并监听报文的返回情况,从而验证与主机的连接。ping 命令的格式如下:

ping<要连接的主级的 IP 地址>

TCP/IP 协议预留了一个诊断地址(127.0.0.1),发往该地址的信息将发回到信息的发送处。利用 ping 127.0.0.1 命令可以检查 TCP/IP 协议的安装情况。

用 ping<默认网关 IP 地址>命令检查本地主机是否可以和默认网关进行通信。用 ping<远程主机 IP 地址>命令检查本地主机是否可以通过路由器和远程主机进行通信。用 ping<DNS 服务器 IP 地址>命令检查与 DNS 服务器的连接情况。

例如,要测试与中国教育和科研计算网的连通性,在 C:\提示符下输入命令"ping www.cernet.edu.cn",返回结果如图 6-14 所示。

ping 命令自动向目的主机发送一个 32 B 的消息,并计算目的站点的响应时间。该过程在默认情况下独立进行 4 次。相应时间低于 400 ms 即为正常,超过 400 ms 则较慢。

如果返回 Request timed out 信息,则意味着目的站点在 1 s 内没有响应。如果返回 4 个 Request timed out 信息,说明该站点拒绝 ping 请求。

如果在局域网内执行 ping 命令不成功,则需要检查以下几个方面:网线是否连通,网卡配置是否正确,IP 地址是否可用等。如果执行 ping 成功而网络无法使用,那么问题可能出在网络的软件配置方面。

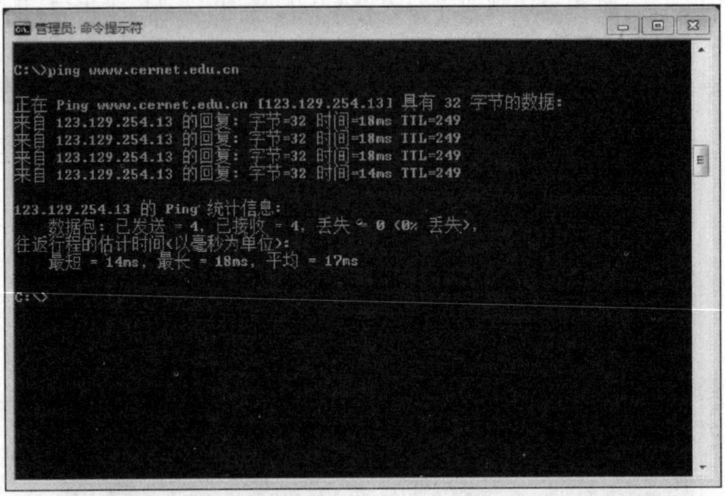

图 6-14 ping 命令

6.4.2 Internet 的应用

Internet 是人类发展历史中一个伟大的里程碑,人类正由此进入前所未有的信息化社会。它是一个全球性的巨大的计算机网络体系,把全球数万个计算机网络、数千万台主机和网络终端设备连接起来,实现彼此间的数据和资源共享。通过 Internet 网络传递信息、检索资料,进行多媒体信息交流和网络通话等,已成为 Internet 最为广泛的服务。Internet 提供给用户很多应用,它使人们的生活、工作、学习变得方便和快捷。

1. WWW

Internet 上的各种信息资源组成了世界上最大的信息资源库,能为用户提供包罗万象的信息。WWW(World Wide Web,万维网)将这些信息以最方便、最快捷及带有主观选择性的形式提供给用户,是 Internet 上最受欢迎的信息浏览方式,它的影响力已远远超出了专业技术的范畴。

(1) HTML、HTTP 和 HTTPS。WWW 中的信息资源主要由一篇篇的 Web 文档或称 Web 页为基本元素构成。这些 Web 页采用超文本(Hypertext)的格式,即可以含有指向其他 Web 页或其内部特定位置的超链接,链接使 Web 页交织成网状结构,Internet 上众多的 Web 页构成了一个巨大的信息网。

HTML(Hypertext mark-up language)即超文本标记语言,是一种制作万维网页面的标准语言,它是 WWW 的信息组织形式,用于描述网页格式设计和不同网页文件间通过关键字进行的链接。

HTTP 是 Hypertext transfer protocol(超文本传输协议)的缩写,是用于从 WWW 服务器传输超文本到本地浏览器的传送协议。它可以使浏览器更加高效,使网络传输减少。它不仅保证计算机正确快速地传输超文本文档,还确定传输文档中的哪一部分以及哪部分内容首先显示(如文本先于图形)等。

HTTP 是一个应用层协议,由请求和响应构成,是一个标准的客户端服务器模型。HTTP 是一个无状态的协议。

HTTPS(Hypertext transfer protocol over secure socket layer)即安全超文本传输协议,是 HTTP 的安全版,它在 HTTP 基础上增加了使用 SSL 加密传送信息的协议,能对传输的内容进行加密。

(2) WWW 的工作方式。WWW 的工作方式是以 HTML 和 HTTP 为基础,采用浏览器/服务器(Browser/Server)的模式,信息资源以网页的形式存储在服务器中,用户通过浏览器向 WWW 服务器发出请求;WWW 服务器根据客户端请求的内容,将保存在 WWW 服务器中的某个页面发送给客户端;浏览器在接收到该页面后对其进行解释,最终将图、文、声同时呈现给用户。人们通过页面中的链接方便地访其他页面。

(3) 网站、网页(Web 页)和主页。是指在因特网上根据一定规则,使用 HTML(标准通用标记语言下的一个应用)等工具制作的用于展示特定内容的相关网页的集合。

在 WWW 环境中,信息是以 Web 页的形式来显示和链接的,在 Web 页之间可以通过 HTML 语言建立超文本链接以便于浏览。Web 页是嵌入了 HTML 语句的文本文件。

主页是指个人或机构的基本信息页面,是某个网站的起始页面。

(4) URL 与定位信息。统一资源定位符(uniform resource locator,URL)是对可以从互联网上得到的资源的位置和访问方法的一种简洁的表示,是互联网上标准资源的地址。互联网上的每个文件都有一个唯一的 URL,它包含的信息指出文件的位置以及浏览器应该怎么处理它。

URL 的目标就是用统一的方式来指明某一资源的位置。其格式如下:

传输协议名称://主机域名(或 IP 地址)/页面文档路径/页面文件名

例如:

http://info.lyu.edu.cn/6 d/1 c/c2190 a27932/page.htm

其中:

http 表示所使用的传输协议类型。

info.lyu.edu.cn 表示临沂大学信息科学与工程学院网 WWW 服务器主机名。

6d/1 c/c2190 a27932 表示访问网页所在的路径。

page.htm 表示页面文件名。

因此,通过使用 URL 机制,用户可以指定要访问的服务器以及服务器中的某一个文件。

(5) WWW 浏览器。浏览器是一个显示网页伺服器或档案系统内的 HTML 文件(标准通用标记语言下的一个应用),并让用户与这些文件互动的一种软件。

PC 上常见的网页浏览器包括微软的 Internet Explorer、Mozilla 的 Firefox、Opera 和 Safari。

2. 电子邮件

电子邮件(E-mail,或 Electronic mail)是指 Internet 上或常规计算机网络上的各个用户之间,通过电子信件的形式进行通信的一种现代邮件通信方式。

电子邮件最初是作为两个人之间进行通信的一种机制来设计的,但目前的电子邮件已扩展到可以与一组用户或与一个计算机程序进行通信。由于计算机能够自动响应电子邮件,任何一台连接 Internet 的计算机都能够通过 E-mail 访问 Internet 服务,并且一般的 E-mail 软件设计时就考虑到如何访问 Internet 的服务,使得电子邮件成为 Internet 上使用最为广泛的服务之一。

电子邮件的格式在全球范围内是统一的,即

用户名@邮件服务器主机名

主机名是指拥有独立 IP 地址的计算机的名字,用户名是指在该计算机上为用户建立的电子邮件账号。例如,在腾讯主机上,有一个名为 123456 的用户,那么该用户的 E-mail 地址为 123456@qq.com。

3. 文件传输

FTP 服务用于在不同计算机系统之间传送文件,它与计算机所处的位置、连接方式及使用的操作系统无关。在 FTP 的使用中,用户经常遇到两个概念:"下载"(download)和"上传"(upload)。"下载"文件就是从远程主机复制文件至自己的计算机上;"上传"文件就是将文件从自己的计算机中复制至远程主机上。用 Internet 语言来说,用户可通过客户机程序向(从)远程主机上传(下载)文件。

FTP 服务中所遵循的协议为 FTP 协议。例如:FTP://121.250.125.231,其中:

FTP 表示所使用的传输协议类型。

121.250.125.231 表示计算机 IP 地址。

4. 远程登录

远程登录(Telnet)是指用户使用 Telnet 命令,将自己的计算机登录到另一台计算机上,使自己的计算机暂时成为远程计算机的一个仿真终端,可以使用远程计算机上的软、硬件资源。其工作过程是用户通过本地计算机向远程计算机发出登录请求并输入用户名和口令,远程的主机检查确认是否为合法用户,然后双方建立起通信。

5. 虚拟时空

随着三维动画及虚拟现实的技术手段的不断完善,在计算机世界里创造了越来越逼真的现实环境,形成了另一个时空观念。在这里用户可以交友、购物、玩游戏、旅游观光,从事着现实生活中存在的或虚拟出的各种活动。虚拟现实(virtual reality,VR)技术产生于 20 世纪 60 年代,VR 一词创始于 20 世纪 80 年代,该技术涉及计算机图形学、传感器技术学、动力学、光学、人工智能及社会心理学等研究领域,是多媒体和三维技术发展的更高境界。虚拟现实技术是一种基于可计算信息的沉浸式交互环境,是一种新的人机交互接口。具体地说,就是采用以计算机技术为核心的现代高科技生成逼真的视、听、触觉一体化的特定范围的虚拟环境(virtual environment,VE),用户借助必要的设备以自然的方式与虚拟环境中的对象进行交互作用,相互影响,从而产生身临其境的感受和体验。

虚拟现实技术一经问世,人们就对它产生了浓厚的兴趣。虚拟现实技术不但在医学、军事、房地产、设计、考古、艺术、娱乐等诸多领域得到了越来越广泛的应用,而且还给社会带来了巨大的经济效益。因此,业内人士认为:20 世纪 80 年代是个人计算机的时代,20 世纪 90 年代是网络、多媒体的时代,而 21 世纪则将是虚拟现实技术的时代。

6.5 网络信息检索

6.5.1 网络信息检索概述

随着互联网的快速发展,网络几乎成为知识和信息的海洋,如果需要可以在网上找到任何资源。但是,所找到的资源并不一定是有效的,那么如何在海量数据堆中,准确、快速地找到所需要的信息,是一个需要很好地解决的重大问题。因此,为用户从包含各种数据的文件堆中查找所需要的信息或知识的网上信息检索技术,便成为因特网应用中的一个关键性问题。

网络信息检索也称网络信息搜索,或者网络信息查询,是指互联网用户在网络终端,通过特定的网络搜索工具,运用一定的检索技术与策略,从海量的网络信息资源集合中查找并获取所需信息的过程。

与传统信息检索相比,网络信息检索具有如下特点。

(1) 检索范围、领域涵盖广。网络信息检索的信息来源非常广泛,信息涵盖全球,信息资源类型、学科(主题)领域也几乎无限制,均可通过检索查到。

(2) 传统检索技术与网络检索技术相结合。传统的信息检索核心技术如布尔逻辑检索、截词检索、限定检索等检索技术在网络信息检索中被沿用。但是借助网络信息技术的发展,一些新的检索技术也融入网络信息检索中,如人工智能、数据挖掘、自然语言处理、多媒体检索技术、多语言检索技术等,如一些搜索引擎能将搜索结果进行自动分类。

(3) 用户界面友好,容易上手。网络信息检索所借助的网络信息检索工具均以面对非专业信息检索的广大网民为主,通过各种交换和智能技术,使得一般检索基本能解决大部分问题,不需要专门的检索技术和知识。不过,高级搜索就相对难一些。

(4) 信息检索效率低。由于网络信息资源浩如烟海,信息资源良莠不齐等特点,信息检索结果数量虽多,但是查准率较低,尽管一些新的技术如数据挖掘技术、自然语言理解技术等不断发展和应用,但网络信息检索效率低的状况短时间内还无法改观。

网络信息检索常见的有以下两种形式:一种是网络目录,另一种是搜索引擎。

6.5.2 搜索引擎概述

"度娘""百度"已经成了搜索引擎的流行语,上至八十岁的老人下至两三岁的孩子,不会的东西都知道去网上查查。打开手机使用手机浏览器,或者使用计算机,都能够方便快捷地找到自己需要的信息。搜索引擎的出现给人们提供了方便,那么搜索引擎到底是什么呢?

在浩如烟海的 Internet 上查找所需要的信息,使用优秀的搜索引擎常常可以事半功倍。搜索引擎是指运行于 Internet 上,以 Internet 上各种信息资源为对象,以信息检索的方式提供用户所需信息的数据库服务系统(即检索工具)。搜索引擎所处理的信息资源主要包括 WWW 服务器上的信息资源、邮件列表和新闻组信息等。

从实现方式讲,搜索引擎可分为目录搜索引擎、全文搜索引擎、元搜索引擎三种形式。下面以全文搜索引擎为例简单介绍搜索引擎的工作原理。

全文搜索引擎的工作原理：首先在互联网中发现、搜集网页信息；同时对信息进行提取和组织建立索引库；再由检索器根据用户输入的查询关键字，在索引库中快速检出文档，进行文档与查询的相关度评价，对将要输出的结果进行排序，并将查询结果返回给用户。

（1）抓取网页。每个独立的搜索引擎都有自己的网页抓取程序（spider）。spider 顺着网页中的超链接，连续地抓取网页。被抓取的网页被称为网页快照。由于互联网中超链接的应用很普遍，理论上，从一定范围的网页出发，就能搜集到绝大多数的网页。

（2）处理网页。搜索引擎抓到网页后，还要做大量的预处理工作，才能提供检索服务。其中，最重要的就是提取关键词，建立索引库和索引。其他还包括去除重复网页、分词（中文），判断网页类型，分析超链接，计算网页的重要度/丰富度等。

（3）提供检索服务。用户输入关键词进行检索，搜索引擎从索引数据库中找到匹配该关键词的网页；为了用户便于判断，除了网页标题和 URL 外，还会提供一段来自网页的摘要以及其他信息。

6.5.3 常用网络信息检索工具

1. 中文搜索引擎——百度

百度是全球最大的中文搜索引擎，拥有超过千亿的中文网页数据库，搜索引擎使用"网络蜘蛛"程序（spider）自动在互联网中搜索信息，可定制、高扩展性的调度算法使得搜索器能在极短的时间内收集到最大数量的互联网信息。

百度的检索功能与检索方法如下。

（1）支持布尔逻辑运算。

① "与"运算：增加搜索范围。运算符可以是"空格"，也可以是"+"。

② "非"运算：减除无关资料。运算符为"-"。减号前必须留一空格，语法是"A-B"。有时候，排除含有某些词语的资料有利于缩小查询范围。

③ "或"运算：并行搜索。运算符为"｜"。使用"A｜B"来搜索"或者包含关键词 A，或者包含关键词 B，或者包含 A、B"的网页。

（2）使用双引号进行精确搜索。查询词加上双引号""则表示查询词不能被拆分，在搜索结果中必须完整出现，可以对查询词精确匹配。如果不加双引号""经过百度分析后可能会拆分。引号必须是英文双引号。

（3）使用书名号进行检索。查询词加上书名号《》有两层特殊功能：一是书名号会出现在搜索结果中；二是被书名号括起来的内容不会被拆分。

（4）指定文档检索。百度支持特别文档的检索，在搜索的关键词后面加一个"filetype："限定文档类型。其后文件格式有：DOC、XLS、PPT、PDF、RTF、ALL。其中，ALL 包含所有文件类型。例如，查找"信息检索"的所有的 PDF 文档，可以把检索词写成：信息检索 filetype:pdf。

（5）intitle 搜索——限定在网页标题中搜索。网页标题通常是对网页内容提纲挈领式的归纳。把查询内容范围限定在网页标题中，有时能获得良好的效果。使用的方式是把查询内容中特别关键的部分用"intitle："领起来。例如，找高等数学学习方法，就可以这样查询：intitle:高等数学学习方法。intitle:和后面的关键词之间不要有空格。

(6) site 搜索——范围限定在特定站点中。如果想查找某个站点中需要的资料,就可以把搜索范围限定在这个站点中,来提高查询效率。检索方法是在查询内容的后面加上"site:站点域名"。

例如,如果在天空网下载迅雷软件,检索式可以写成:迅雷。注意,"site:"后面跟的站点域名不要带"http://";另外,site:和站点域名之间不要带空格。

2. 中文期刊检索

国内比较优秀的、有代表性的中文数据库检索系统有中国知网、维普网、万方数据资源系统、CALIS 系统、《人大复印报刊资料》、《全国报刊资料索引》、CSSCI、CSCD 等。但是很多数据库检索库是要收费的。下面以中国知网为例简单介绍检索的有关知识。

中国知网不同于传统的搜索引擎,它利用知识管理的理念,实现了知识汇聚与知识发现,结合搜索引擎、全文检索、数据库等相关技术达到知识发现的目的,可在海量知识及信息中发现和获取所需信息,简洁高效、快速准确。

KDN 检索平台提供了统一的检索界面,采取了一框式的检索方式,用户只需要在文本框中直接输入自然语言(或多个检索短语)即可检索,简单方便。一框式的检索默认为检索"文献"。文献检索属于跨库检索,目前包含文献类数据库产品的有期刊、博士论文、硕士论文、国内重要会议论文、国际会议论文、报纸和年鉴 7 个库。

6.6　Python 案例赏析

Python 提供了两个基本的 socket 模块:一个是 Socket,它提供了标准的 BSD Sockets API;另一个是 SocketServer,它提供了服务器中心类,可以简化网络服务器的开发。使用 Socket 可以模拟 TCP 通信的实现方法。使用 Socket 函数时,需要注意两点:第一,TCP 发送数据时,已建立好 TCP 连接,所以不需要指定地址,UDP 是面向无连接的,每次发送要指定是发给谁;第二,服务端与客户端不能直接发送列表、元组、字典,需要字符串化 repr(data)。

实现该功能的 Socket 编程思路有以下两点。

1. TCP 服务端

(1) 创建套接字,绑定套接字到本地 IP 与端口:

`# socket.socket(socket.AF_INET,socket.SOCK_STREAM),s.bind()`

(2) 开始监听连接:

`#s.listen()`

(3) 进入循环,不断接受客户端的连接请求:

`#s.accept()`

(4) 然后接收传来的数据,并发送给对方:

`#s.recv(),s.sendall()`

(5) 传输完毕后,关闭套接字:

`#s.close()`

2. TCP 客户端

(1) 创建套接字,连接远端地址:

```
# socket.socket(socket.AF_INET,socket.SOCK_STREAM),s.connect()
```

(2) 连接后发送数据和接收数据:

```
# s.sendall(),s.recv()
```

(3) 传输完毕后,关闭套接字:

```
#s.close()
```

服务器端程序实现:

```python
#! /usr/bin/env python
import socket
host = "localhost"
port = 10000
s = socket.socket(socket.AF_INET,socket.SOCK_STREAM)
s.bind((host,port))
s.listen(5)
while 1:
sock,addr = s.accept()
print "got connection form",sock.getpeername()
data = sock.recv(1024)
if not data:
break
else:
print data
```

客户端程序实现:

```python
#! /usr/bin/env python
import socket
host = "localhost"
port = 10000
s = socket.socket(socket.AF_INET,socket.SOCK_STREAM)
s.connect((host,port))
s.send("hello from client")
s.close()
```

第7章 信息安全基础

7.1 信息安全概述

7.1.1 信息安全的概念

信息安全是指信息网络的硬件、软件及其系统中的数据受到保护,不因偶然的或者恶意的原因而遭到破坏、更改、泄露,系统连续可靠正常地运行,信息服务不中断,确保信息的机密性、完整性、抗否认性和可用性。

信息安全是一门涉及计算机科学、网络技术、通信技术、密码技术、信息安全技术、应用数学、数论、信息论等多种学科的综合性学科。

7.1.2 信息安全的特征

(1)机密性(confidentiality)。保证机密信息不被窃听,或窃听者不能了解信息的真实含义。

(2)完整性(integrity)。保证数据的一致性,防止数据被非法用户篡改。

(3)抗否认性(non-repudiation)。建立有效的责任机制,防止用户否认其行为,这一点在电子商务中是极其重要的。

(4)可用性(availability)。保证合法用户对信息和资源的使用不会被不正当地拒绝。

7.1.3 信息系统面临的威胁

随着信息化进程的加快,信息化的覆盖面的扩大,信息安全问题也就随之日益增多和复杂,其造成的影响和后果也会不断扩大和更趋严重。网络信息系统是一个复杂的计算机系统,它在物理上、操作上和管理上的种种漏洞导致系统安全十分脆弱。而信息又主要依托网络信息系统,这给信息安全带来新的问题和挑战。

信息安全面临的威胁主要来自以下三个方面。

1. 技术安全风险因素

(1)基础信息网络和重要信息系统安全防护能力不强。国家重要的信息系统和信息基础网络是信息安全防护的重点,是社会发展的基础。我国的基础网络主要包括互联网、电信网、广播电视网,重要的信息系统包括铁路、政府、银行、证券、电力、民航、石油等关系国计民生的国家关键基础设施所依赖的信息系统。虽然在这些领域的信息安全防护工作取得了一定的成绩,但是安全防护能力仍然不强,主要表现在以下几方面。

① 重视不够,投入不足。对信息安全基础设施投入不够,信息安全基础设施缺乏有效的维护和保养制度,设计与建设不同步。

② 安全体系不完善,整体安全还十分脆弱。

③ 关键领域缺乏自主产品,高端产品严重依赖国外,无形之中埋下了安全隐患。我国计算机产品大都是国外的品牌,技术上受制于人,如果被人预先植入后门,很难发现,届时造成的损失将无法估量。

(2) 失泄密隐患严重。随着企业及个人数据累计量的增加,数据丢失所造成的损失已经无法计量,机密性、完整性和可用性均可能随时受到威胁。在当今全球一体化的大背景下,窃密与反窃密的斗争愈演愈烈,特别在信息安全领域,保密工作面临新的问题越来越多,越来越复杂。信息时代泄密途径日益增多,比如互联网泄密、手机泄密、电磁波泄密、移动存储介质泄密等新的技术发展也给信息安全带来新的挑战。

2. 人为恶意攻击

相对物理实体和硬件系统及自然灾害而言,精心设计的人为攻击威胁最大。人的因素最为复杂,思想最为活跃,不能用静止的方法和法律、法规加以防护,这是信息安全所面临的最大威胁。人为恶意攻击可以分为主动攻击和被动攻击。主动攻击的目的在于篡改系统中信息的内容,以各种方式破坏信息的有效性和完整性。被动攻击的目的是在不影响网络正常使用的情况下,进行信息的截获和窃取。总之不管是主动攻击还是被动攻击,都给信息安全带来巨大损失。攻击者常用的攻击手段有木马、黑客后门、网页脚本、垃圾邮件等。

3. 信息安全管理薄弱

面对复杂、严峻的信息安全管理形势,根据信息安全风险的来源和层次,有针对性地采取技术、管理和法律等措施,谋求构建立体的、全面的信息安全管理体系,已逐渐成为共识。与反恐、环保、粮食安全等安全问题一样,信息安全也呈现出全球性、突发性、扩散性等特点。信息及网络技术的全球性、互联性,信息资源和数据共享性等,又使其本身极易受到攻击,攻击的不可预测性、危害的连锁扩散性大大增强了信息安全问题造成的危害。信息安全管理已经被越来越多的国家所重视。与发达国家相比,我国的信息安全管理研究起步比较晚,基础性研究较为薄弱。研究的核心仅仅停留在信息安全法规的出台,信息安全风险评估标准及一些信息安全管理的实施细则的制定,应用性研究、前沿性研究不强。这些研究没有从根本上改变我国管理底子薄、漏洞多的现状。

这些威胁根据其性质,基本上可以归结为以下几个方面。

(1) 信息泄露:保护的信息被泄露或透露给某个非授权的实体。

(2) 破坏信息的完整性:数据被非授权地进行增删、修改或破坏而受到损失。

(3) 拒绝服务:信息使用者对信息或其他资源的合法访问被无条件地阻止。

(4) 非法使用(非授权访问):某一资源被某个非授权的人,或以非授权的方式使用。

(5) 窃听:用各种可能的合法或非法的手段窃取系统中的信息资源和敏感信息。例如对通信线路中传输的信号搭线监听,或者利用通信设备在工作过程中产生的电磁泄漏截取有用信息等。

(6) 业务流分析:通过对系统进行长期监听,利用统计分析方法对诸如通信频度、通信的信息流向、通信总量的变化等参数进行研究,从中发现有价值的信息和规律。

(7) 假冒:通过欺骗通信系统或用户,达到非法用户冒充成为合法用户,或者特权小的用户冒充成为特权大的用户的目的。人们平常所说的黑客大多采用的就是假冒攻击。

（8）旁路控制：攻击者利用系统的安全缺陷或安全性上的脆弱之处获得非授权的权利或特权。例如，攻击者通过各种攻击手段发现原本应保密，但是却又暴露出来的一些系统"特性"，利用这些"特性"，攻击者可以绕过防线守卫者侵入系统内部。

（9）授权侵犯：被授权以某一目的使用某一系统或资源的某个人，却将此权限用于其他非授权的目的，也称为"内部攻击"。

（10）抵赖：这是一种来自用户的攻击，涵盖范围比较广泛，比如，否认自己曾经发布过的某条消息，伪造一份对方来信等。

（11）计算机病毒：这是一种在计算机系统运行过程中能够实现传染和侵害功能的程序，行为类似病毒，故称为计算机病毒。

（12）信息安全法律法规不完善：由于当前约束操作信息行为的法律法规还很不完善，存在很多漏洞，很多人打法律的"擦边球"，这就给信息窃取、信息破坏者以可乘之机。

7.2 计算机犯罪

1. 计算机犯罪的概念

利用暴力和非暴力的形式，故意获取、泄露或破坏系统中的机密信息以及危害系统实体和信息安全的不法行为。

2. 计算机犯罪的主要类型

（1）损坏计算机系统，主要指对计算机及其外围设备的物理损坏。

（2）非法侵入，主要指对计算机内存储的信息进行干扰、篡改、窃取。

（3）利用计算机传播色情、反动信息。

（4）知识产权侵权。

（5）利用计算机非法融资、欺骗、贪污。

3. 计算机犯罪常用技术

（1）欺骗，如克隆银行网站，在用户登录虚假网站时，窃取用户账号和密码，或利用互联网发布广告、散布虚假信息吸引投资者。

（2）黑客，利用专业技术或黑客工具软件，获取被控制用户的个人信息、银行账号和各种网络身份，然后公布炫耀或转卖获利，也有直接利用盗取信息获利的。或者侵入单位网站获取技术资料，再转卖获利。

（3）木马，实际上就是一种黑客工具，具有计算机病毒传播和隐藏的特征，木马控制者利用它获取被侵入用户的信息，通常计算机病毒是不受控制的，而木马是受控制的。

（4）伪造证件，利用计算机技术伪造身份证、信用卡、存折和其他各类证件。

4. 防范计算机犯罪的技术

（1）数据输入控制：确保输入之前和输入过程中的数据的正确，无伪造，无非法输入。

（2）通信控制：一般用加密、用户鉴别和终端鉴别、口令等来保护数据不被侵害，对拨号系统要防止直接访问或一次访问成功。

(3) 数据处理控制:比较有效的是设专门的安全控制计算机或安全专家系统,控制处理过程中数据的完整和正确,不被篡改,防止"木马病毒"等犯罪程序,因为这些工作靠人工进行是困难的。

(4) 数据存储控制:通过加密和完善的行政和技术规章来保证数据不被篡改、删除、破坏,特别要加强对媒体的管理。

(5) 输出控制:必须对所有能够被存取的数据严加限制,实行监控。

(6) 信用卡、磁卡、存折控制:首先要保证卡上图案的唯一性和密码的不可更改性,其次,制卡、密码分配及发卡要分别加以控制,分不同渠道进行。

7.3 黑客及防御策略

"黑客"一词是由英语 Hacker 音译出来的,是指专门研究、发现计算机和网络漏洞的计算机爱好者。他们伴随着计算机和网络的发展而产生、成长。黑客对计算机有着狂热的兴趣和执着的追求,他们不断地研究计算机和网络知识,发现计算机和网络中存在的漏洞,喜欢挑战高难度的网络系统并从中找到漏洞,然后向管理员提出解决和修补漏洞的方法。

7.3.1 黑客分类

(1) 传统意义上的黑客:利用技术或专门的论坛来炫耀、交流获取的计算机系统的用户名和口令,并侵入计算机系统。

(2) 对公司心怀不满的雇员:他们对所侵入的计算机系统的安全状况比较了解,可以利用系统漏洞对计算机系统进行损害。

(3) 专业的罪犯和工业间谍:他们受雇于某个公司或组织,用专业手段获取侵入对象的安全信息或者重金收买相应的安全信息,然后侵入计算机系统,以获取更高价值的数据或破坏、扰乱计算机系统正常工作。

7.3.2 黑客攻击方法

1. 拒绝服务攻击

拒绝服务攻击即攻击者想办法让目标机器停止提供服务,是黑客常用的攻击手段之一。其实对网络带宽进行的消耗性攻击只是拒绝服务攻击的一小部分,只要能够对目标造成麻烦,使某些服务被暂停甚至主机死机,都属于拒绝服务攻击。拒绝服务攻击问题也一直得不到合理的解决,究其原因是因为这是由于网络协议本身的安全缺陷造成的,从而拒绝服务攻击也成了攻击者的终极手法。攻击者进行拒绝服务攻击,实际上让服务器实现两种效果:一是迫使服务器的缓冲区满,不接收新的请求;二是使用 IP 欺骗,迫使服务器把合法用户的连接复位,影响合法用户的连接。

2. 分布式拒绝服务攻击

分布式拒绝服务(distributed denial of service,DDoS)攻击指借助于客户机/服务器技术,将多个计算机联合起来作为攻击平台,对一个或多个目标发动 DoS 攻击,从而成倍地提高拒绝服务攻击的威力。通常，攻击者使用一个偷窃账号将 DDoS 主控程序安装在一个计算机上，在一个设定的时间主控程序将与大量代理程序通信，代理程序已经被安装在 Internet 上的许多计算机上。代理程序收到指令时就发动攻击。利用客户机/服务器技术，主控程序能在几秒内激活成百上千次代理程序的运行。

3. 口令入侵术

口令入侵，就是指用一些软件解开已经得到但被人加密的口令文档，不过许多黑客已大量采用一种可以绕开或屏蔽口令保护的程序来完成这项工作。那些可以解开或屏蔽口令保护的程序通常被称为"Crack"。由于这些软件的广为流传，使得入侵计算机网络系统有时变得相当简单，一般不需要很深入了解系统的内部结构，是初学者的好方法。

4. 特洛伊木马

特洛伊木马可理解为类似灰鸽子的软件，在计算机中潜伏，以达到黑客目的。原指一希腊传说。在古希腊传说中，希腊联军围困特洛伊久攻不下，于是假装撤退，留下一具巨大的中空木马，特洛伊守军不知是计，把木马运进城中作为战利品。夜深人静之际，木马腹中躲藏的希腊士兵打开城门，特洛伊沦陷。后人常用"特洛伊木马"这一典故来比喻在敌方营垒里埋下伏兵里应外合的活动。现在有的病毒伪装成一个实用工具或者一个可爱的游戏甚至一个位图文件等等，这会诱使用户将其安装在 PC 或者服务器上。这样的病毒也被称为"特洛伊木马"（trojan horse），简称"木马"。

5. 监听术

监听是一种监视网络状态、数据流程以及网络上信息传输的管理工具，它可以将网络界面设定成监听模式，并且可以截获网络上所传输的信息。也就是说，当黑客登录网络主机并取得超级用户权限后，若要登录其他主机，使用网络监听便可以有效地截获网络上的数据，这是黑客使用的最好方法。但是网络监听只能应用于连接同一网段的主机，通常被用来获取用户密码等。

6. 缓冲区溢出攻击

缓冲区溢出攻击是利用缓冲区溢出漏洞所进行的攻击行动。缓冲区溢出是一种非常普遍、非常危险的漏洞，在各种操作系统、应用软件中广泛存在。利用缓冲区溢出攻击，可以导致程序运行失败、系统关机、重新启动等后果。

7.3.3 黑客入侵的步骤

一般分为以下三个阶段，如图 7-1 所示。

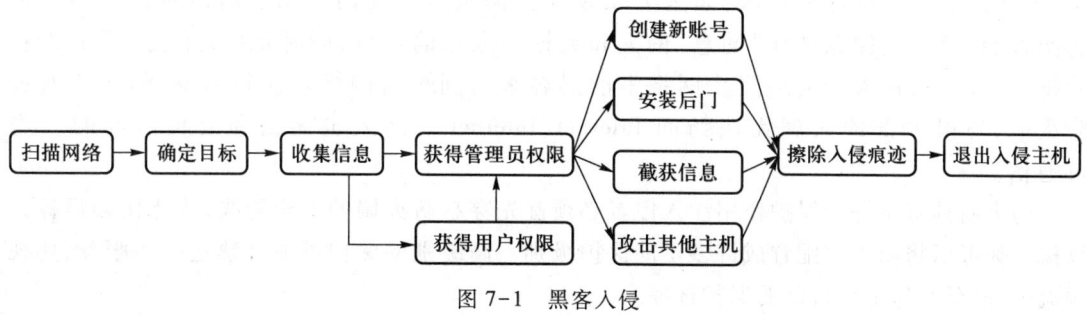

图 7-1 黑客入侵

(1) 确定目标与收集相关信息。
(2) 获得对系统的访问权利。
(3) 隐藏踪迹。

7.3.4 黑客入侵的防范

一个良好的入侵检测系统至少要满足以下5个要求。

(1) 实时性。如果攻击或者攻击企图能被尽快发现,就有可能较早地阻止进一步的攻击活动,把损失控制在最小限度,并对攻击行为进行记录作为证据。实时入侵检测可以避免管理员通过审查系统日志的异常来查找攻击行为而造成的麻烦和时间上的滞后。

(2) 可扩展性。攻击行为的特征各不相同,入侵检测系统必须通过某种机制,在不需要对系统本身进行改动的情况下能够检测到新的攻击行为。

(3) 适应性。入侵系统应该适应不同的系统环境和网络环境,在计算机系统和网络结构发生变化时仍然正常工作。

(4) 安全性与可用性。入侵检测系统应该考虑针对其本身工作原理的攻击及相应的防御方法,不能给宿主计算机或网络系统带来新的安全隐患。

(5) 有效性。保证对入侵行为的检测是有效的,对入侵行为的错报、漏报率能控制在一定范围以内。

7.4 防火墙技术

7.4.1 概念

所谓防火墙指的是一个由软件和硬件设备组合而成、在内部网和外部网之间、专用网与公共网之间的界面上构造的保护屏障,是一种获取安全性方法的形象说法。它是一种计算机硬件和软件的结合,使Internet与Intranet之间建立起一个安全网关(security gateway),从而保护内部网免受非法用户的侵入。防火墙主要由服务访问规则、验证工具、包过滤和应用网关4个部分组成。防火墙就是一个位于计算机和它所连接的网络之间的软件或硬件,该计算机流入流出的所有网络通信和数据包均要经过此防火墙。

在网络中,所谓"防火墙",是指一种将内部网和公众访问网(如Internet)分开的方法,它实际上是一种隔离技术,如图7-2所示。防火墙是在两个网络通信时执行的一种访问控制尺度,它能允许你"同意"的人和数据进入你的网络,同时将你"不同意"的人和数据拒之门外,最大限度地阻止网络中的黑客来访问你的网络。换句话说,如果不通过防火墙,公司内部的人就无法访问Internet,Internet上的人也无法和公司内部的人进行通信。

防火墙具有很好的保护作用。入侵者必须首先穿越防火墙的安全防线,才能接触目标计算机。你可以将防火墙配置成许多不同保护级别。高级别的保护可能会禁止一些服务,如视频流等,但至少这是你自己的保护选择。

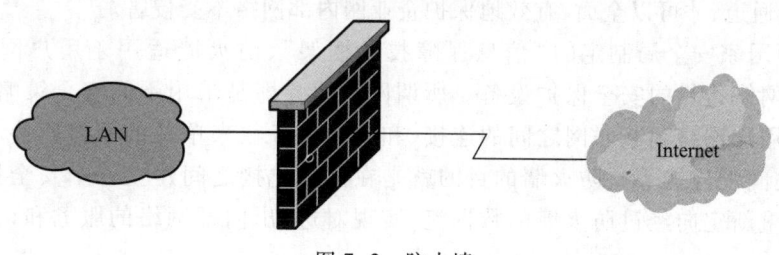

图 7-2　防火墙

7.4.2　防火墙分类

监管数据包所在的网络协议栈的层次分为以下几种。

1. 分组过滤路由器

分组过滤路由器也称为包过滤防火墙，它工作在网络层，因此也叫网络级防火墙。它只检查过路数据包的地址和端口，要先制定允许访问的地址、端口配对规则，符合规则的数据包被允许通过，不符合规则的就被丢弃。

2. 应用级网关

应用层防火墙是在 TCP/IP 堆栈的"应用层"上运作，使用浏览器时所产生的数据流或使用 FTP 时的数据流都是属于这一层。应用层防火墙可以拦截进出某应用程序的所有封包，并且封锁其他的封包（通常是直接将封包丢弃）。理论上，这一类的防火墙可以完全阻绝外部的数据流进到受保护的机器里。

3. 电路级网关

电路级网关禁止建立内网和外网间的端到端 TCP 连接，内、外网若想传输数据，必须通过电路级网关，分别建立外部主机到网关的 TCP 连接和网关到内部主机的 TCP 连接。一旦连接建立，在此连接上存储转发的数据包不再进行检查。

根据侧重不同，也可分为包过滤型防火墙、应用层网关型防火墙、服务器型防火墙。

7.4.3　防火墙的优点

（1）防火墙能强化安全策略。

（2）防火墙能有效地记录 Internet 上的活动。

（3）防火墙限制暴露用户点。防火墙能够用来隔开网络中一个网段与另一个网段，这样，能够防止影响一个网段的问题通过整个网络传播。

（4）防火墙是一个安全策略的检查站。所有进出的信息都必须通过防火墙，防火墙便成为安全问题的检查点，使可疑的访问被拒绝于门外。

7.4.4　基本特性

1. 内部网络和外部网络之间的所有网络数据流都必须经过防火墙

这是防火墙所处网络位置特性，同时也是一个前提。因为只有当防火墙是内、外部网络之间通信的唯一通道,才可以全面、有效地保护企业网内部网络不受侵害。

根据美国国家安全局制定的"信息保障技术框架",防火墙适用于用户网络系统的边界,属于用户网络边界的安全保护设备。所谓网络边界即是采用不同安全策略的两个网络连接处,比如用户网络和互联网之间的连接、和其他业务往来单位的网络连接、用户内部网络不同部门之间的连接等。防火墙的目的就是在网络连接之间建立一个安全控制点,通过允许、拒绝或重新定向经过防火墙的数据流,实现对进、出内部网络的服务和访问的审计和控制。

典型的防火墙体系网络结构如图 7-2 所示。从图中可以看出,防火墙的一端连接企事业单位内部的局域网,而另一端则连接着互联网。所有的内、外部网络之间的通信都要经过防火墙。

2. 只有符合安全策略的数据流才能通过防火墙

防火墙最基本的功能是确保网络流量的合法性,并在此前提下将网络的流量快速地从一条链路转发到另外的链路上去。从最早的防火墙模型开始谈起,原始的防火墙是一台"双穴主机",即具备两个网络接口,同时拥有两个网络层地址。防火墙将网络上的流量通过相应的网络接口接收上来,按照 OSI 协议栈的七层结构顺序上传,在适当的协议层进行访问规则和安全审查,然后将符合通过条件的报文从相应的网络接口送出,而对于那些不符合通过条件的报文则予以阻断。因此,从这个角度上来说,防火墙是一个类似于桥接或路由器的、多端口的(网络接口≥2)转发设备,它跨接于多个分离的物理网段之间,并在报文转发过程中完成对报文的审查工作。

3. 防火墙自身应具有非常强的抗攻击免疫力

这是防火墙之所以能担当企业内部网络安全防护重任的先决条件。防火墙处于网络边缘,它就像一个边界卫士一样,每时每刻都要面对黑客的入侵,这样就要求防火墙自身要具有非常强的抗击入侵本领。之所以具有这么强的本领,防火墙操作系统本身是关键,只有自身具有完整信任关系的操作系统才可以谈论系统的安全性。其次就是防火墙自身具有非常低的服务功能,除了专门的防火墙嵌入系统外,再没有其他应用程序在防火墙上运行。当然这些安全性也只能说是相对的。

7.4.5 防火墙使用规范

1. 防火墙实现了你的安全政策

防火墙加强了一些安全策略。如果你没有在放置防火墙之前制定安全策略,那么现在就是制定的时候了。它可以不被写成书面形式,但是同样可以作为安全策略。如果你还没有明确关于安全策略应当做什么,安装防火墙就是能做的最好的保护你的站点的事情,但是要随时维护它也是很不容易的事情。要想有一个好的防火墙,就需要有好的安全策略——写成书面的并且被大家所接受。

2. 一个防火墙在许多时候并不是一个单一的设备

除非在特别简单的案例中,防火墙很少是单一的设备,而是一组设备。就算购买的是一个商用的"all-in-one"防火墙应用程序,你同样必须配置其他机器(例如你的网络服务器)来与之一同运行。这些其他的机器被认为是防火墙的一部分,这包含了对这些机器的配置和管理方式,它们所信任的是什么,什么又将它们作为可信的等等。你不能简单地选择一个叫作"防火墙"的设备却期望其担负所有安全责任。

3. 防火墙并不是现成的随时获得的产品

选择防火墙更像买房子而不是选择去哪里度假。防火墙和房子很相似,你必须每天和它待在一起,你使用它的期限也不止一两个星期,都需要维护否则都会崩溃掉。建设防火墙需要仔细地选择和配置一个解决方案来满足你的需求,然后不断地去维护它。必须要注意,对一个站点是正确的解决方案往往对另外站点来说是错误的。

4. 防火墙并不会解决你所有的问题

并不要指望防火墙靠自身就能够给予你安全。防火墙保护你免受来自外部攻击的威胁,但是却不能防止从 LAN 内部的攻击,它甚至不能保护你免受所有那些它能检测到的攻击。

5. 使用默认的策略

正常情况下你的手段是拒绝除了你知道必要和安全的服务以外的任何服务。但是新的漏洞每天都出现,关闭不安全的服务意味着一场持续的战争。

6. 有条件地妥协,而不是轻易地

人们都喜欢做不安全的事情。如果你允许所有的请求,你的网络就会很不安全。如果你拒绝所有的请求,你的网络同样是不安全的,你不会知道不安全的东西隐藏在哪里。那些不能和你一同工作的人将会对你不利。你需要找到满足用户需求的方式,虽然这些方式会带来一定量的风险。

7. 使用分层手段

不在一个地点依赖单一的设备。使用多个安全层来避免某个失误造成对你关心的问题的侵害。

8. 只安装你所需要的

防火墙机器不能像普通计算机那样安装厂商提供的全部软件分发。作为防火墙一部分的机器必须保持最小的安装。即使你认为有些东西是安全的也不要在你不需要的时候安装它。

9. 使用可以获得的所有资源

不要建立基于单一来源的信息的防火墙,特别是该资源不是来自厂商。有许多可以利用的资源,例如厂商信息、所编写的书、邮件组和网站。

10. 只相信你能确定的

不要相信图形界面的手工和对话框或厂商关于某些东西如何运行的声明、检测,来确定应当拒绝的连接都拒绝了。而是通过检测来确定应定允许的连接都允许了。

11. 不断地重新评价决定

你 5 年前买的房子今天可能已经不适合你了。同样地,你一年以前所安装的防火墙对于你现在的情况已经不是最好的解决方案了。对于防火墙你应当经常评估你的决定并确认你仍然有合理的解决方案。更改你的防火墙,就像搬新家一样,需要明显的努力和仔细的计划。

12. 要对失败有心理准备

做好最坏的心理准备。防火墙不是万能的,对一些新出现的病毒和木马可能没有反应,要时常更新;机器可能会停止运行,动机良好的用户可能会做错事情,有恶意动机的用户可能做坏的事情并成功地打败你。但是一定要明白当这些事情发生时这并不是一个非常严重的灾难,因为现在病毒发展迅速,而且品种繁多,防火墙不可能全部都能阻拦,所以要做好最坏的心理准备的同时还要为下一步预防做好打算,加强自身的安全防护。

7.5 计算机病毒及防范

计算机病毒是指编制或者在计算机程序中插入的破坏计算机功能或者毁坏数据,影响计算机使用,并能够自我复制的一组计算机指令或者程序代码。未经授权而执行。一般正常的程序是由用户调用,再由系统分配资源,完成用户交给的任务。其目的对用户是可见的、透明的。而病毒具有正常程序的一切特性,它隐藏在正常程序中,当用户调用正常程序时窃取到系统的控制权,先于正常程序执行。病毒的动作、目的对用户是未知的,是未经用户允许的。

计算机病毒的特性如下。

1. 繁殖性

计算机病毒不但本身具有破坏性,更有害的是具有传染性,一旦病毒被复制或产生变种,其速度之快令人难以预防。传染性是病毒的基本特征。在生物界,病毒通过传染从一个生物体扩散到另一个生物体。在适当的条件下,它可得到大量繁殖,并使被感染的生物体表现出病症甚至死亡。同样,计算机病毒也会通过各种渠道从已被感染的计算机扩散到未被感染的计算机,在某些情况下造成被感染的计算机工作失常甚至瘫痪。与生物病毒不同的是,计算机病毒是一段人为编制的计算机程序代码,这段程序代码一旦进入计算机并得以执行,它就会搜寻其他符合其传染条件的程序或存储介质,确定目标后再将自身代码插入其中,达到自我繁殖的目的。只要一台计算机染毒,如不及时处理,那么病毒会在这台计算机上迅速扩散,计算机病毒可通过各种可能的渠道,如软盘、硬盘、移动硬盘、计算机网络去传染其他的计算机。当在一台机器上发现了病毒时,往往曾在这台计算机上用过的 U 盘已感染上了病毒,而与这台机器相联网的其他计算机也许也被该病毒染上了。是否具有传染性是判别一个程序是否为计算机病毒的最重要条件。

2. 隐蔽性

病毒一般是具有很高编程技巧、短小精悍的程序,通常附在正常程序或磁盘代码中,病毒程序与正常程序是不容易区别开来的。病毒一般只有几百 B 或 1 KB,而 PC 对 DOS 文件的存取速度可达每秒几百 KB 以上,所以病毒转瞬之间便可将这短短的几百字节附着到正常程序中,非常不易被察觉。

3. 潜伏性

有些病毒像定时炸弹一样,让它什么时间发作是预先设计好的。比如黑色星期五病毒,不到预定时间一点都觉察不出来,等到条件具备时一下子就爆炸开来,对系统进行破坏。一个编制精巧的计算机病毒程序,进入系统之后一般不会马上发作,因此病毒可以静静地躲在磁盘或磁带里待上几天,甚至几年,一旦时机成熟,得到运行机会,就又要四处繁殖、扩散,继续危害。潜伏性的第二种表现是指,计算机病毒的内部往往有一种触发机制,不满足触发条件时,计算机病毒除了传染外不做什么破坏。触发条件一旦得到满足,有的在屏幕上显示信息、图形或特殊标识,有的则执行破坏系统的操作,如格式化磁盘、删除磁盘文件,对数据文件做加密,封锁键盘以及使系统死锁等。

4. 破坏性

良性病毒可能只显示些画面或出点音乐、无聊的语句,或者根本没有任何破坏动作,但会占用系统资源。

恶性病毒则有明确的目的,或破坏数据、删除文件或加密磁盘、格式化磁盘,有的对数据造成不可挽回的破坏。

5. 可触发性

病毒因某个事件或数值的出现,诱使病毒实施感染或进行攻击的特性称为可触发性。为了隐蔽自己,病毒必须潜伏,少做动作。如果完全不动,一直潜伏,病毒既不能感染也不能进行破坏,便失去了杀伤力。病毒既要隐蔽又要维持杀伤力,它必须具有可触发性。病毒的触发机制就是用来控制感染和破坏动作的频率的。病毒具有预定的触发条件,这些条件可能是时间、日期、文件类型或某些特定数据等。病毒运行时,触发机制检查预定条件是否满足,如果满足,启动感染或破坏动作,使病毒进行感染或攻击;如果不满足,使病毒继续潜伏。

7.5.1 病毒的分析

整个病毒代码虽短小但也包含三部分:引导部分,传染部分,表现部分。

(1) 引导部分的作用是将病毒主体加载到内存,为传染部分做准备(如驻留内存,修改中断,修改高端内存,保存原中断向量等操作)。

(2) 传染部分的作用是将病毒代码复制到传染目标上去。不同类型的病毒在传染方式、传染条件上各有不同。

(3) 表现部分是病毒间差异最大的部分,前两个部分也是为这部分服务的。大部分的病毒都是有一定条件才会触发其表现部分的。

7.5.2 病毒的分类

计算机病毒可以根据下面的属性进行分类。

(1) 根据病毒存在的媒体,病毒可以划分为网络病毒、文件病毒、引导型病毒。网络病毒通过计算机网络传播感染网络中的可执行文件,文件病毒感染计算机中的文件(如 COM、EXE、DOC 等),引导型病毒感染启动扇区(Boot)和硬盘的系统引导扇区(MBR),还有这三种情况的混合型,例如,多型病毒(文件和引导型)具有感染文件和引导扇区两种目标,这样的病毒通常都具有复杂的算法,它们使用非常规的办法侵入系统,同时使用了加密和变形算法。

(2) 根据病毒传染的方法可分为驻留型病毒和非驻留型病毒,驻留型病毒感染计算机后,把自身的内存驻留部分放在内存(RAM)中,这一部分程序挂接系统调用并合并到操作系统中去,它处于激活状态,一直到关机或重新启动。非驻留型病毒在得到机会激活时并不感染计算机内存,一些病毒在内存中留有小部分,但是并不通过这一部分进行传染,这类病毒也被划分为非驻留型病毒。

(3) 按病毒的算法可分为以下几种。

① 伴随型病毒。这一类病毒并不改变文件本身,它们根据算法产生 EXE 文件的伴随体,具有同样的名字和不同的扩展名(COM),例如,XCOPY.EXE 的伴随体是 XCOPY-COM。病毒把自身写入 COM 文件并不改变 EXE 文件,当 DOS 加载文件时,伴随体优先被执行,再由伴随体加载执行原来的 EXE 文件。

② "蠕虫"型病毒。通过计算机网络传播,不改变文件和资料信息,利用网络从一台机器的内存传播到其他机器的内存,计算网络地址,将自身的病毒通过网络发送。有时它们在系统存在,一般除了内存不占用其他资源。

③ 寄生型病毒。除了伴随和"蠕虫"型,其他病毒均可称为寄生型病毒,它们依附在系统的引导扇区或文件中,通过系统的功能进行传播,按其算法不同可分为:

- 练习型病毒,病毒自身包含错误,不能进行很好的传播,例如一些病毒在调试阶段。
- 诡秘型病毒。它们一般不直接修改 DOS 中断和扇区数据,而是通过设备技术和文件缓冲区等 DOS 内部修改,不易看到资源,使用比较高级的技术。利用 DOS 空闲的数据区进行工作。
- 变型病毒(又称幽灵病毒)。这一类病毒使用一个复杂的算法,使自己每传播一份都具有不同的内容和长度。它们一般是由一段混有无关指令的解码算法和被变化过的病毒体组成。

7.5.3 应对病毒的策略

1. 建立良好的安全习惯

例如,对一些来历不明的邮件及附件不要打开,不要上一些不太了解的网站,不要执行从 Internet 下载后未经杀毒处理的软件等,这些必要的习惯会使你的计算机更安全。

2. 关闭或删除系统中不需要的服务

默认情况下,许多操作系统会安装一些辅助服务,如 FTP 客户端、Telnet 和 Web 服务器。这些服务为攻击者提供了方便,而又对用户没有太大用处,如果删除它们,就能大大减少被攻击的可能性。

3. 经常升级安全补丁

据统计,有 80%的网络病毒是通过系统安全漏洞进行传播的,如蠕虫王、冲击波、震荡波等,所以应该定期下载最新的安全补丁,以防患于未然。

4. 使用复杂的密码

有许多网络病毒就是通过猜测简单密码的方式攻击系统的,因此使用复杂的密码,将会大大提高计算机的安全系数。

5. 迅速隔离受感染的计算机

当发现计算机病毒或异常时应立刻断网,以防止计算机受到更多的感染,或者成为传播源,再次感染其他计算机。

6. 了解一些病毒知识

这样就可以及时发现新病毒并采取相应措施,在关键时刻使自己的计算机免受病毒破坏。如果能了解一些注册表知识,就可以定期看一看注册表的自启动项是否有可疑键值;如果了解一些内存知识,就可以经常看看内存中是否有可疑程序。

7. 最好安装专业的杀毒软件进行全面监控

在病毒日益增多的今天,使用杀毒软件进行防毒,是越来越经济的选择,不过用户在安装了反病毒软件之后,应该经常进行升级,经常打开一些主要监控(如邮件监控),对内存进行监控等,遇到问题要上报,这样才能真正保障计算机的安全。

8. 安装个人防火墙软件进行防黑

由于网络的发展,用户计算机面临的黑客攻击问题也越来越严重,许多网络病毒都采用了黑客的方法来攻击用户计算机,因此,用户还应该安装个人防火墙软件,将安全级别设为中、高,这样才能有效地防止网络上的黑客攻击。

7.6 信 息 加 密

计算机密码学是研究计算机信息加密、解密及其变换的科学,是数学和计算机的交叉学科,也是一门新兴的学科。在一些国家,它已成为计算机安全主要的研究方向,也是计算机安全课程教学中的主要内容。

密码是实现秘密通信的主要手段,是隐蔽语言、文字、图像的特种符号。凡是用特种符号按照通信双方约定的方法把电文的原形隐蔽起来,不为第三者所识别的通信方式称为密码通信。在计算机通信中,采用密码技术将信息隐蔽起来,再将隐蔽后的信息传输出去,使信息在传输过程中即使被窃取或截获,窃取者也不能了解信息的内容,从而保证信息传输的安全。

任何一个加密系统至少包括下面 4 个组成部分。

(1) 未加密的报文,也称明文。

(2) 加密后的报文,也称密文。

(3) 加密解密设备或算法。

(4) 加密解密的密钥。

发送方用加密密钥,通过加密设备或算法,将信息加密后发送出去。接收方在收到密文后,用解密密钥将密文解密,恢复为明文。如果传输中有人窃取,他只能得到无法理解的密文,从而对信息起到保密作用。

7.6.1 基础的密码学理论

1. 对称算法与非对称算法

对称算法(symmetric algorithm),有时又叫传统密码算法,就是加密密钥能够从解密密钥中推算出来,同时解密密钥也可以从加密密钥中推算出来。而在大多数的对称算法中,加密密钥和解密密钥是相同的。所以也称这种加密算法为秘密密钥算法或单密钥算法。它要求发送方和接收方在安全通信之前商定一个密钥。对称算法的安全性依赖于密钥,泄漏密钥就意味着任何人都可以对他们发送或接收的消息解密,所以密钥的保密性对通信至关重要。对称加密的优点在于算法实现的效率高,速度快。对称加密的缺点在于密钥的管理过于复杂。如果任何一对发送方和接收方都有他们各自商议的密钥,那么很明显,假设有 N 个用户进行对称加密通信,如果按照上述方法,则他们要产生 $N(N-1)$ 把密钥,每一个用户要记住或保留 $N-1$ 把密钥,当 N 很大时,记住是不可能的,而保留起来又会引起密钥泄漏可能性的增加。常用的对称加密算法有 DES、DEA 等。

对称算法的加密和解密表示如下:

$E_k(M) = C$

$D_k(C) = M$

对称算法可分为两类:一类是一次只对明文中的单个位(有时对字节)运算的算法,称为序列算法或序列密码;另一类算法是对明文的一组位进行运算,这些位组称为分组,相应的算法称为分组算法或分组密码。现代计算机密码算法的典型分组长度为 64 位——这个长度大到足以防止分析破译,但又小到足以方便作用。

这种算法具有如下的特性:

$D_k(E_k(M)) = M$

常用的采用对称密码术的加密方案有以下 5 个组成部分。

(1) 明文:原始信息。

(2) 加密算法:以密钥为参数,对明文执行多种置换和转换的规则和步骤,变换结果为密文。

(3) 密钥:加密与解密算法的参数,直接影响对明文进行变换的结果。

(4) 密文:对明文进行变换的结果。

(5) 解密算法:加密算法的逆变换,以密文为输入、密钥为参数,变换结果为明文。

尽管对称密码术有一些很好的特性,但它也存在着如下明显的缺陷。

(1) 进行安全通信前需要以安全方式进行密钥交换。这一步骤,在某种情况下是可行的,但在某些情况下会非常困难,甚至无法实现。

(2) 规模复杂。举例来说,A 与 B 两人之间的密钥必须不同于 A 和 C 两人之间的密钥,否则给 B 的消息的安全性就会受到威胁。在有 1 000 个用户的团体中,A 需要保持至少 999 个密钥(更确切地说是 1 000 个,如果他需要留一个密钥给他自己加密数据)。对于该团体中的其他用户,此种情况同样存在。这样,这个团体一共需要将近 50 万个不同的密钥!推而广之,n 个用户的团体需要 $N^2/2$ 个不同的密钥。

通过应用基于对称密码的中心服务结构,上述问题有所缓解。在这个体系中,团体中的任何一个用户与中心服务器(通常称为密钥分配中心)共享一个密钥。因而,需要存储的密钥数量基本上和团体的人数差不多,而且中心服务器也可以为以前互相不认识的用户充当"介绍人"。但是,这个与安全密切相关的中心服务器必须随时都是在线的,因为只要服务器一掉线,用户间的通信将不可能进行。这就意味着中心服务器是整个通信成败的关键和受攻击的焦点,也意味着它还是一个庞大组织通信服务的"瓶颈"。

2. 非对称加密

非对称加密(dissymmetrical encryption),有时又称为公开密钥算法(public key algorithm)。这种加密算法是这样设计的:用作加密的密钥不同于用作解密的密钥,而且解密密钥不能根据加密密钥计算出来(至少在合理假定的长时间内)。之所以又叫作公开密钥算法是由于加密密钥可以公开,即陌生人可以得到它并用来加密信息,但只有用相应的解密密钥才能解密信息。在这种加密算法中,加密密钥被叫作公开密钥(public key),而解密密钥被叫作私有密钥(private key)。公开密钥与私有密钥是一对,如果用公开密钥对数据进行加密,只有用对应的私有密钥才能解密;如果用私有密钥对数据进行加密,那么只有用对应的公开密钥才能解密。非对称加密算法实现机密信息交换的基本过程是,甲方生成一对密钥并将其中的一把作为公用密钥向其他方公开;得到该公用密钥的乙方使用该密钥对机密信息进行加密后再发送给甲方;甲方再用自己保存的另一把专用密钥对加密后的信息进行解密。另一方面,甲方可以使用乙方的公钥对机密信息进行加密后再发送给乙方;乙方再用自己的私匙对加密后的信息进行解密。甲方只能用其专用密钥解密由其公用密钥加密后的任何信息。非对称加密算法的保密性比较好,它消除了最终用户交换密钥的需要。非对称加密的缺点在于算法实现后的效率低,速度慢。非对称加密的优点在于用户不必记忆大量的提前商定好的密钥,因为发送方和接收方事先根本不必商定密钥,发放方只要得到可靠的接收方的公开密钥就可以给他发送信息了,而且即使双方根本互不相识。但为了保证可靠性,非对称加密算法需要一种与之相配合使用的公开密钥管理机制,这种公开密钥管理机制还要解决其他一些公开密钥所带来的问题。常用的非对称加密算法有RSA等。

从上述对对称密钥算法和非对称密钥算法的描述中可看出,对称密钥加解密使用的是同一个密钥,或者能从加密密钥很容易推出解密密钥。对称密钥算法具有加密处理简单,加解密速度快,密钥较短,发展历史悠久等特点;非对称密钥算法具有加解密速度慢,密钥尺寸大,发展历史较短等特点。

7.6.2 典型算法说明

1. DES 算法详述

(1)加密。DES算法处理的数据对象是一组64比特的明文串。设该明文串为 $m = m_1m_2\cdots m_{64}$($m_i = 0$ 或 1)。明文串经过64比特的密钥 K 来加密,最后生成长度为64比特的密文 E。其加密过程如图7-3所示。

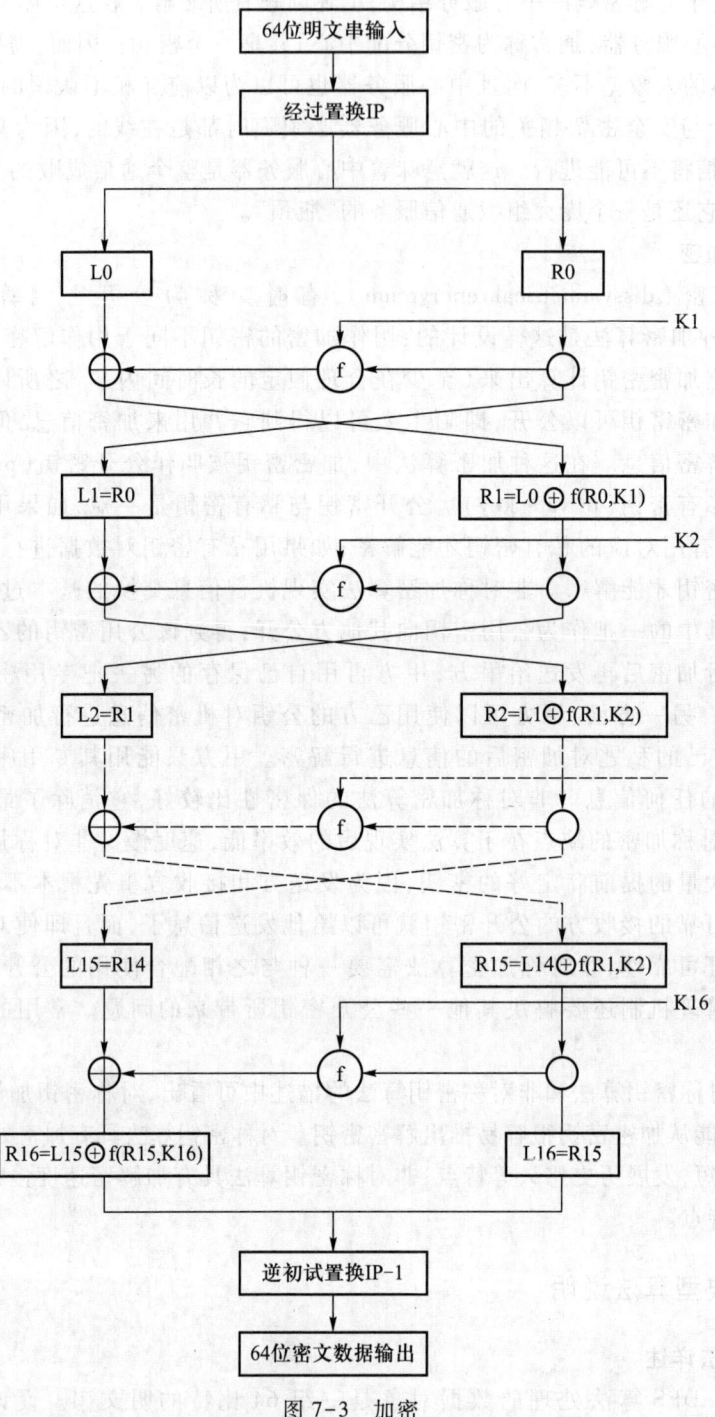

图 7-3 加密

（2）DES 算法加密过程。对 DES 算法加密过程图示的说明如下：待加密的 64 比特明文串 m，经过 IP 置换后，得到的比特串的下标列表如表 7-1 所示。

7.6 信息加密

表 7-1 IP 置换后的比特串

IP								
	58	50	42	34	26	18	10	2
	60	52	44	36	28	20	12	4
	62	54	46	38	30	2	14	6
	64	56	48	40	32	24	16	8
	57	49	41	33	25	17	9	1
	59	51	43	35	27	19	11	3
	61	53	45	37	29	21	13	5
	63	55	47	39	31	23	15	7

该比特串被分为 32 位的 L0 和 32 位的 R0 两部分。R0 子密钥 K1(子密钥的生成将在后面讲)经过变换 f(R0,K1)(f 变换将在下面讲)输出 32 位的比特串 f1,f1 与 L0 做不进位的二进制加法运算。运算规则如下：

$1 \oplus 0 = 0 \oplus 1 = 1$

$0 \oplus 0 = 1 \oplus 1 = 0$

f1 与 L0 做不进位的二进制加法运算后的结果赋给 R1,R0 则原封不动的赋给 L1。L1 与 R0 又做与以上完全相同的运算,生成 L2,R2,……一共经过 16 次运算。最后生成 R16 和 L16。其中 R16 为 L15 与 f(R15,K16) 做不进位二进制加法运算的结果,L16 是 R15 的直接赋值。

R16 与 L16 合并成 64 位的比特串。值得注意的是,R16 一定要排在 L16 前面。R16 与 L16 合并后的比特串,经过置换 IP-1 后所得比特串的下标列表如表 7-2 所示。

表 7-2 IP-1 后的比特串

IP-1								
	40	8	48	16	56	24	64	32
	39	7	47	15	55	23	63	31
	38	6	46	14	54	22	62	30
	37	5	45	13	53	21	61	29
	36	4	44	12	52	20	60	28
	35	3	43	11	51	19	59	27
	34	2	42	10	50	18	58	26
	33	1	41	9	49	17	57	25

经过置换 IP-1 后生成的比特串就是密文 e。

下面再讲一下变换 $f(R_{i-1}, K_i)$。它的功能是将 32 比特的输入再转化为 32 比特的输出。其过程如图 7-4 所示。

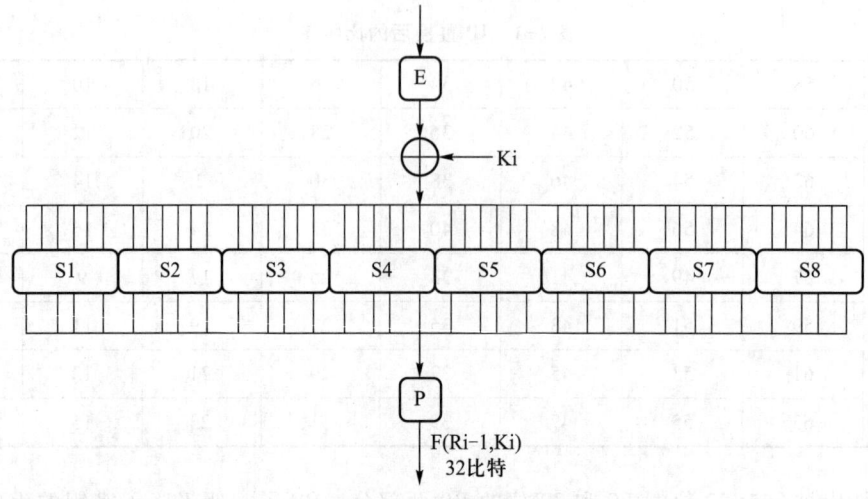

图 7-4 转化输出

对 f 变换说明如下:输入 R_{i-1}(32 比特)经过变换 E 后,膨胀为 48 比特。膨胀后的比特串的下标列表如表 7-3 所示。

表 7-3 膨胀后的比特串

E	32	1	2	3	4	5
	4	5	6	7	8	9
	8	9	10	11	12	13
	12	13	14	15	16	17
	16	17	18	19	20	21
	20	21	22	23	24	25
	24	25	26	27	28	29
	28	29	30	31	32	31

膨胀后的比特串分为 8 组,每组 6 比特。各组经过各自的 S 盒后,又变为 4 比特(具体过程见后),合并后又成为 32 比特。该 32 比特经过 P 变换后,其下标列表如表 7-4 所示。

表 7-4 32 比特变换后

P	16	7	20	21
	29	12	28	17
	1	15	23	26
	5	18	31	20
	2	8	24	14
	32	27	3	9
	19	13	30	6
	22	11	4	25

7.6 信息加密

经过 P 变换后输出的比特串才是 32 比特的 $f(R_{i-1}, K_i)$。

下面再讲一下 S 盒的变换过程。任取一 S 盒，如图 7-5 所示。

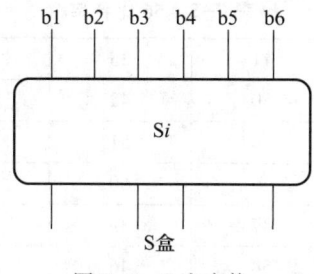

图 7-5 S 盒变换

在其输入 b1,b2,b3,b4,b5,b6 中，计算出 $x = b1 \times 2 + b6$，$y = b5 + b4 \times 2 + b3 \times 4 + b2 \times 8$，再从 S_i 表中查出 x 行、y 列的值 S_{xy}。将 S_{xy} 转化为二进制，即得 S_i 盒的输出。S 表如图 7-6 所示。

64 比特的密钥生成 16 个 48 比特的子密钥。其生成过程如图 7-6 所示。

		0	1	2	3	4	5	6	7	8	9	10	11	12	13	14	15
S1	0	14	4	13	1	2	15	11	2	3	10	6	12	5	9	0	J
	1	0	15	7	4	14	2	13	1	10	6	12	11	9	5	3	8
	2	4	1	14	8	13	6	2	11	15	13	9	7	3	10	5	0
	3	15	12	3	2	4	9	1	7	5	11	3	14	10	0	6	13
S2	0	15	1	3	14	6	11	3	4	9	J	2	13	12	0	5	10
	1	3	13	4	J	15	2	8	14	13	0	1	10	6	9	11	5
	2	0	14	7	11	10	4	13	1	5	8	12	6	9	3	2	15
	3	13	8	10	1	3	15	4	2	11	6	7	12	0	5	14	9
S3	0	10	0	9	14	6	3	15	5	1	13	12	7	11	4	2	8
	1	13	0	0	9	3	4	6	10	2	8	5	14	12	11	15	1
	2	13	6	4	9	8	15	3	11	1	2	12	5	10	14	7	
	3	1	10	13	0	6	9	1	7	4	15	14	3	11	5	2	12
S4	0	7	13	14	3	0	6	9	1	2	8	5	11	12	4	15	
	1	13	8	11	5	6	15	0	4	7	2	12	1	10	14	9	
	2	10	6	9	0	12	11	7	13	15	1	3	14	5	2	8	4
	3	3	15	0	6	10	1	13	8	9	4	5	11	12	7	2	14
S5	0	2	12	4	1	7	10	11	6	8	5	3	15	13	0	14	9
	1	14	11	2	12	4	7	13	1	5	0	15	10	3	9	8	6
	2	4	2	1	11	10	13	7	8	15	9	12	5	6	3	0	14
	3	11	2	12	J	1	14	1	13	6	15	0	9	10	4	9	3
S6	0	12	1	10	15	9	2	6	0	13	3	4	14	7	5	11	
	1	10	12	4	2	7	12	9	5	6	1	13	14	0	11	3	8
	2	9	14	15	5	2	8	12	3	7	0	4	10	1	12	11	6
	3	4	3	2	12	9	5	15	10	11	14	1	7	6	0	8	13
S7	0	4	11	2	14	15	0	1	13	3	12	9	7	5	10	6	1
	1	12	0	11	7	4	9	1	10	14	3	5	12	2	15	8	6
	2	1	4	11	13	12	3	7	14	10	15	6	8	0	5	9	2
	3	0	11	13	8	1	4	10	7	9	5	0	15	14	2	3	12
S8	0	13	2	8	4	6	15	11	1	10	9	3	14	5	0	12	7
	1	1	13	13	8	10	7	7	4	12	5	6	11	0	14	9	2
	2	7	11	4	1	9	12	14	2	0	6	10	13	15	3	5	8
	3	2	1	14	J	4	10	8	13	15	12	9	0	3	5	6	11

图 7-6 字密钥

子密钥生成过程具体解释如下:64 比特的密钥 K,经过 PC-1 后,生成 56 比特的串。其下标如表 7-5 所示。

表 7-5 56 比特串

PC-1	57	49	41	33	25	17	9
	1	58	50	42	34	26	18
	10	2	59	51	43	35	27
	19	11	3	60	52	44	36
	63	55	47	39	31	23	15
	7	62	54	46	38	30	22
	14	6	61	53	45	37	29
	21	13	5	28	20	12	4

该比特串分为长度相等的比特串 C0 和 D0。然后 C0 和 D0 分别循环左移 1 位,得到 C1 和 D1。C1 和 D1 合并起来生成 C1 D1。C1 D1 经过 PC-2 变换后即生成 48 比特的 K1。K1 的下标列表如表 7-6 所示。

表 7-6 48 比特串

PC-2	14	17	11	24	1	5
	3	28	15	6	21	10
	23	19	12	4	26	8
	16	7	27	20	13	2
	41	52	31	37	47	55

C1、D1 分别循环左移 LS2 位,再合并,经过 PC-2,生成子密钥 K2……依次类推直至生成子密钥 K16。

注意:$LS_i(i=1,2,\cdots,16)$ 的数值是不同的,具体如表 7-7 所示。

表 7-7 K16 密钥

迭代顺序	1	2	3	4	5	6	7	8	9	10	11	12	13	14	15	16
左移位数	1	1	2	2	2	2	2	2	1	2	2	2	2	2	2	1

2. RSA 算法详细

RSA 公钥加密算法是 1977 年由罗纳德·李维斯特(Ronald Rivest)、阿迪·萨莫尔(Adi Shamir)和伦纳德·阿德曼(Leonard Adleman)一起提出的。1987 年首次公布,当时他们三人都在麻省理工学院工作。RSA 就是他们三人姓氏开头字母拼在一起组成的。

RSA 是目前最有影响力的公钥加密算法,它能够抵抗到目前为止已知的绝大多数密码攻击,已被 ISO 推荐为公钥数据加密标准。

RSA 算法基于一个十分简单的数论事实:将两个大素数相乘十分容易,但是想要对其乘积进行因式分解却极其困难,因此可以将乘积公开作为加密密钥。

(1) 密钥生成的步骤。下面通过一个例子,来理解 RSA 算法。如图 7-7 所示,假设爱丽丝要与鲍勃进行加密通信,她该怎么生成公钥和私钥呢?

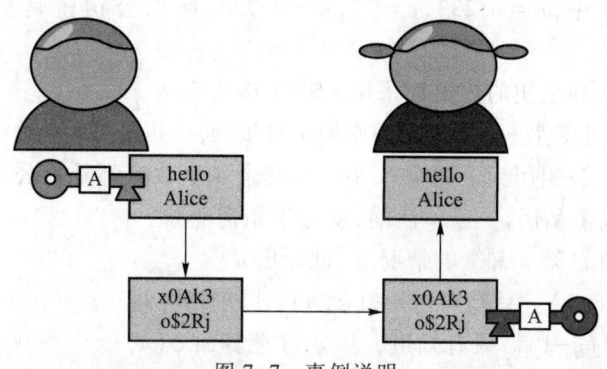

图 7-7 事例说明

第一步,随机选择两个不相等的质数 p 和 q。

爱丽丝选择了 61 和 53(实际应用中,这两个质数越大,就越难破解)。

第二步,计算 p 和 q 的乘积 n。

爱丽丝就把 61 和 53 相乘。

$n = 61 \times 53 = 3\ 233$

n 的长度就是密钥长度。3 233 写成二进制是 110010100001,一共有 12 位,所以这个密钥就是 12 位。实际应用中,RSA 密钥一般是 1 024 位,重要场合则为 2 048 位。

第三步,计算 n 的欧拉函数 $\varphi(n)$。

根据公式

$\varphi(n) = (p-1)(q-1)$

爱丽丝算出 $\varphi(3\ 233)$ 等于 60×52,即 3 120。

第四步,随机选择一个整数 e,条件是 $1 < e < \varphi(n)$,且 e 与 $\varphi(n)$ 互质。

爱丽丝就在 1 到 3 120 之间,随机选择了 17(实际应用中,常常选择 65 537)。

第五步,计算 e 对于 $\varphi(n)$ 的模反元素 d。

所谓"模反元素"就是指有一个整数 d,可以使得 ed 被 $\varphi(n)$ 除的余数为 1。

$ed \equiv 1 (\mod \varphi(n))$

这个式子等价于

$ed - 1 = k\varphi(n)$

于是,找到模反元素 d,实质上就是对下面这个二元一次方程求解。

$ex + \varphi(n)y = 1$

已知

$e = 17, \varphi(n) = 3\ 120$,

$17x + 3\ 120y = 1$

这个方程可以用"扩展欧几里得算法"求解,此处省略具体过程。总之,爱丽丝算出一组

整数解为 $(x,y) = (2\,753, -15)$，即 $d = 2\,753$。

至此所有计算完成。

第六步，将 n 和 e 封装成公钥，n 和 d 封装成私钥。

在爱丽丝的例子中，$n = 3\,233$，$e = 17$，$d = 2\,753$，所以公钥就是 $(3\,233, 17)$，私钥就是 $(3\,233, 2\,753)$。

实际应用中，公钥和私钥的数据都采用 ASN.1 格式表达。

(2) RSA 算法的可靠性。回顾上面的密钥生成步骤，一共出现 6 个数字：p、q、n、$\varphi(n)$、e、d。这 6 个数字之中，公钥用到了两个（n 和 e），其余 4 个数字都是不公开的。其中最关键的是 d，因为 n 和 d 组成了私钥，一旦 d 泄漏，就等于私钥泄漏。

那么，有无可能在已知 n 和 e 的情况下，推导出 d？

① $ed \equiv 1 (\bmod \varphi(n))$。只有知道 e 和 $\varphi(n)$，才能算出 d。

② $\varphi(n) = (p-1)(q-1)$。只有知道 p 和 q，才能算出 $\varphi(n)$。

③ $n = pq$。只有将 n 因数分解，才能算出 p 和 q。

结论：如果 n 可以被因数分解，d 就可以算出，也就意味着私钥被破解。

可是，大整数的因数分解是一件非常困难的事情。目前，除了暴力破解，还没有发现别的有效方法。维基百科这样写道：

"对极大整数做因数分解的难度决定了 RSA 算法的可靠性。换言之，对一极大整数做因数分解越困难，RSA 算法越可靠。

假如有人找到一种快速因数分解的算法，那么 RSA 的可靠性就会极度下降。但找到这样的算法的可能性是非常小的。今天只有短的 RSA 密钥才可能被暴力破解。到 2008 年为止，世界上还没有任何可靠的攻击 RSA 算法的方式。

只要密钥长度足够长，用 RSA 加密的信息实际上是不能被破解的。"

举例来说，你可以对 3 233 进行因数分解（61×53），但是你没法对下面这个整数进行因数分解。

12301866845301177551304949
58384962720772853569595334
79219732245215172640050726
36575187452021997864693899
56474942774063845925192557
32630345373154826850791702
61221429134616704292143116
02221240479274737794080665
35141959745985690214343413

它等于这样两个质数的乘积：

33478071698956898786044169
84821269081770479498371376
85689124313889828837938780

0228761471165253174308773781446799948

×

367460436667995904282446337996279526322791581643430876426760322838157396665112792333734171433968102700927987363089 17

事实上,这大概是人类已经分解的最大整数(232 个十进制位,768 个二进制位)。比它更大的因数分解还没有被报道过,因此目前被破解的最长 RSA 密钥就是 768 位。

(3) 加密和解密。有了公钥和密钥,就能进行加密和解密了。

(4) 加密要用公钥 (n,e)。假设鲍勃要向爱丽丝发送加密信息 m,他就要用爱丽丝的公钥 (n,e) 对 m 进行加密。这里需要注意,m 必须是整数(字符串可以取 ASCII 值或 Unicode 值),且 m 必须小于 n。

所谓"加密",就是算出下式的 c:

$$m^e \equiv c (\bmod\ n)$$

爱丽丝的公钥是 $(3\,233,17)$,鲍勃的 m 假设是 65,那么可以算出下面的等式:

$$6\,5^{17} \equiv 2\,790 (\bmod\ 3\,233)$$

于是,c 等于 2 790,鲍勃就把 2 790 发给了爱丽丝。

(5) 解密要用私钥 (n,d)。爱丽丝拿到鲍勃发来的 2 790 以后,就用自己的私钥 $(3\,233, 2\,753)$ 进行解密。可以证明,下面的等式一定成立:

$$c^d \equiv m (\bmod\ n)$$

也就是说,c 的 d 次方除以 n 的余数为 m。现在,c 等于 2 790,私钥是 $(3\,233, 2\,753)$,那么,爱丽丝算出

$$2\,790^{2\,753} \equiv 65 (\bmod\ 3\,233)$$

因此,爱丽丝知道了鲍勃加密前的原文就是 65。

至此,加密—解密的整个过程全部完成。

可以看到,如果不知道 d,就没有办法从 c 求出 m。而前面已经说过,要知道 d 就必须分解 n,这是极难做到的,所以 RSA 算法保证了通信安全。

你可能会问,公钥 (n,e) 只能加密小于 n 的整数 m,那么如果要加密大于 n 的整数,该怎么办?有两种解决方法:一种是把长信息分割成若干段短消息,每段分别加密;另一种是先选择一种对称性加密算法(比如 DES),用这种算法的密钥加密信息,再用 RSA 公钥加密 DES 密钥。

(6) 私钥解密的证明。最后来证明,为什么用私钥解密,一定可以正确地得到 m。也就是证明下面这个式子:

$$c^d \equiv m (\bmod\ n)$$

根据加密规则

$$m^e \equiv c (\bmod\ n)$$

于是，c 可以写成下面的形式：
$$c = me - kn$$
将 c 代入要证明的那个解密规则：
$$(me-kn)d \equiv m(\bmod n)$$
它等同于求证
$$med \equiv m(\bmod n)$$
由于
$$ed \equiv 1(\bmod \varphi(n))$$
所以
$$ed = h\varphi(n) + 1$$
将 ed 代入下式：
$$mh\varphi(n)+1 \equiv m(\bmod n)$$
接下来，分成两种情况证明上面这个式子。

① m 与 n 互质。

根据欧拉定理，此时
$$m\varphi(n) \equiv 1(\bmod n)$$
得到
$$(m\varphi(n))h \times m \equiv m(\bmod n)$$
原式得到证明。

② m 与 n 不是互质关系。

此时，由于 n 等于质数 p 和 q 的乘积，所以 m 必然等于 kp 或 kq。

以 $m = kp$ 为例，考虑到这时 k 与 q 必然互质，则根据欧拉定理，下面的式子成立：
$$(kp)q-1 \equiv 1(\bmod q)$$
进一步得到
$$[(kp)q-1]h(p-1) \times kp \equiv kp(\bmod q)$$
即
$$(kp)ed \equiv kp(\bmod q)$$
将它改写成下面的等式
$$(kp)ed = tq + kp$$
这时 t 必然能被 p 整除，即
$$t = t'p$$
$$(kp)ed = t'pq + kp$$
因为
$$m = kp, n = pq$$
所以
$$med \equiv m(\bmod n)$$
原式得到证明。

第8章 计算机发展新技术

8.1 云 计 算

云计算是分布式计算、并行计算、效用计算、网络存储、虚拟化、负载均衡、热备份冗余等传统计算机和网络技术发展融合的产物。

8.1.1 云计算的基本概念

云计算是基于互联网的相关服务的增加、使用和交付模式,通常涉及通过互联网来提供动态易扩展且经常是虚拟化的资源。

美国国家标准与技术研究院对云计算的定义是,云计算是一种按使用量付费的模式,这种模式提供可用的、便捷的、按需的网络访问,进入可配置的计算资源共享池(资源包括网络、服务器、存储、应用软件、服务),这些资源能够被快速提供,只需投入很少的管理工作,与服务供应商进行很少的交互。

云计算的基本原理是,通过使计算分布在大量的分布式计算机上,而非本地计算机或远程服务器中,企业数据中心的运行将更与互联网相似。这使得企业能够将资源切换到需要的应用上,根据需求访问计算机和存储系统。

通俗的理解是,"云"是存储于互联网服务器集群上的资源,它包括硬件资源(服务器、存储器、CPU等)和软件资源(应用软件、集成开发环境等),本地计算机只需要通过互联网发送一个需求信息,远端就会有成千上万的计算机为用户提供需要的资源并将结果返回到本地计算机;即通过使计算分布在大量的分布式计算机上,而非本地计算机或远程服务器中,用户(企业或个人)数据的运行将更与互联网相似。这使得用户能够将资源切换到需要的应用上,根据需求访问计算机和存储系统。这样,本地计算机几乎不需要做什么,所有的处理由云计算提供商提供的集群来完成。在云计算环境下,由于用户直接面对的不再是复杂的硬件和软件,而是最终的服务,因此使用观念会发生彻底变化:从"购买产品"转变到"购买服务"。用户不需要拥有看得见、摸得着的硬件设施,也不需要为机房支付设备供电、空调制冷、专人维护等费用,并且不需要等待漫长的供货周期、项目实施等冗长的时间,只需支付相应费用,即可得到所需服务。

8.1.2 云计算的发展历史

云计算主要经历了4个阶段才发展到现在这样比较成熟的水平,这4个阶段依次是电厂模式、效用计算、网格计算和云计算。

电厂模式阶段:电厂模式就好比是利用电厂的规模效应,来降低电力的价格,并让用户使用起来更方便,且无须维护和购买任何发电设备。

效用计算阶段:在 1960 年左右,当时计算设备的价格是非常高昂的,远非普通企业、学校和机构所能承受,所以很多人产生了共享计算资源的想法。1961 年,人工智能之父麦肯锡在一次会议上提出了"效用计算"这个概念,其核心借鉴了电厂模式,具体目标是整合分散在各地的服务器、存储系统以及应用程序来共享给多个用户,让用户能够像把灯泡插入灯座一样来使用计算机资源,并且根据其所使用的量来付费。但由于当时整个 IT 产业还处于发展初期,很多强大的技术还未诞生,比如互联网等,所以虽然这个想法一直为人称道,但是总体而言"叫好不叫座"。

网格计算阶段:网格计算研究如何把一个需要非常巨大的计算能力才能解决的问题分成许多小的部分,然后把这些部分分配给许多低性能的计算机来处理,最后把这些计算结果综合起来攻克大问题。可惜的是,网格计算在商业模式、技术和安全性方面的不足,使得其并没有在工程界和商业界取得预期的成功。

云计算阶段:云计算的核心与效用计算和网格计算非常类似,也是希望 IT 技术能像使用电力那样方便,并且成本低廉。2006 年 3 月,亚马逊推出弹性计算云服务。2006 年 8 月 9 日,Google 首席执行官埃里克·施密特在搜索引擎大会首次提出"云计算"的概念。2007 年 10 月,Google 与 IBM 开始在美国大学校园,包括卡内基-梅隆大学、麻省理工学院、斯坦福大学、加州大学伯克利分校及马里兰大学等,推广云计算的计划,这项计划希望能降低分布式计算技术在学术研究方面的成本,并为这些大学提供相关的软硬件设备及技术支持(包括数百台个人电脑及 Blade Center 与 System X 服务器,这些计算平台将提供 1 600 个处理器,支持包括 Linux、Xen、Hadoop 等开放源代码平台)。而学生则可以通过网络开发各项以大规模计算为基础的研究计划。2008 年 2 月 1 日,IBM 宣布将在中国无锡太湖新城科教产业园为中国的软件公司建立全球第一个云计算中心。2008 年 8 月 3 日,美国专利商标局网站信息显示,戴尔正在申请"云计算"商标,此举旨在加强对这一未来可能重塑技术架构的术语的控制权。作为云计算的"先行者",当前北美地区仍占据主导地位,2015 年美国云计算市场占据全球 58.4%的市场份额,增速达 19.4%,预计未来几年仍以超过 15%的速度快速增长。从服务商来看,亚马逊 AWS 2015 年收入将近 79 亿美元,增速超过 50%,服务规模超过全球 IaaS 领域第二到第十五名厂商总和的 10 倍,数据中心遍布全球。

8.1.3 云计算的基本特点

云计算使计算分布在大量的分布式计算机上,而非本地计算机或远程服务器中,企业数据中心的运行将与互联网更相似。这使得企业能够将资源切换到需要的应用上,根据需求访问计算机和存储系统。

好比是从古老的单台发电机模式转向了电厂集中供电的模式。它意味着计算能力也可以作为一种商品进行流通,就像煤气、水电一样,取用方便,费用低廉。最大的不同在于,它是通过互联网进行传输的。

被普遍接受的云计算特点如下。

1. 超大规模

"云"具有相当的规模,Google 云计算已经拥有 100 多万台服务器,Amazon、IBM、微软、

Yahoo 等的"云"均拥有几十万台服务器。企业私有云一般拥有数百上千台服务器。"云"能赋予用户前所未有的计算能力。

2. 虚拟化

云计算支持用户在任意位置、使用各种终端获取应用服务。所请求的资源来自"云",而不是固定的有形的实体。应用在"云"中某处运行,但实际上用户无须了解、也不用担心应用运行的具体位置。只需要一台笔记本电脑或者一个手机,就可以通过网络服务来实现人们需要的一切,甚至包括超级计算这样的任务。

3. 高可靠性

"云"使用了数据多副本容错、计算节点同构可互换等措施来保障服务的高可靠性,使用云计算比使用本地计算机可靠。

4. 通用性

云计算不针对特定的应用,在"云"的支撑下可以构造出千变万化的应用,同一个"云"可以同时支撑不同的应用运行。

5. 高可扩展性

"云"的规模可以动态伸缩,满足应用和用户规模增长的需要。

6. 按需服务

"云"是一个庞大的资源池,用户按需购买;云可以像自来水、电、煤气那样计费。

7. 极其廉价

由于"云"的特殊容错措施可以采用极其廉价的节点来构成云,"云"的自动化集中式管理使大量企业无须负担日益高昂的数据中心管理成本,"云"的通用性使资源的利用率较之传统系统大幅提升,因此用户可以充分享受"云"的低成本优势,经常只要花费几百美元、几天时间就能完成以前需要数万美元、数月时间才能完成的任务。

云计算可以彻底改变人们未来的生活,但同时也要重视环境问题,这样才能真正为人类进步做贡献,而不是简单的技术提升。

8. 潜在的危险性

云计算服务除了提供计算服务外,还必然提供了存储服务。但是云计算服务当前垄断在私人机构(企业)手中,而他们仅仅能够提供商业信用。对于政府机构、商业机构(特别像银行这样持有敏感数据的商业机构)对于选择云计算服务应保持足够的警惕。一旦商业用户大规模使用私人机构提供的云计算服务,无论其技术优势有多强,都不可避免地让这些私人机构以"数据(信息)"的重要性挟制整个社会。对于信息社会而言,"信息"是至关重要的。另一方面,云计算中的数据对于数据所有者以外的其他用户是保密的,但是对于提供云计算的商业机构而言确实毫无秘密可言。所有这些潜在的危险,是商业机构和政府机构选择云计算服务、特别是国外机构提供的云计算服务时,不得不考虑的一个重要的因素。

8.1.4 云计算的应用

目前,云计算的主要应用市场包括云物联、云安全和云存储。

"物联网就是物物相连的互联网"。这有两层意思:第一,物联网的核心和基础仍然是互联网,是在互联网基础上的延伸和扩展的网络;第二,其用户端延伸和扩展到了任何物品与物品之间,进行信息交换和通信。随着物联网业务量的增加,对数据存储和计算量的需求将带来对"云计算"能力的要求。在计算中心到数据中心在物联网的初级阶段,PoP 即可满足需求;在物联网高级阶段,可能出现 MVNO/MMO 营运商(国外已存在多年),需要虚拟化云计算技术、SOA 等技术的结合实现互联网的泛在服务:TaaS(everything as a service)。

云安全(cloud security)是一个从"云计算"演变而来的新名词。云安全的策略构想是,使用者越多,每个使用者就越安全,因为如此庞大的用户群,足以覆盖互联网的每个角落,只要某个网站被挂马或某个新木马病毒出现,就会立刻被截获。"云安全"通过网状的大量客户端对网络中软件行为的异常监测,获取互联网中木马、恶意程序的最新信息,推送到 Server 端进行自动分析和处理,再把病毒和木马的解决方案分发到每一个客户端。

云存储是在云计算(cloud computing)概念上延伸和发展出来的一个新的概念,是指通过集群应用、网格技术或分布式文件系统等功能,将网络中大量各种不同类型的存储设备通过应用软件集合起来协同工作,共同对外提供数据存储和业务访问功能的一个系统。当云计算系统运算和处理的核心是大量数据的存储和管理时,云计算系统中就需要配置大量的存储设备,那么云计算系统就转变成为一个云存储系统,所以云存储是一个以数据存储和管理为核心的云计算系统。

"云计算"是一种全新的商业模式,其核心部分依然是数据中心,它使用的硬件设备主要是成千上万的工业标准服务器,企业和个人用户通过高速互联网得到计算能力,从而避免了大量的硬件投资。目前主流的云计算应用有以下几方面。

(1) 在线办公软件。自从云计算技术出现以后,办公室的概念已经很模糊了。不管是谷歌的 Apps 还是微软推出的 SharePoint,都可以在任何一个有互联网的地方同步办公所需的办公文件。即使同事之间的团队协作也可以通过上述基于云计算技术的服务来实现,而不用像传统的那样必须在同一个办公室里才能够完成合作。在将来,随着移动设备的发展以及云计算技术在移动设备上的应用,办公室的概念将会逐渐消失。

(2) 云存储。在日常生活中,备份文件就和买保险一样重要。个人数据的重要性越来越突出,为了保护个人数据不受各种灾害的影响,移动硬盘就成了每个人手中必备的工具之一。但云计算的出现彻底改变了这一格局。通过云计算服务提供商提供的云存储技术,只需要一个账户和密码以及远远低于移动硬盘的价格,就可以在任何有互联网的地方使用比移动硬盘更加快捷方便的服务。随着云存储技术的发展,移动硬盘也将慢慢地退出存储的舞台。

(3) 电子日历。人类的大脑并不是万能的,不可能记住所需要记住的每一件事。所以需要用一些东西来协助记忆。最初,圆珠笔和便签就成了很好的选择。后来,人们可以在计算机上记下来,在手机上记下来,但这样做显得有点麻烦,人们需要在不同的设备上记录很多次。云计算技术的应用很简单地解决了这个问题。只需要在一台数码设备上记录一次,就可以在所有的设备上实现同步,甚至与电子邮件结合在一起,使人们的生活变得更加方便。电子日历可以帮助人们做很多事情:提醒人们要在母亲节给妈妈买花,提醒人们什么时候去干洗店取衣服,提醒人们飞机还有多长时间起飞。电子日历可以通过各种设备提醒人们,既可以是电子邮件,也可以是手机短信,甚至可以是电话。

(4) 地图导航。在没有 GPS 的时代,每到一个地方,人们都需要一个新的当地地图。以前经常可见路人拿着地图问路的情景。而现在,只需要一部手机,就可以拥有一张全世界的地图。甚至还能够得到地图上得不到的信息,例如交通路况、天气状况等。正是基于云计算技术的 GPS 带给了人们这一切。地图、路况这些复杂的信息,并不需要预先装在手机中,而是存储在服务提供商的"云"中,只需在手机上按一个键,就可以很快地找到所要找的信息。

(5) 电子商务。电子商务现在已经进入了生活中的每一个角落,对于哪些不爱逛街的人来说,不用忍受逛街带来的劳累,就可以买到喜欢的东西是一个很棒的选择。电子商务不仅仅应用在生活中,企业之间的各种业务往来也越来越喜欢通过电子商务来进行。而这些表面简单的操作过程其实背后往往涉及大量数据的复杂运算。当然,这些计算过程都被云计算服务提供商带到了"云"中,人们只需要简单的操作,就可以完成复杂的交易。

(6) 搜索引擎。如今的搜索引擎,已经不仅仅是一个提供信息的工具。云计算技术赋予了搜索引擎强大的信息处理能力,人们的生活已经离不开搜索引擎了。当遇到解决不了的问题时,可以去询问搜索引擎;当想要买东西时,搜索引擎会告诉人们去哪里买;当要去旅游时,搜索引擎也会帮人们安排好一切。搜索引擎越来越像一个生活管家,使人们的生活更有质量,更加高效。

同时,云计算也会带来很多问题。

数据隐私问题:如何保证存放在云服务提供商的数据隐私不被非法利用,不仅需要技术的改进,也需要法律的进一步完善。

数据安全性:有些数据是企业的商业机密,数据的安全性关系到企业的生存和发展。云计算数据的安全性问题解决不了会影响云计算在企业中的应用。

用户的使用习惯:如何改变用户的使用习惯,使用户适应网络化的软硬件应用是长期而且艰巨的挑战。

网络传输问题:云计算服务依赖网络,如果网速低且不稳定,则云应用的性能不高。云计算的普及依赖网络技术的发展。

缺乏统一的技术标准:云计算的美好前景让传统 IT 厂商纷纷向云计算方向转型。但是由于缺乏统一的技术标准,尤其是接口标准,各厂商在开发各自产品和服务的过程中各自为政,这为将来不同服务之间的互连互通带来严峻挑战。

8.2 大 数 据

大数据这一术语正是产生在全球数据爆炸增长的背景下,用来形容庞大的数据集合。与传统的数据集合相比,大数据通常包含大量的非结构化数据,且大数据需要更多的实时分析。此外,大数据还为挖掘隐藏的价值带来了新的机遇,同时给人们带来了新的挑战,政府机构最近也宣布了一项加快大数据进程的重大计划,各行各业也都在积极讨论大数据的吸引力。

大数据时代的到来,是全球知名咨询公司麦肯锡最早提出的,麦肯锡称:"数据,已经渗透到当今每一个行业和业务职能领域,成为重要的生产因素。人们对于海量数据的挖掘和运用,预示着新一波生产率增长和消费者盈余浪潮的到来。"近几年大数据一词的持续升温也带来了大数据泡沫的疑虑,大数据代表了互联网的信息层(数据海洋),是互联网智慧和意识产生的基础,包括物联网、传统互联网、移动互联网在内,都在源源不断地向互联网大数据层汇聚数据和接收数据。

8.2.1 大数据概念

过去人们说的数据很大程度上是指数字,如客户量、业务量、营业收入额、利润额等等,都是一个个数字或者是可以进行编码的简单文本,这些数据分析起来相对简单,过去传统的数据解决方案(如数据库或商业智能技术)就能轻松应对;而今天所说的大数据则不单纯指"数字",可能还包括文本、图片、音频、视频等多种格式,其涵盖的内容十分丰富,如博客、微博、音频、视频、通话录音、位置信息、交易信息、互动信息等等,包罗万象。用正规的语句来概括就是,数据是结构化的,而大数据则包括了结构化数据、半结构化数据和非结构化数据。由于数据是结构化的,数据分析可以遵循一定的现有规律,如通过简单的线性相关,数据分析可以大致预测下个月的营业收入额;而大数据是半结构化和非结构化的,其在分析过程中遵循的规律则是未知的,它通过综合方方面面的信息进行模拟,它以分析形式评估证据,假设应答结果,并计算每种可能性的可信度,通过大数据分析可以准确找到下一个市场热点。基于此,或许可以给大数据下这样一个定义,大数据指的是收集和分析大量信息的能力,而这些信息涉及人类生活的方方面面,目的在于从复杂的数据里找到过去不容易昭示的规律。相比"数据","大数据"有两个明显的特征:第一,上文已经提到,数据的属性是包括结构化、非结构化和半结构化数据;第二,数据之间频繁产生交互,大规模进行数据分析,并实时与业务结合进行数据挖掘。对于企业而言,大数据的数据来源主要有两部分,一部分来自于企业内部自身的信息系统中产生的运营数据,这些数据大多是标准化、结构化的。

大数据是指以多元形式,自许多来源搜集而来的庞大数据组,往往具有实时性。在企业对企业销售的情况下,这些数据可能来自社交网络、电子商务网站、顾客来访记录,等等。这些数据并非公司顾客关系管理数据库的常态数据组。从技术上看,大数据与云计算的关系就像一枚硬币的正反面一样密不可分。大数据必然无法用单台的计算机进行处理,必须采用分布式计算架构。它的特色在于对海量数据的挖掘,但它必须依托云计算的分布式处理、分布式数据库、云存储和/或虚拟化技术。在维克托·迈尔·舍恩伯格及肯尼斯·库克耶编写的《大数据时代》中指出,大数据具有5V特点:Volume(大量)、Velocity(高速)、Variety(多样)、Value(价值密度)、Veracity(真实性)。

早在1980年,著名未来学家阿尔文·托夫勒便在《第三次浪潮》一书中,将大数据热情地赞颂为"第三次浪潮的华彩乐章"。不过,大约从2009年开始,"大数据"才成为互联网信息技术行业的流行词汇。美国互联网数据中心指出,互联网上的数据每年将增长50%,每两年便将翻一番,而目前世界上90%以上的数据是最近几年才产生的。此外,数据又并非单纯指人们在互联网上发布的信息,全世界的工业设备、汽车、电表上有着无数的数码传感器,随时测量和传递着有关位置、运动、震动、温度、湿度乃至空气中化学物质的变化,也产生了海量的数据信息。

大数据的意义是由人类日益普及的网络行为所伴生的,由相关部门、企业采集的,蕴含数据生产者真实意图、喜好的,非传统结构和意义的数据。2013年5月10日,阿里巴巴集团董事局主席马云在淘宝十周年晚会上,将卸任阿里集团CEO的职位,并在晚会上做卸任前的演讲,马云说,大家还没搞清PC时代的时候,移动互联网来了,还没搞清移动互联网的时候,大数据时代来了。

借着大数据时代的热潮,微软公司生产了一款数据驱动的软件,主要是为工程建设节约资源、提高效率。在这个过程里可以为世界节约40%的能源。抛开这个软件的前景不看,从微软团队致力于研究开始,可以看他们的目标不仅是为了节约能源,更加关注智能化运营。通过跟踪取暖器、空调、风扇以及灯光等积累下来的超大量数据,捕捉如何杜绝能源浪费。"给我提供一些数据,我就能做一些改变。如果给我提供所有数据,我就能拯救世界。"微软公司的史密斯这样说。而智能建筑正是他的团队专注的事情。

从海量数据中"提纯"出有用的信息,这对网络架构和数据处理能力而言也是巨大的挑战。在经历了几年的批判、质疑、讨论、炒作之后,大数据终于迎来了属于它的时代。2012年3月22日,奥巴马政府宣布投资2亿美元拉动大数据相关产业发展,将"大数据战略"上升为国家战略。奥巴马政府甚至将大数据定义为"未来的新石油"。

大数据时代已经来临,它将在众多领域掀起变革的巨浪。但也要冷静地看到,大数据的核心在于为客户挖掘数据中蕴藏的价值,而不是软硬件的堆砌。因此,针对不同领域的大数据应用模式、商业模式研究将是大数据产业健康发展的关键。可以相信,在国家的统筹规划与支持下,通过各地方政府因地制宜制定大数据产业发展策略,通过国内外IT龙头企业以及众多创新企业的积极参与,大数据产业未来发展前景十分广阔。

大数据就是互联网发展到现今阶段的一种表象或特征而已,没有必要神话它或对它保持敬畏之心,在以云计算为代表的技术创新大幕的衬托下,这些原本很难收集和使用的数据开始容易被利用起来了,通过各行各业的不断创新,大数据会逐步为人类创造更多的价值。

8.2.2 大数据的应用

在时下商界的流行语中,很难找出一个比"大数据"更吸引眼球的术语了。大数据正在以不可阻拦的磅礴气势,与当代同样具有革命意义的最新科技进步一起,揭开人类新世纪的序幕。可以简单地说,以往人类社会基本处于蒙昧状态中的不发展阶段,即自然发展阶段。

有人把数据比喻为蕴藏能量的煤矿。煤炭按照性质有焦煤、无烟煤、肥煤、贫煤等分类,而露天煤矿、深山煤矿的挖掘成本又不一样。与此类似,大数据并不在"大",而在于"有用"。价值含量、挖掘成本比数量更为重要。对于很多行业而言,如何利用这些大规模数据是赢得竞争的关键。

数据对每个人的重要性不亚于人类初期对火的使用。大数据让人类对一切事物的认识回归本源,大数据通过影响经济生活、政治博弈、社会管理、文化教育科研、医疗保健休闲等等行业,与每个人产生密切的联系。大数据能够帮助政府实现市场经济调控、公共卫生安全防范、灾难预警、社会舆论监督;大数据能够帮助城市预防犯罪,实现智慧交通,提升紧急应急能力;大数据能够帮助医疗机构建立患者的疾病风险跟踪机制,帮助医药企业提升药品的临床使用效果,帮助艾滋病研究机构为患者提供定制的药物;大数据能够帮助电商公司向用户推荐商品和服务,帮助旅游网站为旅游者提供心仪的旅游路线,帮助二手市场的买卖双方找到最合适的交易目标,帮助用户找到最合适的商品购买时期、商家和最优惠价格;大数据能够帮助企业提升营销的针对性,降低物流和库存的成本,减少投资的风险以及帮助企业提升广告投放精准度,而当物联网发展到达一定规模时,借助条形码、二维码、RFID 等能够唯一标识产品,借助传感器、可穿戴设备、智能感知、视频采集、增强现实等技术可实现实时的信息采集和分析,这些数据能够支撑智慧城市、智慧交通、智慧能源、智慧医疗、智慧环保的理念需要,这些所谓的智慧将是大数据的采集数据来源和服务范围。

未来的大数据除了将更好地解决社会问题、商业营销问题、科学技术问题,还有一个可预见的趋势是以人为本的大数据方针。人才是地球的主宰,大部分的数据都与人类有关,要通过大数据解决人的问题。例如,建立个人的数据中心,将每个人的日常生活习惯、身体体征、社会网络、知识能力、爱好性情、疾病嗜好、情绪波动等记录下来。换言之就是记录人从出生那一刻起的每一分每一秒,将除了思维外的一切都存储下来,这些数据可以被充分地利用:医疗机构将实时监测用户的身体健康状况;教育机构更有针对性地制定用户喜欢的教育培训计划;服务行业为用户提供即时健康的符合用户生活习惯的食物和其他服务;社交网络能为用户提供合适的交友对象,并为志同道合的人群组织各种聚会活动;政府能在用户的心理健康出现问题时有效地干预,防范自杀、刑事案件的发生;金融机构能帮助用户进行有效的财产管理,为用户的资金提供更有效的使用建议和规划。

8.2.3 大数据的特点

(1) 数据体量巨大,从 TB 级别跃升到 PB 级别。这些数据可能会分布在许多地方,通常是在一些联入因特网的计算网络中。海量的数据因为规模太大而无法被单独的计算机处理。单单这一个问题就需要一种不同的数据处理思路,这也使得并行计算技术得以迅速崛起。

(2) 数据类型繁多,如前文提到的网络日志、视频、图片、地理位置信息等等。在过去,数据或多或少是同构的,这种特点也使得它更易于管理。这种情况并不出现在大数据中,由于数据的来源各异,因此形式各异。这体现为各种不同的数据结构类型,半结构化以及完全非结构化的数据类型。结构化数据多被发现在传统数据库中,数据的类型被预定义在定长的列字段中。半结构化数据有一些结构特征,但不总是保持一致,使得这种类型难以处理。更富于挑战的是非结构化数据毫无结构特征可言。在大数据中,更常见的是半结构化数据,而且这些数据源的数据格式还各不相同。在过去的几年里,半结构化数据和结构化数据成了大数据的主体数据类型。

(3) 价值密度低。以视频为例,连续不间断监控过程中,可能有用的数据仅仅有一两秒。在大数据中发现哪些数据对商业是真正有效的,这在信息理论中是个十分重要的概念。由于并不是所有的数据源都具有相等的可靠性,在这个过程中,大数据的精确性会趋于变化,如何增加可用数据的精确性是大数据的主要挑战。

(4) 处理速度快。大数据是在运动着的,通常处于很高的传输速度之下。它经常被认为是数据流,而数据流通常是很难被归档的。这就是为什么只能收集到数据其中的某些部分。如果有能力收集数据的全部,长时间存储大量数据也会显得非常昂贵,所以周期性地收集数据遗弃一部分数据以节省空间,仅保留数据摘要(如平均值和方差)。这个问题在未来会显得更为严重,因为越来越多的数据正以越来越快的速度所产生。

8.2.4 大数据面临的挑战

伴随着各种随身设备、物联网和云计算、云存储等技术的发展,人和物的所有轨迹都可以被记录。在移动互联网中,核心网络节点是人,不再是网页。数据大爆炸下,怎样挖掘这些数据,也面临着技术与商业的双重挑战。

大数据时代信息数据的增长速度快,这对信息技术的存储能力、信息数据的压缩技术、网络传输能力等都是一次巨大的挑战,大数据时代信息技术若想继续发展,就需要大量的存储空间,尽管存储技术在不断进步,但是在数据存储过程中面临的问题将越来越多。在大数据时代,数据的流动量越来越大,数据信息的保密和个人信息的泄露面临着巨大的挑战,尤其是人们在线对话和网上交易日益增长,其面临的安全问题将会更加严峻。在大数据时代通过对个人信息的分析很容易了解其生活习惯和喜好,这样会导致国家和企业的机密以及个人信息的泄露。运用移动网络对数据信息进行传输是大数据时代信息流通的根本保证。然而在网络数据信息传输过程中,网络传输技术已经到了瓶颈时期,在各网络的连接端口上大量数据的传输必须有足够的传输能力的支持,才能保证数据的有效流通。同时对数据的计算是数据传输过程中的又一难题,虽然采用分布式的计算方式能解决其中的一些问题,但是执行起来却比较烦琐。从大量的信息数据中,对潜在的有用的信息和数据进行提取的过程是比较复杂的,要对信息数据反复地分析研究,保证信息的真实性。在对数据信息分析研究之前,要了解业务的需求,根据目标和需求,对需求的数据进行分析研究,并对原有数据进行评估,进行组织、清理、集成等一系列收集和处理工作。在完成数据的清理工作后,要用相关的计算方法和工具建立分析模型,然后对建立的模型进行评估,考虑得出的结果是否符合设计好的业务目标。最终,将分析的结果运用到业务中去。

从市场角度来看,大数据还面临其他因素的挑战。很多中型以及大型企业,每时每刻也都在产生大量的数据,但很多企业在大数据的预处理阶段很不重视,导致数据处理很不规范。大数据预处理阶段需要抽取数据,把数据转化为方便处理的数据类型,对数据进行清洗和去噪,以提取有效的数据。甚至很多企业在数据的上报就出现很多不规范不合理的情况。以上种种原因,导致企业的数据可用性差,数据质量差,数据不准确。而大数据的意义不仅仅是要收集规模庞大的数据信息,还要对收集到的数据进行很好的预处理,才有可能让数据分析和数据挖掘人员从可用性高的大数据中提取有价值的信息。以无线营销为例,大量的刷量以及水军好评差评等数据已经严重干扰了数据的准确性,这实际上大大降低了数据的价值。

未来几年,在面对大数据结构复杂多样化的情况下,行业用户对于大数据的商业模式有了新的要求,他们更希望通过用云的模式来实现更灵活、更具扩展性的大数据方案,同时保证数据处理的准确性、及时性等高质量因素。因此需要大数据解决方案提供商的方案能够在公共云、私有云和混合云之间灵活转换,而无须选定特定的云供应商。而目前,对于更多拥有内部部署应用的大数据解决方案提供商而言,他们仍保持用传统的商业模式及用户采购单一的方案进行部署,如果转变为云服务,则需要大数据解决方案提供商大幅度增加对于不同行业应用适应不同类型云架构的投入,这也给解决方案提供商在大数据领域的开拓上带来了一定程度的挑战。

大数据的技术挑战显而易见,但其带来的决策挑战更为艰巨。大数据至关重要的方面,就是它会直接影响组织怎样做决策,谁来做决策。在信息有限、获取成本高昂且没有被数字化的时代,组织内做重大决策的人,都是典型的位高权重的人,要不然就是高价请来的拥有专业技能和显赫履历的外部智囊。但是,在今时今日的商业世界中,高管的决策仍然更多地依赖个人经验和直觉,而不是基于数据。大数据开发的根本目的是以数据分析为基础,帮助人们做出更明智的决策,优化企业和社会运转。《哈佛商业评论》说,大数据本质上是"一场管理革命"。大数据时代的决策不能仅凭经验,而真正要"拿数据说话"。因此,大数据能够真正发挥作用,深层次看,还要改善企业的管理模式,需要管理方式和架构与大数据技术工具相适配。

8.3 人工智能

人工智能(artificial intelligence,AI)又称机器智能(machine intelligence,MI),是研究、开发智能机器和智能系统用于模拟人类的智能活动,延伸和扩展人的智能的理论、方法、技术及应用的一门综合性的科学。人工智能技术已经在人们的学习、工作生活中占据了重要的地位,它改变着人们生活的方方面面,向人们表明人工智能的时代就在眼前。下面就来了解一下人工智能。

8.3.1 人工智能的起源与发展

1. 人工智能的诞生(20 世纪 40~50 年代)

20 世纪 40 年代数字计算机研制成功时,研究者就采用启发式思维,运用领域知识,编写了能够完成复杂问题求解的计算机程序。运用计算机处理这些复杂问题的方法具有显著人类智能的特色,形成了人工智能的雏形。

1950 年,阿兰·图灵(Alan Turing)发表"计算机器与智能"(*Computing Machinery and Intelligence*)。文中提出的"模仿游戏",后来被称为"图灵测试"。该测试讨论了人类智能机械化的可能性,提出了图灵机的理论模型,为现代计算机的出现奠定了理论基础。同一时期,Warren McCullocli 和 Walter Pitts 发表了"神经活动内在概念的逻辑演算"的开创之作,该文证明了一定类型的可严格定义的神经网络,原则上能够计算一定类型的逻辑函数,开创了当前人工智能研究的两大类别"符号论"和"联结论"。

1956 年夏天,美国达特茅斯学院举行了历史上第一次人工智能研讨会,被认为是人工智能诞生的标志。麦卡锡首次在会上提出了"人工智能"这个概念,纽厄尔和西蒙则展示了编写的逻辑理论机器。

1956 年夏季,以麦卡赛、明斯基、罗切斯特和申农等为首的一批有远见卓识的年轻科学家在一起聚会,共同研究和探讨用机器模拟智能的一系列有关问题,并首次提出了"人工智能"这一术语,它标志着"人工智能"这门新兴学科的正式诞生。

2. 人工智能的黄金时代(20世纪50~70年代)

从20世纪60年代至70年代初,人工智能领域有影响的工作是通用问题求解程序,主要包括:Robinson于1965年提出了归结原理,成为自动定理证明的基础;Eigenbaum于1968年研制成功了DENDRAL化学专家系统,是人工智能走向实用化的标志;Quillian于1968年提出了语义网络的知识表示等。1969年的国际人工智能联合会议标志着人工智能得到了国际的认可。20世纪70年代,人工智能研究以自然语言理解、知识表示为主。Winograd于1972年研制开发了自然语言理解系统Shrdlu,同时期Colmeraue创建了Prolog语言。Shank于1973年提出了概念从属理论。Minsky于1974年提出了框架知识表示法。1977年,Feigenbaum提出了知识工程,专家系统开始得到广泛应用。

3. 人工智能的低谷

20世纪70年代至80年代是人工智能的低谷时期,由于当时的计算机有限的内存和处理速度不足以解决任何实际的人工智能问题,人工智能的研究遭遇了瓶颈。

4. 人工智能的发展热潮

20世纪80年代以来,以推理技术、知识获取机器视觉的研究为主,开始了不确定性推理和确定性推理方法的研究。日本计算机界推出了"第五代计算机研制计划",该计划最终未能实现当初的目标——以非数字化方式在日常范围内全面模仿人类行为,但该计划也为人工智能的进一步发展积累了很多经验。

20世纪90年代,人工智能研究在博弈这一领域有了实质性的进展。1997年5月11日,一个名为"深蓝"的IBM计算机以2胜1负3平的成绩战胜了国际象棋世界冠军卡斯帕罗夫,这举世震惊的一步大大地振奋了整个人工智能界,而事实上"深蓝"打败卡斯帕罗夫仍是从专家系统提供的所有可能的走步中选择最优的,并未有理论上的实质性的突破。

2009年和2013年欧盟发起了引领人工智能前沿技术发展的"蓝脑计划"和"人类大脑工程"。

2015年Google开源了利用大量数据直接训练出计算机完成任务的第二代机器学习平台Tensor Flow;剑桥大学建立人工智能研究所等。人工智能技术得到更大的突破。

2016年3月15日,Google人工智能AlphaGo与围棋世界冠军李世石展开了人机大战,大战第五场经过长达5 h的搏杀,最终李世石与AlphaGo总比分为1∶4,以李世石认输结束。这一次的人机对弈让人工智能正式被世人所熟知,整个人工智能市场也像是被引燃了导火线,开始了新一轮爆发。

2018年,欧盟24国签署协议,至2020年将投资15亿欧元用于人工智能,并带动公共和私人资本参与,预计总投资将达到200亿欧元。

5. 我国人工智能发展

我国人工智能技术虽然起步较晚,但在政府与社会各界的支持与投入下,取得了迅猛的发展。

1960年,华裔美国数理逻辑学家王浩提出了命题逻辑的机器定理证明的新算法,利用计算机证明了集合论中的300多条定理。

1977年,我国数学家、人工智能学家吴文俊提出了初等几何判定问题的机器定理证明方法,并进一步推广到初等微分几何、非欧几何领域,被称为"吴氏方法"。

20世纪80年代~90年代,我国高等院校和研究机构在智能控制与智能机器人的研究开发方面,取得了丰硕的成果。

自2016年起,我国将人工智能的发展上升至国家战略层面,相关政策密集出台。2016年4月,工信部、发改委、财政部联合出台了《机器人产业发展规划(2016—2020年)》,聚焦智能工业型机器人和服务型机器人的发展。

2016年5月,发改委、科技部、网信办等联合印发的《"互联网+"人工智能三年行动实施方案》提出到2018年基本建成人工智能产业体系、创新服务体系和标准化体系。同月,科技部宣布将"人工智能2.0"列为《"十三五"国家科技创新规划》中"科技创新2030"重大项目之一。

2017年7月,国务院发布《新一代人工智能发展规划》,到2020年,人工智能产业成为新的重要经济增长点,到2025年,人工智能成为中国产业升级和经济转型的主要动力。政府对人工智能的引领拉动作用寄予厚望。

2018年3月5日上午,第十三届全国人大一次会议在人民大会堂开幕,国务院总理李克强作政府工作报告。报告提出,加强新一代人工智能研发应用,发展智能产业,拓展智能生活。这是继2017年首次写入之后,人工智能第二次被写入政府工作报告。

2018年4月2号,教育部发布了关于印发《高等学校人工智能创新行动计划》的通知。通知的总体目标为,到2020年,基本完成适应新一代人工智能发展的高校科技创新体系和学科体系的优化布局,高校在新一代人工智能基础理论和关键技术研究等方面取得新突破,人才培养和科学研究的优势进一步提升,并推动人工智能技术广泛应用。到2025年,高校在新一代人工智能领域科技创新能力和人才培养质量显著提升,取得一批具有国际重要影响的原创成果,部分理论研究、创新技术与应用示范达到世界领先水平,有效支撑我国产业升级、经济转型和智能社会建设。到2030年,高校成为建设世界主要人工智能创新中心的核心力量和引领新一代人工智能发展的人才高地,为我国跻身创新型国家前列提供科技支撑和人才保障。

8.3.2 人工智能的研究与应用领域

人工智能是一门综合性的交叉学科和边缘学科,包含计算机学科的同时涵盖了信息处理和自动化技术,还涉及智能科学、认知科学、心理科学、脑及神经科学、生命科学、语言学、逻辑学、行为科学、教育科学、系统科学、数理科学以及控制论、科学方法论、哲学甚至经济学等众多学科领域。人工智能的主要学科结构如图8-1所示。

下面列举一下人工智能较经典的研究领域。

1. 问题求解

问题求解是指那些没有算法能够解决的,或者虽然有算法,但是不能在现有的机器上实施的领域,如军事指挥、市场预测等。

人们常常寻找某种思考解决问题的方法,更希望计算机也能如此做。人工智能的第一大成就就是下棋程序,下棋的程序中应用了人工智能的搜索和问题归纳两项基本的技术,能够实现向前看几步,把困难的问题分解,化解为一个个的小问题。

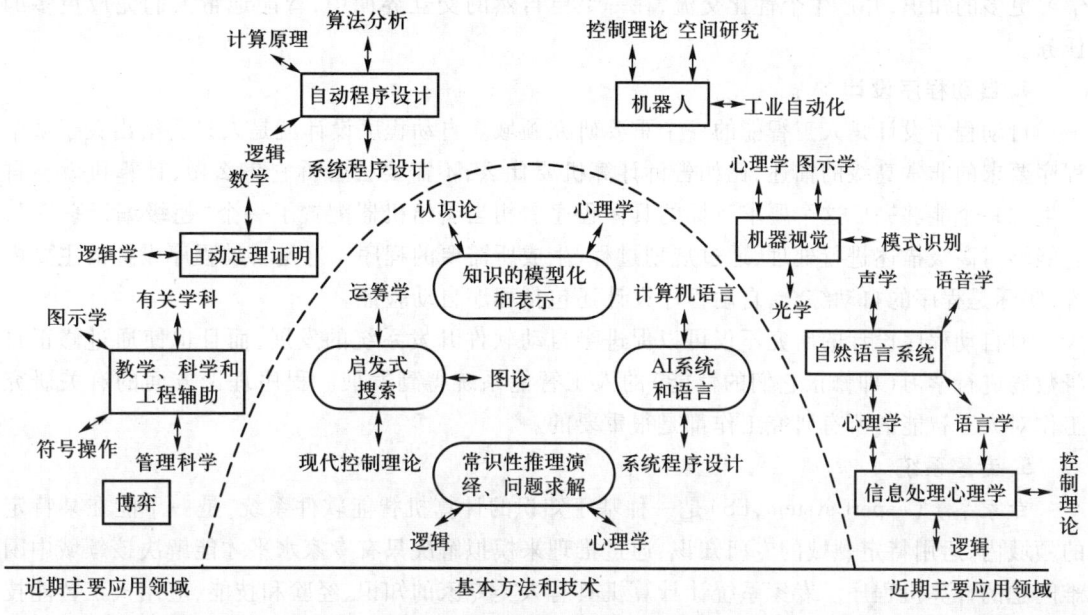

图 8-1 人工智能的主要学科结构

2. 逻辑推理与定理证明

逻辑推理是人工智能研究中最持久的子领域之一。其中特别重要的是要找到一些方法，只把注意力集中在有关事实上，留意可信的证明，并在出现新信息时适时修正这些证明。

对数学中臆测的定理寻找一个证明或反证是一项智能任务。这不仅需要有根据假设进行演绎的能力，而且需要某些直觉技巧。例如为了求证主要定理去猜测：首先证明哪一个引理。对于一个熟练的数学家，运用他的判断力，能够精确地推测出某个科目范围里哪些定理在当前的证明中是有用的，并把他的主问题归结为若干子问题，以便独立地处理它们。1976 年 7 月，美国的阿佩尔（K. Appel）等人合作解决了长达 124 年之久的难题——四色定理。四色定理的成功证明曾轰动计算机界。他们用三台大型计算机，花去 1 200 小时 CPU 时间，并对中间结果进行人为反复修改 500 多处。

定理证明的研究在人工智能方法的发展中曾经产生过重要的影响。例如，采用谓词逻辑语言的演绎过程的形式化，有助于人们更清楚地理解推理的某些子命题。许多非形式的工作，包括医疗诊断和信息检索都可以和定理证明问题一样加以形式化。因此，在人工智能方法的研究中定理证明是一个极其重要的论题。

3. 自然语言理解

自然语言理解就是研究如何让计算机理解人类自然语言。例如，如果有一台机器既能理解中文又能理解英文，那么，这台机器就可以为人类充当翻译；如果电视能理解中文，那么，用户就可以不用按钮，而是通过说话来遥控电视。

目前，已经出现了人工智能助理，能够帮助人们解决问题，涉及的核心技术便是搜索。现在正在构建的未来搜索包括三种能力：知识挖掘、机器学习和信息检索。还有自然语言的理解和生成所需要的基本功能，甚至还会加上一些基本的常识。未来人工智能有机会可以向人类学习更多的知识，并产生个性化交流，在一个更自然的交互界面中，智能地帮人们完成更多的任务。

4. 自动程序设计

自动程序设计是人工智能的一个重要研究领域。自动程序设计就是人只要给出关于某个程序要求的非常高级的描述，比如告诉计算机要什么，不需要去告诉它怎么做，计算机就会自动生成一个能够完成这个要求目标的具体程序。相当于给机器配置了一个"超级编译系统"，它能够对高级描述进行处理，通过规划过程，生成所需要的程序。这是自动程序设计的主要内容，实际是程序的自动综合，自动程序设计还包括程序自动验证。

对自动程序设计的研究不仅可以促进半自动软件开发系统的发展，而且也使通过修正自身数码进行学习（即修正它们的性能）的人工智能系统得到发展。程序理论方面的有关研究工作对人工智能的所有研究工作都是很重要的。

5. 专家系统

专家系统（expert system, ES）是一种基于知识的计算机智能软件系统，是一个能在某特定的领域内，运用特定领域的专门知识，通过推理来模拟解决只有专家水平才能解决该领域中困难问题的计算机程序。专家系统让计算机具有人类专家的知识、经验和技能，应用人工智能技术和计算机技术，可以像人类专家一样解决实际问题。

专家系统可以解决的问题一般包括解释、预测、诊断、设计、规划、监视、修理、指导和控制等。高性能的专家系统也已经从学术研究开始而进入实际应用研究。专家系统作为人工智能中最活跃、发展最快的一个分支，已广泛应用于工业、农业、医学、地质、气象、交通、军事、法律、空间技术、环境科学和信息管理等众多领域，并产生了巨大的经济效益和社会效益。专家系统已成为人工智能在产品实际应用中最具实用价值的人工智能技术之一。

6. 机器学习

机器学习就是让计算机能像人那样自动获取新知识，通过实践还可以不断地自我完善和加强能力，在系统进行下一次任务或者类似任务时，会比以前做得更好，效率更高。机器学习能力无疑是人工智能研究上最突出和最重要的一个方面。人工智能在这方面的研究近年来取得了非常大的进展。

机器学习主要有机械学习、类比学习、归纳总结学习、解释学习、发现学习、遗传学习和连接学习等。机器学习还有助于发现人类学习的机理和揭示人脑的奥秘。新式高超的人工智能程序版本 AlphaGo Zero 出现，它可以从空白状态学起，在无任何人类输入的条件下，它能够迅速自学围棋，在自学过程中，它发现了许多人类围棋选手在过去几千年中形成的诀窍和技术。并在几天的时间里，它能够重新找到已知的最佳玩法，最后在此之上发现更好的东西，它堪称怪物。AlphaGo Zero 采用一种被称为强化学习的机器学习方法及深层神经网络系统。这种新程序代表着人类在建造真正智能化机器方面向前迈进了一步，因为即使在没有大量训练数据的情况下，机器也需要找出解决困难问题的方法。

7. 人工神经网络

人工神经网络是 20 世纪 80 年代以来人工智能领域兴起的研究热点。人工神经网络简称为神经网络或类神经网络。它是一个用大量称为人工神经元的简单处理单元经广泛连接而组成的人工网络,主要用来模拟大脑神经系统的结构和功能,是在现代神经科学研究成果的基础上提出的,试图通过模拟大脑神经网络处理、记忆信息的方式进行信息处理。

最近十几年来,人工神经网络的研究工作不断深入,已经取得了很大进展,其在模式识别、智能机器人、自动控制、预测估计、生物、医学、经济等领域已成功地解决了许多现代计算机难以解决的实际问题,表现出了良好的智能特性。

8. 机器人学

机器人是一种多功能的机械手,具有自动、位置可控、编程的能力。机器人能够借助自身的轴,编程序操作来处理各种材料、零件、工具和专用装置,执行各种任务。机器人学,顾名思义,是从设计、制造,到操控、应用机器人所涵盖的所有科学技术的统称,是一个高度交叉学科的领域。

机器人和机器人学的研究促进了人工智能思想的大力发展,通过使用一些技术来模拟世界的状态,复杂的机器人控制问题迫使人们发展一些方法,先在抽象和忽略细节的高层进行规划,然后再逐步在细节越来越重要的低层进行规划。

机器人学有着极其广泛的研究和应用领域。这些领域体现出广泛的学科交叉,涉及众多的课题,如机器人体系结构、机构、控制、智能、传感、机器人装配、恶劣环境下的机器人以及机器人语言等。机器人已在工业、农业、商业、旅游业、空间和海洋以及国防等领域获得越来越普遍的应用。

9. 模式识别

学习模式识别之前,先了解一下什么是模式。"模式"本意是指完美无缺的供模仿的一些标本。通常意义上,模式指用来说明事物结构的主观理性形式。它是从生产经验和生活经验中经过抽象和升华提炼出来的核心知识体系。但是需要注意的是,模式并不是事物本身,而是一种存在形式。

模式识别就是指识别出给定物体所模仿的标本。人们生产和生活都离不开模式识别。但人工智能所研究的模式识别是指用计算机代替人类或帮助人类感知模式,是对人类感知外界功能的模拟,研究的是计算机模式识别系统,也就是使一个计算机系统具有模拟人类通过感官接受外界信息、识别和理解周围环境的感知能力。

目前模式识别学科正处于大发展的阶段,随着应用范围的不断扩大,计算机科学的不断进步,基于人工神经网络的模式识别技术,在 21 世纪将有更大的发展。

10. 计算机视觉

计算机视觉或机器视觉已从模式识别的一个研究领域发展为一门独立的学科。在视觉方面,已经给计算机系统装上电视输入装置以便能够"看见"周围的东西。视觉是感知问题之一。计算机视觉的任务式是理解一个图像,即利用像素对景物的描绘,通常涉及图片处理、模式识别、景物分析、光学信息处理、视频信号处理等。例如,可见的景物由传感器编码,并被表示为一个灰度数值的矩阵。这些灰度数值由检测器加以处理。检测器搜索主要图像的成分,如线段、简单曲线和角度等。这些成分又被处理,以便根据景物的表面和形状来推断有关景物的三维特性信息。其最终目标则是利用某个适当的模型来表示该景物。

计算机视觉研究如何让计算机从图像和视频中获取高级和抽象信息。从工程角度来讲,计算机视觉可以使模仿视觉任务自动化。机器视觉已在机器人装配、卫星图像处理、工业过程监控、飞行器跟踪和制导以及电视实况转播等领域获得极为广泛的应用。

11. 智能控制

人工智能的发展促进自动控制向智能控制发展，是自动控制的最新发展阶段，也是用计算机模拟人类智能的一个重要研究领域。智能控制是由智能机器自主地实现其目标的过程，无须（或很少）人的干预就能够独立地驱动智能机器实现其目标的自动控制。

智能控制有很多研究领域，它们的研究课题既具有独立性，又相互关联。目前研究得较多的是以下6个方面：智能机器人规划与控制、智能过程规划、智能过程控制、专家控制系统、语音控制以及智能仪器。

智能控制近几年来发展迅速，应用日益普遍，并已引起高度重视。尽管在智能控制方面的每一进展都可能要付出艰苦劳动和昂贵代价，然而，随着人工智能技术、机器人技术、航天技术、海洋工程、计算机集成制造技术和计算机技术的迅速发展，智能控制必将迎来它的发展新时期，为自动化科学技术的发展谱写新篇章。

12. 智能检索

信息化社会的来临，带来了"信息爆炸"的情况。对国内外种类繁多和数量巨大的科技文献，对它们的检索和查询远非人力和传统检索系统所能胜任。所以研究智能检索系统已成为科技持续快速发展的重要保证。

为了有效地表示、存储和检索大量事实，结合人工智能技术，新一代智能搜索引擎产生了。智能搜索引擎除了能提供传统的快速检索、相关度排序等功能，还能提供用户角色登记、用户兴趣自动识别、内容的语义理解、智能信息化过滤和推送等功能。

13. 智能调度与指挥

确定最佳调度或组合的问题是人们感兴趣的又一类问题。一个经典的问题就是推销员旅行问题。这个问题要求为推销员寻找一条最短的旅行路线。他从某个城市出发，访问每个城市一次，且只许一次，然后回到出发的城市。这个问题的一般提法是，对由 n 个节点组成的一个图的各条边，寻找一条最小费用的路径，使得这条路径对 n 个节点的每个点只许穿过一次。许多问题具有这类相同的特性。

人工智能学家们曾经研究过若干组合问题的求解方法。他们的努力集中在使"时间—问题大小"曲线的变化尽可能缓慢地增长，即使是必须按指数方式增长。有关问题域的知识再次成为比较有效的求解方法的关键。为处理组合问题而发展起来的许多方法对其他组合上不甚严重的问题也是有用的。

智能组合调度与指挥方法已被应用于汽车运输调度、列车的编组与指挥、空中交通管制以及军事指挥等系统。它已引起有关部门的重视。

14. 数据挖掘和知识发现

数据挖掘（data mining）和知识发现（knowledge discovery in database）是在数据库的基础上实现的一种知识发现系统。数据挖掘是通过综合运用统计学、粗糙集、模糊数学、机器学习和专家系统等多种学习手段和方法，从大量的数据中搜索出隐藏的信息，从而可以揭示出蕴含在这些数据背后的客观世界的内在联系和本质原理，实现知识的自动获取。知识发现是一个反复迭代的人机交互处理过程,包括数据准备、数据选取、数据预处理、数据变化、确定数据库。

传统的数据库技术仅限于对数据库的查询和检索,不能从数据库中提取知识,使得数据库中所蕴含的丰富知识被白白浪费。知识发现和数据挖掘以数据库作为知识源去抽取知识,不仅可以提高数据库中数据的利用价值,同时也为专家系统的知识获取开辟了一条新的途径。

15. 分布式人工智能

分布式人工智能(distributed artificial intelligence,DAI)是当前人工智能研究的一个热点,是分布式计算和人工智能相结合的产物。它主要研究在逻辑或物理上分散的智能系统之间如何相互协调各自的智能行为,实现问题的并行求解。

目前,分布式人工智能的研究主要有两个方向:一个是分布式问题求解,另一个是多Agent系统。分布式问题求解的主要任务是将一个特殊问题求解工作在多个合作的、知识共享的模块或者结点之间划分。多智能主体系统主要研究自主的智能Agent之间智能行为的协调,也可能是关于各自的不同目标,共享有关问题和求解方法的知识,协作进行问题求解。

分布式人工智能研究的不仅是智能系统的设计,还要通过对人类之间相互作用的透视与理解,实现人类为了改善自己的环境而组织成各种各样的群体以便协同行动这样一种智能化、社会化的机制。

8.3.3 人工智能的影响及发展趋势

随着对深度学习、大数据、云计算等相关技术成果的集成应用,人工智能的智能化水平得到前所未有的提升,其对未来人们的各个方面将产生全方位、颠覆性的影响。由于人工智能涉及多个学科交叉领域,除带动本专业的发展外,还会影响相关专业的快速发展,人工智能将会是新一代计划经济的技术基础。

1. 人工智能对教育的影响

2017年7月,国务院印刷了《新一代人工智能发展规划》,该规划指出,要实施全民智能教育项目,在中小学阶段设置人工智能相关课程,逐步推广编程教育,鼓励社会力量参与寓教于乐的编程教学软件、游戏的开发和推广。支持开展人工智能竞赛,鼓励进行形式多样的人工智能科普创作。

2018年4月,教育部印发《高等学校人工智能创新行动计划》。行动计划提出,支持高校在计算机科学与技术学科设置人工智能学科方向,完善人工智能的学科体系,推动人工智能领域一级学科建设;形成"人工智能+X"复合专业培养新模式,重视人工智能与数学、计算机科学、物理学、生物学、心理学、社会学、法学等学科专业教育的交叉融合。到2020年建设100个"人工智能+X"复合特色专业,建立50家人工智能学院、研究院或交叉研究中心。

2. 人工智能对经济的影响

成功的专家系统已经深入到各行各业,并为它的建造者、拥有者和用户带来巨大的宏观效益。目前专家系统广泛应用在工程、科学、医药、军事、商业等方面,而且成果相当丰硕,甚至在某些应用领域,还超过人类专家的智能与判断。

最近几年人工智能在商界更是掀起热潮。2014年谷歌高价收购DeepMind公司后，2016年研制了Alpha Go战胜了围棋世界冠军李世石，谷歌称其正从"移动优先"转向"人工智能优先"。2016年百度世界大会上，"百度大脑"推出，对语音、图像、自然语言处理和用户画像、无人驾驶等领域进行重点关注和研发。阿里巴巴2015年6月联合富士康向日本软银旗下的机器人公司SBRH战略注资7.32亿元，布局机器人领域。

3. 人工智能对医疗行业的影响

人工智能对医疗行业的影响也非常大，特别是在包括虚拟助理、医学影像、药物挖掘、营养学、生物技术、急救室/医院管理、健康管理、精神健康、可穿戴设备、风险管理和病理学等方面。例如，利用人工智能的数据处理和影像识别技术进行病理分析后，医生再通过人工智能分析的数据和结果进行诊断，提高医生诊断准确率和工作效率，大大缓解我国医疗行业人才供应不足的压力。人工智能技术还可帮助医生诊断乳腺癌，速度是人工的30倍，准确度为99%。国际商业机器公司(IBM)开发的沃森系统已进入医院，正在改变肿瘤临床诊断与治疗的运作模式。

人工智能对人类社会的影响要远比想象的更多，特别是量子计算机的横空出世。一台台式机大小的量子计算机，能达到今天最先进的中国天河一号超级计算机的计算能力。新一代互联网在全球范围的推广应用，将让以人与人链接为特征的互联网，转变为人与人、人与物、物与物链接三位一体的物联网。

人工智能在各领域发展总体呈现以下趋势。

(1) 人工智能将在新兴产业中大力发展。人工智能产业应用速度不断加快、领域不断拓展、技术不断更新，人工智能应用已经成为诸多行业的发展方向和转型升级的重要抓手，新应用层出不穷，将会引发人工智能产业的空前繁荣。

(2) 将会建设安全便捷的智能社会。将来的人工智能会以提高人民生活水平和质量作为目标，加快人工智能深度应用，形成无时不有、无处不在的智能化环境，全社会的智能化水平大幅提升。越来越多的简单性、重复性、危险性任务由人工智能完成，个体创造力得到极大发挥，形成更多高质量和高舒适度的就业岗位；精准化智能服务更加丰富多样，人们能够最大限度享受高质量服务和便捷生活；社会治理智能化水平大幅提升，社会运行更加安全高效。

(3) 通用技术仍需努力。目前人工智能距离通用的智能系统还有很大差距，还处于有智能没智慧、有智商没情商的阶段，对情景的准确判断能力和精细操作能力仅属于初级水平，也很难准确把握人类的情感、意识、需求等。

(4) 应用领域不断拓展。越来越多的不同领域与行业开始重点采用人工智能技术。例如目前人工智能与区块链相互促进和相互融合，可以优化区块链的运行方式，使其更安全、高效、节能。

总之，人工智能因其强大的学习能力、自我进步的能力，能够更快更好地融入、服务于人们的学习生活中。人工智能不仅不会代替人类，而且人工智能技术的应用，提高了劳动生产率和减少工作强度，使人类有更多的时间从事知识密集的创造性活动和就业弹性高的服务行业，会让人类的生活越来越美好！

8.4 物联网

8.4.1 物联网的概念

近年来,随着移动互联网的快速发展,条形码、二维码在网络中的广泛应用,"物联网"一词凸显到人们的视线中。物联网是计算机新技术发展的重要组成部分,也是"信息化"时代的重要发展阶段,其英文名称是 Internet of things(IoT)。顾名思义,物联网就是物物相连的互联网。这有两层意思:其一,物联网的核心和基础仍然是互联网,是在互联网基础上延伸和扩展的网络;其二,其用户端延伸和扩展到了任何物品与物品之间,进行信息交换和通信,也就是物物相息。

物联网通过智能感知、识别技术与普适计算等通信感知技术,广泛应用于网络的融合中。物联网因此被称为继计算机、互联网之后世界信息产业发展的第三次浪潮,物联网是互联网的应用拓展。与其说物联网是网络,不如说物联网是业务和应用,因此,应用创新是物联网发展的核心,以用户体验为核心的创新 2.0 是物联网发展的灵魂。物联网将是下一个推动世界高速发展的"重要生产力",是继通信网之后的另一个万亿级市场。

8.4.2 物联网的发展

1. 国际上的发展

1995 年比尔·盖茨在《未来之路》一书中已经多次提到"物—物互联的设想",他想象用一根别在衣服上的"电子别针"与家庭电子服务设施接通,以此感知来访者的位置,控制室内的照明和温度,控制电话和音箱、电视等家电设备。

1999 年美国麻省理工学院(MIT)的 Kevin Ash-ton 教授首次提出物联网的概念,同年建立了"自动识别中心"(Auto-ID),提出"万物皆可通过网络互联",阐明了物联网的基本含义。

2004 年日本总务省(MIC)提出 u-Japan 计划,该战略力求实现人与人、物与物、人与物之间的连接,希望将日本建设成一个随时、随地、任何物体、任何人均可连接的泛在网络社会。

2005 年 11 月 17 日,在突尼斯举行的信息社会世界峰会(WSIS)上,国际电信联盟(ITU)发布"ITU 互联网报告 2005:物联网",引用了"物联网"的概念。物联网的定义和范围已经发生了变化,覆盖范围有了较大的拓展,不再只是指基于 RFID 技术的物联网。

2006 年韩国确立了 u-Korea 计划,该计划旨在建立无所不在的社会(ubiquitous society),在民众的生活环境里建设智能型网络(如 IPv6、BcN、USN)和各种新型应用(如 DMB、Telematics、RFID),让民众可以随时随地享有科技智慧服务。

2009 年欧盟执委会发表了欧洲物联网行动计划,描绘了物联网技术的应用前景,提出欧盟政府要加强对物联网的管理,促进物联网的发展。

2009 年 1 月 28 日,奥巴马就任美国总统后,与美国工商业领袖举行了一次"圆桌会议",作为仅有的两名代表之一,IBM 首席执行官彭明盛首次提出"智慧地球"这一概念,建议新政府投资新一代的智慧型基础设施。当年,美国将新能源和物联网列为振兴经济的两大重点。

2. 中国物联网大事记

2009 年 11 月 3 日,温家宝总理发表了题为"让科技引领中国可持续发展"的重要讲话,在这次讲话中,物联网被列为国家五大新兴战略性产业之一。

2010年6月8日,中国物联网标准联合工作组在北京成立,以推进物联网技术的研究和标准的制定。

2010年10月18日,发布"国务院关于加快培育和发展战略性新兴产业的决定"。

2011年5月20日,工业和信息化部电信研究院在北京发布了"中国物联网白皮书(2011)"。

2012年2月14日,工业和信息化部发布"'十二五'物联网发展规划"。

2012年8月17日,工业和信息化部发布"无锡国家传感网创新示范区发展规划纲要(2012—2020年)"。

2013年2月17日,国务院办公厅在中央政府门户网站上发布"国务院关于推进物联网有序健康发展的指导意见"。

2013年3月4日,国务院办公厅发布"国家重大科技基础设施建设中长期规划(2012—2030年)",该规划指出三网融合、云计算和物联网发展对现有互联网提出了巨大挑战。

2013年5月15号,工业和信息化部电信研究院在2013宽带通信及物联网高层论坛上对外正式发布了"物联网标识白皮书"。

2014年6月,民政部组织实施国家智能养老物联网应用示范工程。

2014年6月中旬,工信部发布"工业和信息化部2014年物联网工作要点"。

2014年7月,发改委发布"关于印发10个物联网发展专项行动计划的通知"(发改高技〔2013〕1718号)。

2015年2月,《国务院关于促进云计算创新发展培育信息产业新业态的意见》发布。

2015年3月9日,工业和信息化部印发了"关于开展2015年智能制造试点示范专项行动的通知"。

2016年7月,十八届五中全会通过了"中共中央关于制定国民经济和社会发展第十三个五年规划的建议"。"十三五"规划将全面落地,助力物联网行业加速发展。

2017年1月,工信部发布"物联网'十三五'规划"。

2017年2月25日,工信部宣布将加快5G等重点规划进度。

2017年6月6日,工信部办公厅发布《工业和信息化部办公厅关于全面推进移动物联网(NB-IoT)建设发展的通知》(工信厅通信函〔2017〕351号)。

8.4.3 物联网体系结构

物联网处理问题要经过三个过程:全面感知、可靠传输与智能计算。借鉴成熟的计算机网络体系结构模型的研究方法,将物联网分为三层:感知层、网络层和应用层,如图8-2所示。

(1)感知层是物联网的基础,是联系物理世界与虚拟信息世界的纽带,由各种传感器构成,包括温湿度传感器、二维码标签、RFID标签和读写器、摄像头、红外线、GPS等感知终端。感知层是物联网识别物

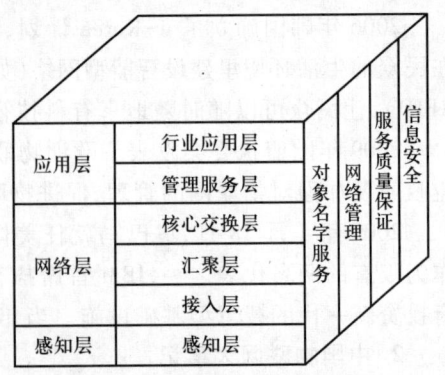

图8-2 物联网层次结构模型

体、采集信息的来源。

（2）网络层负责传递和处理感知层获取的信息,由各种网络,包括互联网、广电网、网络管理系统和云计算平台等组成,是整个物联网的中枢。

在分析互联网传输网的结构时,人们引入了接入层、汇聚层与核心交换层的概念。由于物联网的网络规模、采用的传输技术差异很大,因此在物联网传输结构中引入接入层、汇聚层与核心交换层分层结构,使得物联网体系结构具有更好的开放性和适应性。

接入层通过各种接入技术,连接最终用户设备,将感知层采集的数据接入网络；汇聚层聚合接入层的用户流量,实现数据路由、转发与交换；核心交换层为物联网提供一个高速、安全与保证服务质量的数据传输环境；汇聚层与核心交换层的网络通信设备与通信线路就构成了传输网。

（3）应用层是物联网和用户的接口,它与行业需求结合,实现物联网的智能应用,分为管理服务层与行业应用层。管理服务层通过中间件软件实现了感知硬件与应用软件物理的隔离与逻辑的无缝连接,提供海量数据的高效、可靠的汇聚、整合与存储,通过数据挖掘、智能数据处理与智能决策计算,为行业应用层提供安全的网络管理与智能服务。

图 8-3 给出了基于 RFID 的物联网系统结构。

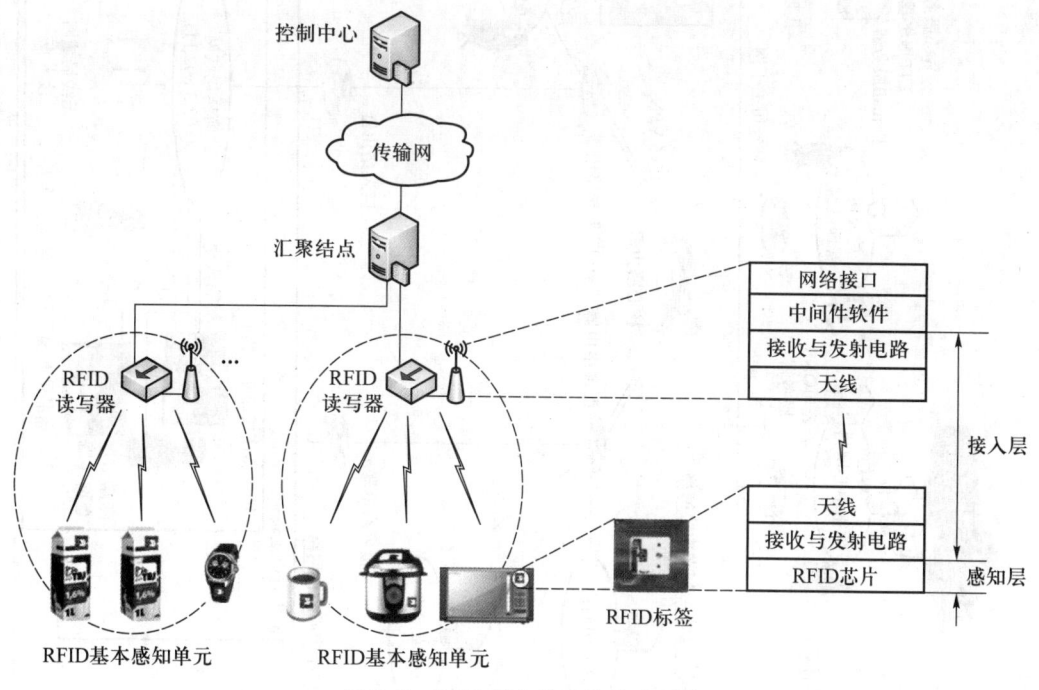

图 8-3　RFID 基本单元结构示意图

8.4.4　物联网的关键技术

物联网的多样化、规模化与行业化的特点,使得物联网设计的技术种类非常多,人们需要从物联网应用系统设计、组建、运行与管理的角度,将多种技术归纳为几项共性的关键技术。图 8-4 给出了物联网典型应用之一的智能物流的原理结构示意图。

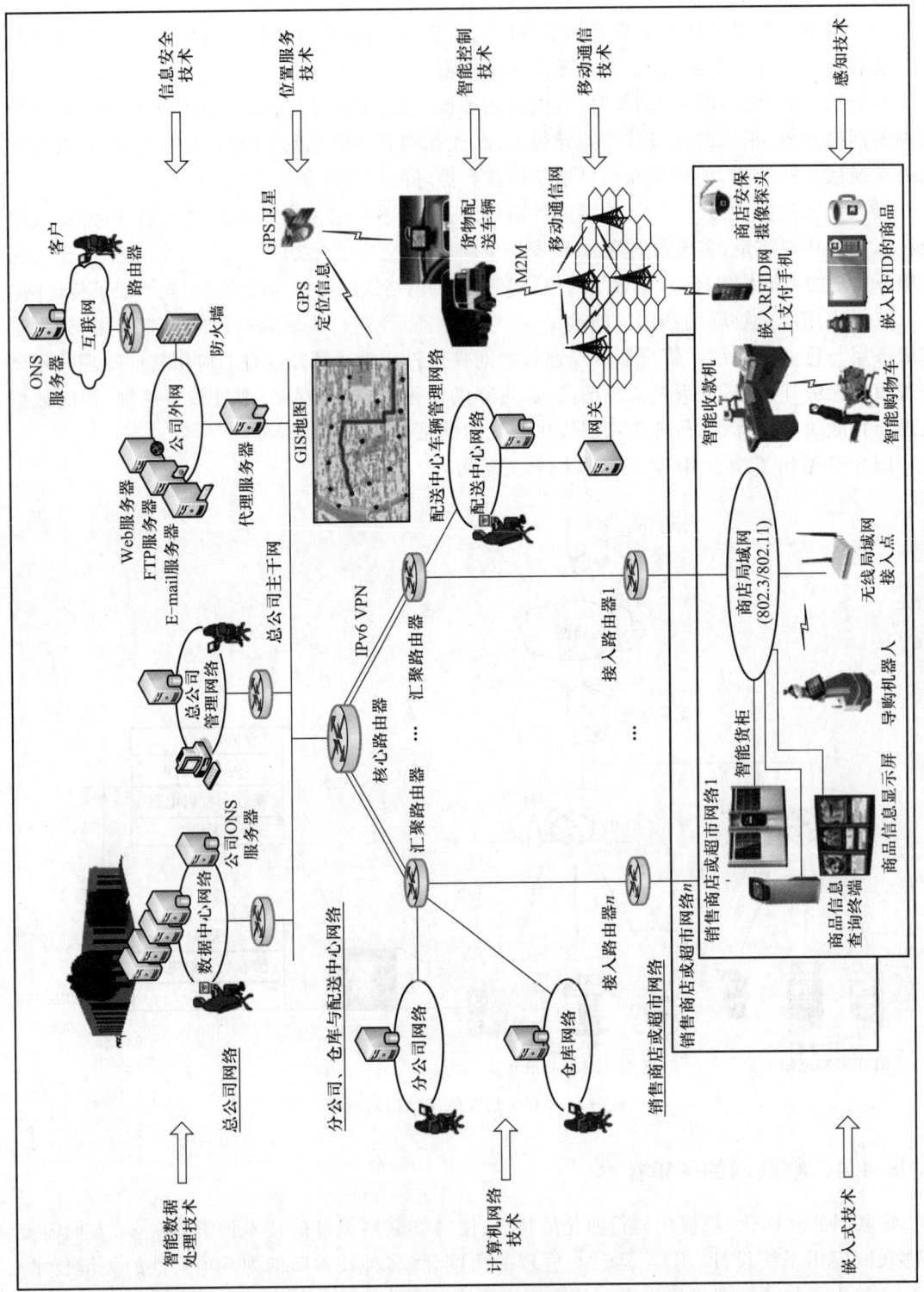

图 8-4 物联网的关键技术示意图

根据上面的示意图,可以将支撑物联网的关键技术归纳为 8 项,如图 8-5 所示。

图 8-5　物联网的关键技术示意图

每一项又包含很多关键技术,列举如下。

(1) 自动感知技术:RFID 标签选型与读写器设计,RFID 标签编码体系与标准研究,传感器选型与传感器节点设计,传感器的设计与实现,中间件与数据处理软件的设计与实现。

(2) 嵌入式技术:专用芯片设计制造,嵌入式硬件结构设计与实现,嵌入式操作系统研究,嵌入式应用软件编程技术,微机电(MEMS)技术与应用。

(3) 移动通信技术:无线通信技术的选型,无线通信网络系统设计,M2M 协议与应用。

(4) 计算机网络技术:网络技术选型,网络结构设计,异构网络互联,异构网络管理。

(5) 智能数据处理技术:数据格式与标准化,信息融合技术,中间件与应用软件编程技术,海量数据存储与搜索技术,数据挖掘与知识发现算法。

(6) 智能控制技术:环境感知技术,规划与决策算法,智能控制方法。

(7) 位置服务技术:位置信息的获取方法,GPS、GIS 与网络地图应用技术,位置服务方法。

(8) 信息安全技术:感知层安全,网络层安全,应用层安全,隐私保护技术与法律法规。

8.4.5　物联网的应用

1. 应用范围

物联网用途广泛,遍及智能交通、环境保护、政府工作、公共安全、智能家居、智能消防、工业监测、环境监测、路灯照明管控、景观照明管控、楼宇照明管控、广场照明管控、老人护理、个人健康、花卉栽培、水系监测、食品溯源、敌情侦查和情报搜集等多个领域。

国际电信联盟于 2005 年的报告曾描绘"物联网"时代的图景:当司机出现操作失误时汽车会自动报警;公文包会提醒主人忘带了什么东西;衣服会"告诉"洗衣机对颜色和水温的要求等等。物联网在物流领域内的应用则比如:一家物流公司应用了物联网系统的货车,当装载超重时,汽车会自动告诉你超载了,并且超载多少,但空间还有剩余,告诉你轻重货怎样搭配;当搬运人员卸货时,一只货物包装可能会大叫"你扔疼我了",或者说"亲爱的,请你不要太野蛮,可以吗?";当司机在和别人扯闲话,货车会装作老板的声音怒吼"笨蛋,该发车了!"

2. 智能交通系统

当一位上班族开车上班被堵在路上时,他多么希望出现这样一幅场景:当他准备出发前,有关天气、市区道路是否拥挤以及他从哪一条路开车上班,能够避开交通拥挤的地段的信息就显示在车载的智能交通终端设备上。他可以沿着一条此时此刻最佳的路线,用最短的时间到达公司。汽车在行进的过程中,条件好的路段可以自动驾驶。车载网可以根据传感器感知的周边车辆的速度、方向,计算出安全的行驶速度。在出现紧急情况时,汽车启动主动安全机制,自动采取预防性减速或制动措施。如果他希望下班后在超市里买一些食品,车载智能交通终端设备可以显示超市最近的停车场在哪里以及如何到达这个停车场。其实,人们希望得到的服务都是物联网所能够提供的功能,也是物联网研究和应用研究的热门问题。

(1) 概念:智能交通系统(intelligent traffic system, ITS)又称智能运输系统(intelligent transportation system),是将先进的科学技术(信息技术、计算机技术、数据通信技术、传感器技术、电子控制技术、自动控制理论、运筹学、人工智能等)有效地综合运用于交通运输、服务控制和车辆制造,加强车辆、道路、使用者三者之间的联系,从而形成一种保障安全、提高效率、改善环境、节约能源的综合运输系统。

(2) 应用范围:包括机场、车站客流疏导系统,城市交通智能调度系统,高速公路智能调度系统,运营车辆调度管理系统,机动车自动控制系统等。

(3) 作用:智能交通系统通过人、车、路的和谐、密切配合提高交通运输效率,缓解交通阻塞,提高路网通过能力,减少交通事故,降低能源消耗,减轻环境污染。据某地区应用 ITS,预测 2015 年效益为,减少交通阻塞 10%~50%,节省能源 5%~15%,减少空气污染 25% 以上,减少企业的运营成本 5%~25%,减少事故 30%~60%。

(4) 组成:智能交通系统由以下几部分组成。

① 交通信息采集系统:人工输入、GPS 车载导航仪器、GPS 导航手机、车辆通行电子信息卡、CCTV 摄像机、红外雷达检测器、线圈检测器、光学检测仪。

② 信息处理分析系统:信息服务器、专家系统、GIS 应用系统、人工决策。

③ 信息发布系统:互联网、手机、车载终端、广播、路侧广播、电子情报板、电话服务台。

(5) ITS 应用现状:世界上应用 ITS 最为广泛的地区是日本,日本的 ITS 系统相当完备和成熟,其次美国、欧洲等地区也普遍应用。中国的智能交通系统发展迅速,在北京、上海、广州等大城市已经建设了先进的智能交通系统;其中,北京建立了道路交通控制、公共交通指挥与调度、高速公路管理和紧急事件管理的四大 ITS 系统;广州建立了交通信息共用主平台、物流信息平台和静态交通管理系统的三大 ITS 系统。随着智能交通系统技术的发展,智能交通系统将在交通运输行业得到越来越广泛的运用。

8.4.6 物联网的发展趋势和就业前景

1. 发展趋势

物联网将是下一个推动世界高速发展的"重要生产力",是继通信网之后的另一个万亿级市场。业内专家认为,物联网一方面可以提高经济效益,大大节约成本;另一方面可以为全球经济的复苏提供技术动力。美国、欧盟等都在投入巨资深入研究探索物联网。我国也正在高度关注、重视物联网的研究,工业和信息化部会同有关部门,在新一代信息技术方面正在开展研究,以形成支持新一代信息技术发展的政策措施。

物联网的十三五规划(2016—2020 年)中指出,我国经济发展进入新常态,创新是引领发展的第一动力,促进物联网、大数据等新技术、新业态广泛应用,培育壮大新功能成为国家战略。当前,物联网正进入跨界融合、集成创新和规模化发展的新阶段,迎来重大的发展机遇。为推动物联网产业健康有序地发展,制定信息通信业"十三五"规划物联网分册。

"十三五"的发展规划目标是到 2020 年,具有国际竞争力的物联网产业体系基本形成,包含感知制造、网络传输、智能信息服务在内的总体产业规模突破 1.5 万亿元,智能信息服务的比重大幅度提升。推进物联网感知设施规划布局,公众网络 M2M 连接突破 17 亿。物联网技术研发水平和创新能力显著提高,适应产业发展的标准体系初步形成,物联网规模应用不断拓展,泛在安全的物联网体系基本成形。

从物联网的市场来看,物联网作为一个新经济增长点的战略新兴产业,具有良好的市场效益,《2014~2018 年中国物联网行业应用领域市场需求与投资预测分析报告》数据表明,2010 年物联网在安防、交通、电力和物流领域的市场规模分别为 600 亿元、300 亿元、280 亿元和 150 亿元,2011 年中国物联网产业市场规模达到 2 600 多亿元,至 2015 年,中国物联网整体市场规模将达到 7 500 亿元,年复合增长率超过 30.0%。物联网的发展,已经上升到国家战略的高度,必将有大大小小的科技企业受益于国家政策扶持,进入科技产业化的过程中。从行业的角度来看,物联网主要涉及的行业包括电子、软件和通信,通过电子产品标识感知识别相关信息,通过通信设备和服务传导传输信息,最后通过计算机处理存储信息。而这些产业链的任何环节都会开成相应的市场,加总在一起的市场规模就相当大,可以说,物联网产业链的细化将带来市场进一步细分,造就一个庞大的物联网产业市场。

2. 就业前景

物联网产业的迅速发展,使得相关产业人才备受关注。据了解,物联网相关人才岗位很多,薪酬待遇不一,技术和销售岗位人才较缺乏。不少专家也指出,物联网人才这个概念还比较模糊,没有成型,未来物联网产业需要的是复合型人才。

物联网工程师证书是根据国家工信部门要求颁发的一类物联网专业领域下工业和信息化领域急需紧缺人才证书。该证书被划分为 5 个方向:物联网工程师、节能环保工程师、物联网系统工程师、智能电网工程师、智能物流工程师。

8.5 区 块 链

前面介绍了云计算、大数据、人工智能以及物联网的相关知识。近几年来,又一热词走进了人们的视线,那就是区块链,区块链可以说是现在的网红,在各个领域掀起了学习区块链的热潮。

过去三年,位于硅谷和纽约的区块链技术公司成了各风投基金竞相追捧的热门项目。区块链被认为是下一代云计算的雏形,有望实现从目前的信息互联网向价值互联网的转变。麦肯锡的研究表明,区块链技术是继蒸汽机、电力、信息和互联网科技之后,目前最有潜力触发第五轮颠覆性革命浪潮的核心技术。

8.5.1 区块链的起源与发展

区块链起源于比特币,具有去中心化、信息高度透明、不易被恶意篡改、数据可追溯等特点。

2008 年 10 月,名为中本聪(Satoshi Nakamoto)的学者为区块链技术发表了奠基性论文《比特币:一种点对点电子现金系统》。

2009年初,中本聪在位于芬兰赫尔辛基的一个小型服务器上挖出了比特币的第一个区块——创世区块(Genesis Block),并将当天《泰晤士报》头版一则关于救助银行的新闻标题写入创世区块,这也代表着比特币诞生了。

2012年,瑞波币协议系统发布。该系统在比特币非中心化思想的基础上,创造了非中心化的支付和结算系统,利用区块链进行跨国转账,试图挑战国际银行间支付结算的SWIFT系统的地位。

2013年3月,比特币区块链出现分叉,强迫大型矿池返回0.7旧版本后,分叉重新合并,问题得到解决。9月,作为山寨币的美卡币(MEC)区块链发生断裂,数据更新后1天,重新接回一条区块链,艰难复活。

2014年,区块链高速发展元年。Austin Hill 和 Adam Back 披露,开始在比特币区块链基础上打造侧链(sidechain),着手建立比特币区块链与其他类型的区块链之间的链接和互动。

同年,以太坊Ethereun项目启动众筹,以太坊把区块链应用到货币以外的领域,用于对任何智能资产的注册、存储和交易。

2015年,世界多家银行、证券公司开始进行区块链测试,各大主流媒体纷纷发布报告为区块链摇旗呐喊,宣称区块链技术是可以比肩TCP/IP技术的一项重大技术。

2016年,区块链进一步加速和发展,开始与各行各业融合升级。

2017年7月,美国证券交易委员会SEC认定以太坊The DAO代币属于证券,发行方需要依法办理证券发行的登记。同月,美国商品期货交易委员会(CFTC)批准LedgerX为与加密货币市场挂钩的期权和衍生品提供清算服务。

中国央行在2016年初将发行数字货币定为战略目标,而工信部则在10月份发布了第一个官方的指导性文件,并首次提出了我国区块链标准化路径。

2016年12月,国务院将区块链写入"十三五"规划,认定其为"重点加强的战略性前沿技术"。截至2017年11月底,国内共有浙江、江苏、贵州、福建、广东、山东、江西、内蒙古、重庆等9个省份、自治区和直辖市就区块链发布了指导意见,多个省份甚至将区块链列入本省"十三五"战略发展规划。

8.5.2 区块链的特点与分类

区块链既是全新的技术方案、交易模式和商业逻辑,同时也是一种全新的制度机制。区块链可以理解为一个分布式的公共账本。通过建立一组互联网上的公共账本,由网络中所有的用户共同在账本上记账与核账,每一个人都可以对这个公共账本进行核查,每一次更新权限都平等向所有人开放,并在所有人的监督下公开完成更新,没有任何一个单一的用户可以对它进行控制,来保证信息的真实性和不可篡改性。而之所以名字叫作区块链,是因为区块链存储数据的结构是由网络上一个个"存储区块"组成一根链条,每个区块中包含了一定时间内网络中全部的信息交流数据。随着时间推移,这条链会不断增长。

区块链的特点如下。

(1) 去中心化,无须第三方介入,实现人与人点对点交易和互动。

8.5 区块链

那么什么是中心化？现以支付宝交易为例进行说明。

现在要在淘宝上买一件衣服，操作步骤如下。

第一步，你下单并把钱支付给支付宝。

第二步，支付宝收款后通知卖家可以发货了。

第三步，卖家收到支付宝通知之后给你发货。

第四步，你收到衣服之后，觉得满意，在支付宝上选择确认收货。

第五步，支付宝收到通知，把货款打给卖家。流程结束。

通过以上步骤可以看出，在交易过程中，支付宝做了中间环节，这样的好处是，万一哪个环节出问题，卖家和买家都可以通过支付宝寻求帮助，还可以进行投诉，让支付宝做出仲裁。这就是一个最简单的基于中心化思维构建的交易模型。

但是，假如说支付宝的程序发生重大问题，导致一段时间内的转账记录全部丢失，或者支付宝的服务器毁了，恰巧刚刚转出去了100元，怎么办？没有交易记录，支付宝也无从查起，那么怎么办？

区块链的去中心化是什么样子呢？还是拿刚才那个例子继续说明。

第一步，你下单并直接把钱打给卖家；随即将这条转账信息记录在自己账本上；同时再将这条转账信息广播出去。

第二步，卖家和支付宝在收到你的转账信息之后，在他们自己的账本上分别记录。

第三步，卖家发货，同时将发货的事实记录在自己的账本上；卖家把这条事实记录广播出去。

第四步，你和支付宝收到这条事实记录，在自己的账本上分别记录。

第五步，你收到衣服。交易完成。

所以，去中心化的过程是账本记录，账本上都有着完全一样的交易记录，即使支付宝的账本服务器坏了，卖家和买家的账本还存在，这些都是这笔交易真实发生的铁证。

（2）信息不可篡改，数据信息一旦被写入区块中就不能更改撤销。由于区块链能像一个数据库账本一样，记载所有的交易信息，人们最不希望的是这些记录交易的账本被坏人恶意篡改。任何一个用户，交易过后会产生交易编号，这些信息经过验证并被添加至区块链，就像被刻在了系统上面一样被永久存储。如果要修改区块链中的某一个数据，必须控制住系统中超过51%的节点，这些计算量非常庞大无可想象，几乎不可能实现。所以区块链的数据稳定性和可靠性都非常高，具有超强的容灾、容错、耐攻击的能力。

（3）完全匿名。区块链技术解决了节点间信任的问题，因此数据交换甚至交易均可在匿名的情况下进行。由于节点之间的数据交换遵循固定且预知的算法，因而其数据交互是无须信任的，可以基于地址而非个人身份进行，因此交易双方无须通过公开身份的方式让对方产生信任，因此能够很好地保护参与者隐私。

（4）开放透明。区块链系统除了对交易各方的私人信息加密外，系统是开放的，数据记录对全网节点是透明的，数据记录的更新操作对全网节点也是透明的，任何人都可以通过公开的接口查询区块链数据、开发相关应用。

（5）自治性。区块链采用基于协商一致的规范和协议，使整个系统中的所有节点能够在去信任的环境自由安全地交换数据、记录数据、更新数据，把对个人或机构的信任改成对体系的信任,给机器赋能,进一步减少人为的干预,任何人为的干预都将不起作用。

根据公开范围的不同,区块链分为公有链、私有链和联盟链。

1. 公有链

公有链是指对外公开,不需要注册就可以匿名参与,无须授权就可访问网络和区块链。它属于完全非中心化的区块链,世界上任何个体或者团体都可以发送交易,且交易能够获得该区块链的有效确认,任何人都可以参与其共识过程。公有链是最早的区块链,也是目前应用最多的区块链类型,以比特币为代表的各大虚拟货币都基于公有链,且一种虚拟货币只对应一条公有链,但是,反过来一条公有链上可能运行了多种虚拟货币,例如有许多虚拟货币实际上是依靠比特币区块链运行的。公有链的各个节点可以自由加入和退出网络,并参加链上数据的读/写,各节点时间的拓扑关系是扁平的,网络中不存在任何中心化的服务端节点。公有链节点分布图如图 8-6 所示。

2. 私有链

私有链是指仅限于私有组织使用,区块链上的读写权限、参与记账权限按私有组织规定来制定。外部节点不能加入区块链网络,私有链的各个节点的写入权限收归内部控制,而读/取权限可视需求有选择地对外开放。私有链仍然具备区块链多节点运行的通用结构,适用于特定机构的内部数据管理与审计。私有链节点示意图如图 8-7 所示。

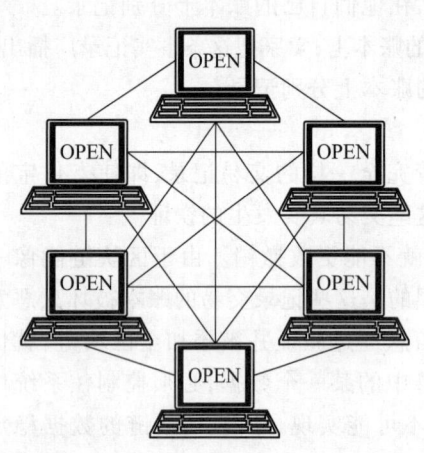

图 8-6 公有链节点分布图

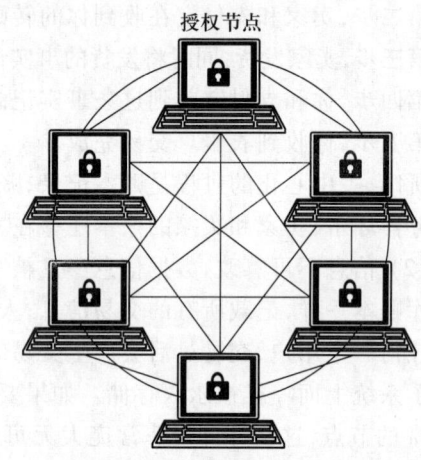

图 8-7 私有链节点示意图

3. 联盟链

联盟链是指仅限于联盟成员参与,区块链上的读写权限、参与记账权限按联盟规定来制定,是多中心的,不同节点的权限不同,满足一定条件的节点成为核心节点,它们往往是由某个群体内部指定多个预选的节点为记账人,每个块的生成由所有预选节点通过共识机制决定,其他接入节点可以参与交易,但是不过问记账过程。其他任何人可以通过该区块链的开放式API 进行限定查询。联盟链的本质是分布式的托管记账,如何分配每个区块的记账权是联盟链所关注的重点问题。联盟链的各个节点通常有与之对应的实体机构组织,通过授权后才能加入和退出网络。各机构组织组成利益相关的联盟,共同维护区块链的健康运转。联盟链节点示意图如图 8-8 所示。

除此之外,还有学者提出了其他的一些分类标准。

如果从参与者的角度来划分,可以把区块链分为"无须互信的"区块链,不需要参与者之间相互信任,比特币区块链就属于这一类型;"互信的"区块链,是基于参与者之间的信任而成立的区块链。

如果从权限控制的角度划分,可以分成"无须许可型"、"限定许可型"、"可许可型"区块链。

8.5.3 区块链的应用前景

区块链不仅仅孕育了新的商业模式,也给社会和政治带来了巨大变化,蕴含着无可限量的可能性。区块链所指向的未来不只是技术层面上更好的网络系统,还包括了非中心化的全新社会架构。对于未来的非中心化的新时代而言,区块链是非常重要的基础设施。区块链解决了信用危机、保障交易安全的技术可能性,是未来互联网发展的最可能的方向。

1. 区块链的应用

目前,区块链的应用非常广泛,具体应用在以下几方面。

金融服务:支付,交易结算,贸易金融,数字货币,股权,债券,金融衍生品,众筹,信贷,征信。

文化娱乐:视频,音乐版权,软件防伪,数字内容确权,软件传播溯源。

社会管理:代理投票,身份认证,档案管理,公证,遗产继承,个人社会信用,工商管理。

医疗健康:数字病历,隐私保护,健康管理。

IP 版权:专利,著作权,商标保护,软件,游戏,视频,音频,书籍许可证,艺术品证明。

教育:档案管理,学生征信,学历证明,成绩证明,产学合作。

物联网:物品溯源,物品防伪,物品认证,网络安全性,网络效率,网络可靠性。

共享经济:租房租车。

通信:社交,消息系统等。

区块链的应用前景如图 8-9 所示。

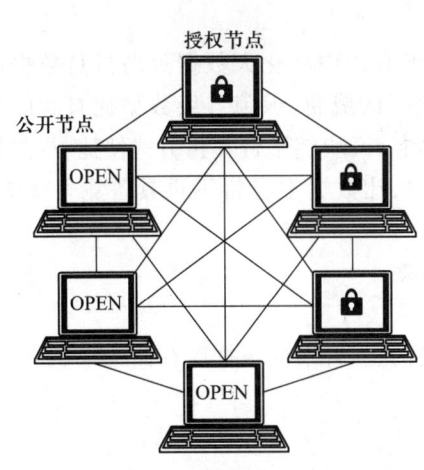

图 8-8 联盟链节点示意图

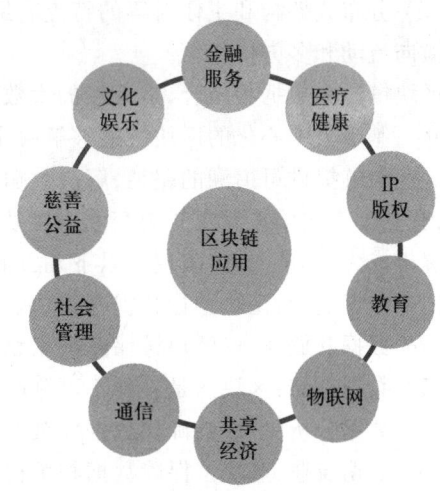

图 8-9 区块链的应用前景

2. 区块链应用案例

目前物流中存在的问题有效率低,经常出现丢包爆仓现象,错领误领,信息泄露,物流业务链条长导致资源没有充分利用。

如果利用区块链,可以解决以下问题。

(1) 利用区块详细记录物流信息。

(2) 利用区块链的存储解决方案自主决定货物的运输路线和日程安排。

(3) 可以将信息化的商品价值化、资产化,使得所有物流链条中的商品可追溯、可证伪、不可篡改,实现物流商品的资产化。

利用区块链的好处如下。

(1) 物流——区块链保证物流过程的保密性。

(2) 国际物流——区块链提升物流效率,降低物流成本。

(3) 危险品物流——区块链强化危险品监管。

(4) 物流金融——区块链协助物流中小微企业融资。

(5) 终端消费品追溯。

3. 区块链的应用前景

随着区块链技术的日益成熟,区块链技术将对人们的生活、社会的运作方式产生更深远的影响。当前很多国家的监管者都已经意识到区块链潜在的巨大应用价值,并对区块链持开放态度,区块链技术受到前所未有的追捧。

区块链与物联网结合,会对物联网产生更大的影响,具体表现在以下几方面。

(1) 多中心、弱中心化的特质将降低中心化架构的高额运维成本。

(2) 信息加密、安全通信的特质将有助于保护隐私。

(3) 身份权限管理和多方共识有助于识别非法节点,及时阻止恶意节点的接入和作恶。

(4) 依托链式的结构有助于构建可证可溯的电子证据存证。

(5) 分布式架构和主体对等的特点有助于打破物联网现存的多个信息孤岛桎梏,促进信息的横向流动和多方协作。

区块链与大数据相结合,是天然的大数据平台。现有的中心化大数据孤岛只是数据信息的中介。基于去中心化的区块链能够解决中介复制数据的威胁,保障各级数据拥有者的合法权益。区块链提供可追溯的路径,解决数据确权的问题。区块链平台支付方式便捷,权限管理方便,有利于不同信息源之间的交互。区块链+大数据,让数据本身将不再具备竞争优势,而数据解析成为优势。具体表现在以下几方面。

(1) 数据安全:区块链让数据真正"放心"流动起来。

(2) 数据开放共享:区块链保障数据私密性。

(3) 数据存储:区块链是一种不可篡改的、全历史的、强背书的数据库存储技术。

(4) 数据分析:区块链确保数据安全性。

(5) 数据流通:区块链保障数据相关权益。

区块链技术让人们能以全新的眼光看待这个世界,其去中心化的特性正在改变着商业合作以及人们与社会互动的方式。但瑕瑜互见,技术优点突出、获誉众多的区块链,在实际落地运用中并没有那么被看好,质疑声如影随形,很多缺点逐渐显现出来,以至于有人声称"区块链是人类历史上最危险的主意"。目前,对于区块链最多的质疑,主要还是集中于其技术本身的问题,如高能耗、扩容、并发交易处理、效率、安全性等难题,这些是区块链未来不得不面对的挑战。毫无疑问,只有成功解决了以上难题,区块链才称得上是"颠覆未来的技术",否则一切都将是纸上谈兵。

参 考 文 献

[1] 姜庆娜.大学计算机—计算思维能力培养理论篇[M].北京:高等教育出版社,2015.
[2] 李暾.大学计算机基础[M].北京:清华大学出版社,2017.
[3] 李云峰.计算机网络基础[M].北京:中国水利水电出版社,2010.
[4] 郁红英.计算机操作系统[M].北京:清华大学出版社,2015.
[5] 罗容.大学计算机——基于计算思维[M].5版.北京:电子工业出版社,2016.
[6] 甘勇.大学计算机基础——计算思维[M].4版.北京:人民邮电出版社,2015.
[7] 李云峰.计算机网络基础[M].北京:中国水利水电出版社,2010.
[8] 戚金清.数字电路与系统[M].3版.北京:电子工业出版社,2016.
[9] 林福宗.多媒体技术基础[M].4版.北京:清华大学出版社,2016.
[10] 李昊.计算思维与大学计算机基础[M].北京:科学出版社,2017.
[11] 嵩天.Python语言程序设计基础[M].2版.北京:高等教育出版社,2017.
[12] 董付国.Python程序设计[M].2版.北京:清华大学出版社,2016.
[13] 吴伟民.数据结构[M].北京:高等教育出版社,2017.
[14] 翁惠玉,俞勇.数据结构:思想与实现[M].2版.北京:高等教育出版社,2017.
[15] 裘宗燕.数据结构与算法:Python语言描述[M].北京:机械工业出版社,2016.
[16] 史嘉权.数据库系统概论[M].北京:清华大学出版社,2016.
[17] 芦扬.Access数据库应用基础教程[M].5版.北京:清华大学出版社,2016.
[18] 教育部考试中心.全国计算机等级考试二级教程——公共基础知识(2018年版)[M].北京:高等教育出版社,2017.
[19] 殷人昆.数据结构:用面向对象方法与C++语言描述[M].2版.北京:清华大学出版社,2007.
[20] Mark A W.数据结构与算法分析:C语言描述[M].北京:机械工业出版社,2004.
[21] Robert S.算法:C语言实现(1-4部分).北京:机械工业出版社,2009.

郑重声明

高等教育出版社依法对本书享有专有出版权。任何未经许可的复制、销售行为均违反《中华人民共和国著作权法》,其行为人将承担相应的民事责任和行政责任;构成犯罪的,将被依法追究刑事责任。为了维护市场秩序,保护读者的合法权益,避免读者误用盗版书造成不良后果,我社将配合行政执法部门和司法机关对违法犯罪的单位和个人进行严厉打击。社会各界人士如发现上述侵权行为,希望及时举报,本社将奖励举报有功人员。

反盗版举报电话　(010)58581999　58582371　58582488
反盗版举报传真　(010)82086060
反盗版举报邮箱　dd@hep.com.cn
通信地址　　　　北京市西城区德外大街4号
　　　　　　　　高等教育出版社法律事务与版权管理部
邮政编码　　　　100120

防伪查询说明

用户购书后刮开封底防伪涂层,利用手机微信等软件扫描二维码,会跳转至防伪查询网页,获得所购图书详细信息。也可将防伪二维码下的20位密码按从左到右、从上到下的顺序发送短信至106695881280,免费查询所购图书真伪。

反盗版短信举报

编辑短信"JB,图书名称,出版社,购买地点"发送至10669588128

防伪客服电话

(010)58582300